研究公正とRRI

科学技術社会論研究

14

Journal of Science and Technology Studies NO.14

科学技術社会論学会

2017.11

■科学技術社会論研究■　第14号（2017年11月）

■目次■

特集 = 研究公正と RRI ……………………………………………………… 5

 研究公正と RRI　特集にあたって──科学的合理性の再考 ………… 原　　塑, 山内　保典　7

 研究不正とは何か──専門誌共同体と研究者集団の自律性をめぐって ………… 藤垣　裕子　11

 研究不正の時代 ……………………………………………… 美馬　達哉　22

 研究公正と社会の関係──幹細胞研究における STAP 細胞を例として ………… 八代　嘉美　38

 研究不正とピアレビューの社会認識論 ……………………… 伊勢田哲治　49

 オープンな科学コミュニケーションが公正な研究に資する可能性と役割 ‥ 山内　保典　63

 誰をオーサーにするべきか？

  ──「オリジナリティー」の分野特性を考慮した自律的オーサーシップの提案

  …………………………………………………… 菅原　裕輝, 松井　健志　77

 研究公正のための利益相反対応へ向けて ……………… 尾内　隆之　90

 研究公正・倫理教育におけるオンライン教材の利点と課題 ……………… 東島　　仁　106

 私はテラスにいます

  ──責任ある研究・イノベーションの実践における憂慮と希望 ……………… 吉澤　　剛　116

 デュアルユース研究と RRI──現代日本における概念整理の試み ………… 川本　思心　134

 学会組織は RRI にどう関わりうるのか ……………………… 標葉　隆馬　158

 公正な研究のための欧州行動規範

  ………………………… 欧州科学財団, 全欧州アカデミー連合, 原　　塑(翻訳)　175

学会の活動 ………………………………………………………………… 193

投稿規定 …………………………………………………………………… 195

執筆要領 …………………………………………………………………… 196

Journal of Science and Technology Studies, No. 14
(November, 2017)

Contents

Special Issue: Research Integrity and RRI ··· 5

  Foreword for the Special Feature: Research Integrity and RRI:

    Revisiting The Scientific Rationality ··················· *HARA, Saku; YAMANOUCHI, Yasunori* 7

  What is Research Ethics?: Analysis Based on Autonomy of Journal Community and

    Scientists' Community ·· *FUJIGAKI, Yuko* 11

  The Age of Scientific Misconduct ··· *MIMA, Tatsuya* 22

  Research Misconduct and Society: An Example from Stem Cell Research ··· *YASHIRO, Yoshimi* 38

  Social Epistemology of Research Misconducts and Peer Review ·················· *ISEDA, Tetsuji* 49

  The Roles of Open Scientific Communication for Research Integrity ·· *YAMANOUCHI, Yasunori* 63

  Who Should be an Author?: A Proposal of an Autonomy-based Authorship Standard

    Considering Varied Disciplinary Features for Originality ·· *SUGAWARA, Yuki; MATSUI, Kenji* 77

  Rethinking on the Foundation of COI Management ······························ *ONAI, Takayuki* 90

  Online Learning Materials for Responsible Conduct of Research Education in Japan:

    Advantages and Limitations ······································· *HIGASHIJIMA, Jin* 106

  Je suis en terrasse: Worries and Hopes in the Practice of Responsible Research

    and Innovation ··· *YOSHIZAWA, Go* 116

  An Attempt to Re-conceptualize Dual-use Research in Japan: Critical Review from

    Viewpoint of RRI ·· *KAWAMOTO, Shishin* 134

  How Can Academic Societies Contribute to RRI Education?:

    An Analysis of Their Roles and Situations ····························· *SHINEHA, Ryuma* 158

  The European Code of Conduct for Research Integrity (2011)

    ················· *European Science Foundation; All European Academies; HARA, Saku (translation)* 175

Reports of the Society ·· 193

A Brief Guide for Authors ·· 195

特集＝研究公正とRRI

巻頭言

研究公正とRRI

特集にあたって──科学的合理性の再考

原 塑[*1]，山内 保典[*2]

　日本の大学や研究機関では，ここ数年，研究不正の防止に向けた新たな組織や体制の構築が進められている．研究公正の確保にあたる担当者を定め，研究不正の個別事案に対応するための組織を設置する一方で，研究倫理教育やデータ管理，研究発表などに関わる指針を定めたり，研究倫理教育を実施したりしている．それと同時に，『科学の健全な発展のために──誠実な科学者の心得』（丸善出版，2015）といった教科書が出版され，幾つかのオンライン教材も利用可能になった．研究不正防止のための体制の整備が全国の研究機関で進められる直接的きっかけを与えたのは，文部科学省が研究不正に関する従来のガイドラインを見直し，2014年に「研究活動における不正行為への対応等に関するガイドライン」を定めたことにある．このガイドラインは，研究不正防止のための管理責任が研究機関にあるとし，ガイドラインに対応した組織や体制の構築を研究機関に求めている．

　研究不正防止のための組織や体制づくりは整然と進められていて，研究の現場にも徐々に影響をあたえはじめているが，現時点では研究者の側に表立った反発は見られない．その理由はおそらく，2000年以降，少なくとも数年おきに，近年では毎年のように，研究不正事案が大きく報道され，研究不正に対する対処が必要であるという認識が多くの研究者に共有されるようになったことにあるだろう（社会的注目を集めた研究不正の多くは生命科学分野で起こっているが，なぜ生命科学分野で研究不正がおきやすいのか，その要因は，この特集の八代論文で詳細に分析されている）．

　意図的に行なわれた研究不正が道徳的に見て非難されるべき行為であり，他の研究者に損害を与え，場合によっては一般の人々に間接的に被害をもたらしかねず，研究者や研究組織に対する社会からの信頼を傷つけることは確かである．したがって，研究不正の防止に向けて研究組織や研究者が何らかの対応を取ることは望ましいことであるには違いない．しかし，このことは，現在取られている研究不正防止策の妥当性と有効性を保証するものではない．日本における研究不正件数が増加し始めたのは，政策的に優遇された一部の研究分野に多くの研究費が流れ込むようになり，若手研究者人口の量的拡大と研究者身分の不安定化が進んだ時期である（松澤 2013，162-3）．かりに，このような学術政策が研究不正の増加を促したのであれば，組織内の規約の制定と研究倫理教育の推進を中心として構築されている現行の研究不正防止策は的外れであり，あまり効果を及ぼさないと考えられる（この特集の美馬論文が，研究不正が生じる背景について俯瞰的に考察している）．今

2017年8月18日受付　2017年8月18日掲載決定
*1 東北大学大学院文学研究科，plastikfeld@gmail.com
*2 東北大学高度教養教育・学生支援機構，y.yamanouchi89@gmail.com

後，研究不正に関する議論を進展させるために必要なのは，研究不正を生じさせる多様な要因，つまり研究組織のあり方，個々の研究者の心的態度，研究者・研究組織と行政・企業など社会との関わりなどについての分析である．この分析が欠けていては，可能性としては取りうる様々な研究不正防止策と比較して，現在採用されている方策がはたしてどの程度有効なのかを評価することはできない（この問題を考える際に，東島論文で行なわれるオンライン教材の強み／弱みの検討は，有益な手がかりを与える）．科学技術社会論に期待されることの一つは，このような分析の基礎となる知見を提供することである．つまり，研究不正の背景をなす研究実践・評価のあり方や，研究実践と社会との関わりを理解するために必要となる枠組みを作り，それに関連する経験的知見を蓄積することである．

　日本における科学技術社会論の研究の中で，私たちがこの特集の構成を考える上で参考にしたのは，藤垣裕子氏が展開しているジャーナル共同体論である（藤垣 2003, 2010）．ジャーナル共同体論によれば，それぞれの学術ジャーナルは独自の査読基準を持っており，投稿されてきた学術研究の成果はその査読基準に基づいて審査されて採否が決定されるが，その採否を通じて，妥当な科学的知識の集合とその外部を分ける境界（「妥当性境界」と呼ばれる）が形成される．ある知識が科学的観点から見て合理的であると判断されるのは，その知識が妥当性境界の内部にある場合であり，人々が妥当性境界の外部にある知識を信じるとき，その人は合理性を欠いている．研究者が負うべき第一の責任は，研究を行なって論文を執筆・投稿することに加えて，査読活動に参加することで，科学的知識の妥当性境界を作り，それを維持することであり，妥当性境界が維持されることによって，科学研究の科学的合理性が保証される（藤垣 2010, 173）．ジャーナル共同体論の観点に立つと，データの捏造をはじめとする研究不正は，科学者に求められる「科学的知識の品質管理」に対する責任に背く行為として理解されることになる（ibid.）．

　研究不正を科学的知識の質保証責任違反とする藤垣氏の見解は，この特集の出発点となる見方であった．この見方に基づくと，科学研究の質保証がどのように行なわれているのかを明らかにすることが研究不正の理解には不可欠であることが分かる．具体的な検討課題となるのは，査読（伊勢田論文），再現性，論文発表後に生じる科学コミュニケーションを通じた研究の妥当性の事後的検討（山内論文）などである．

　ただし，研究不正のいくつかのタイプはジャーナル共同体論では扱いにくい．その典型的事例は，盗用をはじめとするオーサーシップ上の不正である．ジャーナル共同体論が焦点をあてるのは，論文の査読を通じて妥当性境界が形成・維持され，出版された様々な論文が引用を通じて結びつけられることによって生成してくる科学的知識の「構造」（藤垣 2003, 68）であり，科学的知識が誰によってどのように生産されたのかは検討しない．そのため，研究者と科学的知識を連結する役割をもつオーサーシップにおける不正は，ジャーナル共同体論の中に直ちに位置づけることはできない．この欠点を克服し，オーサーシップにおける不正の問題性を明らかにするためには，菅原論文で論じられたような，ある研究が，それを生み出した生産者にとってもつ価値（菅原氏の言葉を使うと，「内的価値」）と，その研究の利用者にとってもつ価値（「外的価値」）についても視野に入れる必要がある．さらに進んで，幾つかの大規模で深刻な研究不正の原因となっている利益相反について考察を深めるためには，研究者に対して科学的に妥当な仕方で研究する動機づけを与えるものは何か，また，そのような動機づけに抗して，研究不正を（意識的，無意識的に）行なうよう研究者を誘う要因は何かといった動機の問題を考察しなければならない（尾内論文）．

　以上，ジャーナル共同体論では扱いにくい二つの問題を指摘したが，これらは，ジャーナル共同体論にとって，修正を要求する深刻な難点であるわけではない．研究の質保証システムを検討する

ことで明らかになる．ジャーナル共同体論にとっての困難は，別な点にある．それは，ジャーナル共同体論では，妥当性境界はジャーナルにおける査読だけによって維持されると考えられていたが，個々の研究不正の事案において妥当性境界が引き直される経緯を見てみると，この考えには根拠がないのではないかということである（これは，この特集の藤垣論文で提起されている重要な論点の一つでもある）．その理由の一つは，査読が研究不正の発見を必ずしも目的としていないし，そのような役割を果たすことも困難であることがある（伊勢田論文）．研究の妥当性を確かめるためには，論文発表がなされた後で行なわれる追試や，インターネット内で行なわれる多様な分野の研究者間のコミュニケーションを通じた検討を経ることがしばしば必要になる（山内論文）．とするのならば，研究の質保証や，知識の科学的合理性の確保のために人々が行なう活動は，専門の研究者が専門研究者コミュニティー内部で行なう活動に限られるわけではなく，専門の研究者とそれ以外の人々とが行なう科学コミュニケーションも必要とされる．

このことは科学コミュニケーションの役割についての理解にも影響を与える．藤垣（2003）で展開されている対話型科学コミュニケーション論によると，科学的合理性は論文投稿・査読・出版を行なう人々の活動により成立するが，科学技術リスク問題の解決を目的として科学的知識が使用される際には，社会的合理性（例えば，公共的に受け入れ可能な価値判断など）が同時に考慮される必要がある．それに対して，山内論文が示唆するのは，科学的合理性を成立させる人々の活動に対して，すでに何らかの社会的合理性が不可欠な仕方で関与する場合があることである．このことを考えると，研究の品質管理を行なうためには，研究者が，研究を実施し，論文を執筆・投稿し，査読に参加するといった狭い責任を果たすだけでは不十分であり，他の専門家や社会の中の様々なアクターとうまくコミュニケーションをとり，協働するというさらなる責任を果たす必要があることがわかる．特集におさめられている論文の中で藤垣氏が，専門研究者内に閉じられた仕方でなされる研究の質保証と認知権威保護のためのシステムを時代制約的な「20世紀モデル」であるとして相対化し，社会内の様々なアクターとの協働を通じた研究活動を推奨するRRI（Responsible Research and Innovation）の観点から研究の質保証システムを再構築する必要性を示唆しているのは興味深い．

RRIの特徴と可能性については吉澤論文が詳細に検討している．簡潔にまとめると，RRIは，研究やイノベーションを推進するための基本方針として2000年代からアメリカやヨーロッパにおいて構想されてきた考え方であり，研究とイノベーション開発の初期段階から，社会との協働を通じて，予期される研究成果と社会で共有される価値とを統合していくための様々な手法を考え，そのような活動を推進しようとするものである．RRIの考え方には，公正な研究活動の推進や，社会との協働を通じた科学的合理性の確保に役立つ観点がいくつも含まれる．ただ，RRIの意義を研究公正との関わりのみから検討してしまうと，結果的にRRIの価値を割り引いて見せることになるだろう．川本論文はデュアルユース研究を取り上げる．デュアルユース研究は社会に対する影響が文字取り両義的であり，そのため研究開発の過程で社会の様々な構成員の間に複雑な相互作用を引き起こす．川本論文は，その相互作用の一端を，デュアルユース概念の使用方法に着目して明らかにした上で，デュアルユース研究の日本における推進方法の妥当性をRRIの観点から評価する先駆的な試みである．RRIの考え方を日本の研究者の間に浸透させていくための鍵をにぎるのは教育であるが，この点に注目して日本における諸学会の教育活動を検討した標葉論文は重要である．

最後に，この特集の編集に携った原と山内の役割分担について述べておこう．特集の企画や執筆候補者の選定は原が原案を作り，山内と相談して決定した．原と山内が手分けして執筆候補者に連絡をとって，原稿の執筆を依頼し，投稿された論文すべてに原と山内がコメントをつけ，執筆者に

送り返して，改稿をお願いした．コメントをつける作業では山内の貢献がより大きかった．最後に，この文章は，原が執筆しており，執筆内容に関する責任は原が負うものである．

謝辞

　本特集の企画立案に向けた調査に対して，原塑は，JSPS科学研究費 16H06524，16H06530，ならびに，東北大学(高度教養教育開発推進事業)から助成を受けた．

■文献

藤垣裕子 2003：『専門知と公共性──科学技術社会論の構築へ向けて』東京大学出版会.
藤垣裕子 2010：「科学者の社会的責任の現代的課題」『日本物理学会誌』65(3)，172-80.
松澤孝明 2013：「わが国における研究不正──公開情報に基づくマクロ分析(1)」『情報管理』56(3)，156-65.

短報

研究不正とは何か

専門誌共同体と研究者集団の自律性をめぐって

藤垣　裕子[*]

要　旨

　本論文では，そもそも研究不正とは何なのかを問うために，まず研究者集団の質的管理をおこなっている専門誌共同体の起源と役割について考える．次に，専門誌共同体の維持機構である査読システムの問題点について考えてみる．そのうえで，現代の専門誌共同体によって守られている研究の質保証のための公刊システムを 20 世紀モデルと名付け，20 世紀モデルが依拠する認知的権威について再考する．この再考をとおして，20 世紀モデルの認知的権威をまもるための慣習を，規制に変換して研究倫理とよんでいる可能性を示唆する．さらに，客観性の起源についてのポーター（1995）の論考をもとに，研究者集団の自律性の起源を探り，外部からの圧力への抵抗としての自律性について考える．現代の研究倫理は，研究者の自律性への外圧に対する抵抗と考えることができる．最後に，欧州における RRI を参考にして，20 世紀モデルを守るための慣習が不問のまま規制とされてしまっている現状を問い直す必要性について考える．

1.　はじめに

　2014 年におこった STAP 細胞をめぐる騒動や，2013 年以降東京大学で立て続けにおこった研究不正の事例をきっかけにして日本国内での研究倫理に関する議論が高まっている．文部科学省は2014 年 8 月 26 日に「研究活動の不正行為への対応に関するガイドライン」を定めた[1]．このガイドラインは，これまで主に個々の研究者の責任と考えられてきた研究不正の問題を，より組織レベルで対処するよう求めている．不正を事前に防止する取組，組織の管理責任の明確化，国による監視と支援についての見解がまとめられている．
　それでは，そもそも研究不正とは何なのだろうか．研究者集団によって脈々と続けられている知識の蓄積に不正を働くこと，研究者集団による研究の質的管理に対する違反をおこなうことと考えることができる[2]．その質的管理は何によって保たれているかというと，主には各分野の専門誌共同体[3]であり，その専門誌共同体の査読システムである．不正は，専門誌共同体の査読システムに対して行われる．

2017 年 4 月 4 日受付　2017 年 8 月 18 日掲載決定
[*]東京大学大学院総合文化研究科，教授，〒 153-8902　東京都目黒区駒場 3-8-1

本論文では，専門誌共同体の起源と役割について述べたのち，専門誌共同体の維持機構である査読システムの問題点について考えてみる．さらに研究者集団の自律性について検討する．

2. 専門誌共同体の起源と役割

研究成果を印刷物(printing)として扱い，それを公刊(publication)に発達させたのは17世紀であると言われる(Chubin and Hackett, 1990)．さらに19世紀には，専門分化(specialization)がすすみ，専門分野ごとのpublicationを出すようになった．これが専門誌共同体の起源である．学問の専門分化と科学者の職業専門化(professionalization)が並行して進み，学問の制度化がすすんでいったのである(Weber, 1919; Gieryn, 1995)．

この専門分化に対応して，学会が次々と設立された．たとえば，ロンドン化学会は1841年に，パリ化学会は1857年に，ドイツ化学会は1867年に設立されている．続いて，ロシア化学会，イタリア化学会，アメリカ化学会，東京化学会が，それぞれ1868年，1871年，1876年，1878年に設立されている．これらに対応して，ロンドン化学会誌が1847年に，パリ化学会誌が1858年に創刊された．ドイツ化学会誌，ロシア科学会誌，イタリア化学会誌，アメリカ化学会誌，東京化学会誌は，それぞれ1868年，1869年，1871年，1879年，1880年に創刊されている(古川, 1989)．

20世紀に入ると，次の段階に入る．つまり化学や物理学のような大きな専門分野がさらに，理論と実験，化学でも有機化学，物理化学，量子化学などと専門分化が進行していき，それに応じた雑誌が創刊される時代である．それら専門分化の進行にしたがって，各分野を傘のようにおおうレビュー誌も創刊されるようになる．たとえば，Physical Reviewは1913年に，Chemical Reviewは1924年に，Biological Reviews of the Cambridge Philosophical Societyは1923年に創刊されている．

現在，publication(出版)は，科学の血潮ともいわれる(Chubin and Hackett, 1990)．すなわち，研究者間および研究者と社会の間のコミュニケーションを促し，信用を約束し，研究成果を権威化する役目を果たす．そして専門誌共同体は，科学の知識生産にとって次の4点において重要である．第一に，科学者によって生産された知識は，信頼ある専門誌にアクセプト(掲載許諾)されることによって，その妥当性が保証される(妥当性保証)．第二に，科学者の業績は，専門誌に印刷され，公刊(publish)されることによって評価される(研究者の評価)．第三に，科学者の後進の育成は，専門誌にアクセプトされる論文を書く教育をすることからはじまる(次世代の育成)．第四に，科学者の次の予算獲得と地位獲得は，主に専門誌共同体にアクセプトされた論文の本数と質によって判断される(次の研究のための社会資本の基盤)．

このような専門誌共同体を支えているのが査読システムである．次節では，査読システムの問題点についてまとめる．

3. 専門誌共同体の維持機構〜査読システムの問題点

査読とは，peer-review(同僚評価)とも言われ，専門誌に公刊される前に，同じ分野の専門家がその論文が掲載に値するか否かを判断することを指す．通常，投稿された論文はまず編集者(editor)のチェックを受け，査読者として適切な人が選択され，査読者に送られる．査読者の数は通常，2名から3名である．査読者の査読意見をもとに，編集者は当該論文が当該雑誌にとってアクセプト(掲載許諾)か，リジェクト(掲載拒否)か，あるいは修正のうえ掲載可かを判断する．査読システムは，科学の血潮であるpublicationの品質管理を行ううえで重要な役割を果たす．しかし近年，査

読システムについては科学者共同体内部から，さまざまな問題点が指摘されている．

たとえば，Ingelfinger(1974)は，査読にかかるコストが非常に大きいことを指摘している．Paker(1997)は，あまりにも斬新すぎる科学論文は公刊されにくい傾向を指摘しており，同様のことがSTS研究者によっても指摘されている(Campanario, 1993)．また，査読とは，品質管理というより，研究のなかの革新的側面をエンカレッジする要素があるのだという指摘もある(Horribon, 1990)．

査読の信頼性については，学際分野の雑誌であるほど掲載拒否比率が多くなる傾向があることも指摘されている(Cicchetti, 1991)．さらに，査読の再現性については，Peters and Ceti(1982)が，実際に介入研究を行っている．彼らは，ある心理学系雑誌において，すでに公刊されている12本の論文を選び，投稿者の名前と所属を変えて再投稿をする実験をおこなった．その結果，38人のエディターおよび査読者のうち，再投稿に気づいたのは3人(8%)であり，12本中8本がリジェクトされたとのことである．この実験は倫理的に問題のある要素を含んでいるが，査読システムの再現性に対し，疑念を呈している．

このように査読についてはいくつかの批判が存在しているが，しかし，この査読システムの査読の結果として，いったん掲載許諾され公刊されると，論文は「力」をもつ．アクセプトされた論文は専門家によって妥当性を保証されたものとして「認知的権威」(cognitive authority)をもつのである．

専門家によって論文に書かれた内容の重要性を保証することは，研究不正を見抜くことと等値ではない．つまり，査読システムは，不正論文とそうでない論文を見抜くために存在するわけではない．ところが，社会の側は，「専門家によって重要性を保証されること」と「不正論文ではないこと」を同じと考えがちである．このギャップについては，以下の例を紹介しておこう．

2004年から05年にかけて，韓国のHwang教授がヒトES細胞に関連する2本の論文をScience誌に掲載したが，これらが後に捏造であることが発覚した．そのとき，Natureの編集委員会は，以下のように述べている．

> ほとんどの査読者の報告は，編集委員会にとって必要な内容をふくんでいる．すなわち，論文の中心的メッセージとは何と考えるか，その重要性に対する評価，技術的および解釈の上での弱点，また内容それ自体や表現の上での弱点などである．これらの要素は，その論文の信頼性および堅牢性への判断に影響を与える．査読システムは論文に書かれているものは実際に真実であるという信頼の上に成り立っている．このことは書き留められるべきだろう．査読システムは，虚偽をふくんでいるようなごく一部の論文を検出するためにデザインされているわけではない[4]．

この編集委員会談話は，査読システムが，論文に書かれていることは真実であるという前提のもとに作動していること，不正を検知するためにデザインされているわけではないことを明言している．この前提のもとに査読システムは論文の重要性を評価する．しかし，論文が掲載許諾され，公刊されたのちには，一般の人は，論文は「真実である」と考える．一般の人は，査読システムにおける上記の前提を知っているわけではなく，論文に書かれていることは真実なのだと考える．それゆえ，査読システムの結果(つまり論文の掲載)が，専門誌共同体によって「公式にアクセプトされた」ものとして一般に流通するのである．上のNatureの編集委員会談話は，査読システムがどう動くか(論文に書かれていることは真実であるという前提のもとでの作動)を解説してはいる．しか

研究不正とは何か　13

し，そのシステム通過後の論文が一般の人にとってどう見えるかについては，考察が及んでいないことが示唆される．

　一般の人は，不正が発覚したとき，査読をしたにもかかわらず虚偽が科学的真実とされた，といって批判する．たとえば，一般誌から，以下のような批判がある．

　　　科学ジャーナルは，虚偽の報告をふるい分けする，重要なゲートキーピング機能を果たす．しかし，Hwang教授の人間のクローニングをめぐる2つの報告はScience誌に掲載され，犬のクローニングに関する報告はNature誌に掲載許諾された．それぞれの雑誌の編集者は，Hwangケースについて，査読者は捏造データを検知することを期待されていない，と主張した．この主張に皆が同意することはないだろう[5]．

　この記事のように，より一般の人の立場に近い一般誌は，専門誌がゲートキーピング機能をもつことを期待し，虚偽のレポートをふるいわけする機能をもつことを期待する．しかし現実には，先のNature誌編集委員会談話にあるように，査読システムは，虚偽をふくんでいるようなごく一部の論文を検出するためにデザインされてはいない．これは，専門誌共同体内部が査読システムをどのように考えているかということと，共同体の外の人々が査読システムをどのように捉えているか，との間のギャップである．プロセスとしては，査読は，書かれていることが真実であるという前提のもとに公正な判断を下すものである．しかし，結果としては，科学者は，査読によって真偽の境界をひいているのだ，と一般の人から見られてしまう．

　査読システムによって論文掲載の許諾判断と拒否判断の繰り返しによってできる境界を妥当性境界とよぼう[6]．上記のNatureの編集委員会談話によると，科学者は投稿されてきた論文に書かれていることは真実であるという前提のもとに，その論文が雑誌にふさわしいか否かで判断をくだす．つまり妥当性境界は雑誌に合致するか否かの判断境界である．それに対し一般の人は，科学者による真偽境界の「境界作業」[7]である，と考えるのである．プロセスとしては，1本の論文が掲載に値するかどうかの小さな判断だとしても，結果としては，専門誌共同体によって公式に真実としてアクセプトされた論文として，広まってしまう．以上のことから，科学者は妥当性境界を真偽境界とは考えていないのに対し，一般の人は妥当性境界を真偽境界と考えている可能性のあることが示唆される．

　Nature誌では，査読システムが「虚偽の論文を斥けることができるようにするにはどうすればよいのか」の議論もおこなっている[8]．たとえば，「論文とともに検体も出してもらう」「ビデオをとる」などの報告もある[9]．これらの模索は，これまで研究者間の信頼（研究者は虚偽の報告などはしないという「信頼A」）に基づいて査読をおこなえば，当然のこととして研究者共同体外部からの信頼（信頼B）が得られると考えていた研究者共同体の意識の変化である．つまり，信頼Bを得るためには，信頼Aをチェックする必要がある，という方向に動きつつあるのが昨今の研究倫理である．

4. 現代の研究倫理が提起する問い〜認知的権威をめぐって

　これまでの節でみてきたように，20世紀後半の科学におけるpublicationのシステム，品質管理のための査読システム，そしてpublished papers（公刊論文）の本数と質による業績評価が現代科学の知識生産の基礎を形作っている．そして，これらのシステムが現在の慣習（捏造，改ざん，剽窃をしない，共著論文における責任分担を明確にする，一度公刊した内容は異なる雑誌に公刊しては

ならない，など）を形づくっている．福島（2013）は，これらの従来のシステムを組織的観点から分析し，研究の質保証のための装置を，ラボ，レフェリー制，追試の3つの観点から分析している．仮に，研究の質保証のためのこれらのpublicationシステムを「20世紀モデル」とよぼう．20世紀モデルを守るための現在の慣習を我々は研究倫理と呼んでいるのである．

ただ，20世紀モデルにも改良すべき点がまったくないわけではない．たとえば，これからの学術コミュニティは社会に対してどのような発信をするべきか，を考えたとき，従来のようなpublicationシステムの慣習を見直す必要もでてくるだろう．研究者共同体の品質管理だけに気をとられていると，論文の内容が現場知に応用されにくい場合があること，現場で地元住民とともに協働でつくりあげた知見は，published-paperにしにくいこと，などが挙げられる[10]．社会への実装を考えた場合，20世紀モデルを守るだけでは問題があること，分野によっては見直しが必要であることが示唆される．

また，この20世紀モデルを逆手に取る事件が，研究者外部の人間の手によって発生している．専門誌共同体に掲載された論文の「認知的権威」の発生を逆手にとる事件の例を挙げよう（藤垣，2009）．

科学関係の大手出版社であるElsevier社発行のThe Australasian Journal of Bone and Joint Medicineはじめ6誌が，2000年から2005年の間に他の雑誌からの転載論文を掲載したこと，かつ，その転載論文が医薬品メーカーであるメルク社から資金を受けて研究された論文であったにもかかわらずそのことを公表していなかったことが2009年4月から5月にかけて発覚した[11][12]．これに対しElsevier社は，十分な情報開示をせずにふつうの雑誌論文のようにみえるような出版をおこなったことを謝罪し，今後情報開示のルールを徹底することを明言した[13]．この事件はとくにThe Scientistsのweb上紙面で多くの議論を呼んでいる．問題は，この雑誌が，ピアレビュー（査読）された論文のようにみせかけてそれら転載論文を載せていたこと，および論文のスポンサーをきちんと公開しなかった点である．

この問題が，専門誌共同体のコミュニケーション（学術コミュニケーション）に対してもつ意味について考えてみる．本事実は，メルク社に対する訴訟（メルク社製の薬Vioxx服用中に心臓麻痺で死亡した患者に関する訴訟）のプロセスで明らかになった．そこで，世界医学雑誌編集者協会（World Association of Medical Editors）のメンバーであるイェリネク（George Jelinek）氏は，「かの出版物は，メルク社によって資金供与され，かつメルク社の製品に対しポジティブな結果を導く論文のみが掲載されているにもかかわらず，査読された論文のように誤解されやすい状況だった．」と証言した[14]．つまり，情報を受け取る医師の側から言えば，医師らは，医薬品の使用を促進するようにデザインされた出版物を，まるで査読された論文誌かのようにElsevier社から受け取っていたことになるのである．これは，査読システムによって維持されている真面目な医学雑誌群に対する侮辱であると同時に，学術コミュニケーションにおいて査読システムがもっている「認知的権威」を汚す行為である．問題の雑誌群には，編集委員会のもとで書かれたという誤解を与えるような表現があったことから，査読された論文が一つの認知的権威であることを逆手に利用していたことが示唆される．学術コミュニケーションにおいて形成されていた信頼や認知的権威を脅かすことになる行為といえよう．

次に，学術コミュニケーションと社会の関係，ひいては科学と社会のコミュニケーションの問題として捉えてみよう．学術コミュニケーションのみならず，一般社会においても，「査読のある雑誌に載った論文は妥当性の保証がされている」という前提が共有されている．査読された論文は，社会においても1つの認知的権威なのである．つまり，専門誌共同体にとって認知的権威であるのみ

ならず，共同体の外の社会一般においても認知的権威なのである．この事件は，この前提および社会からの信頼や認知的権威に対してより根源的な問いを喚起する．査読によって生まれている認知的権威やそれによって守られている20世紀モデルを，ほんとうに不問のまま信頼してよいのだろうか．雑誌の内側の考える査読の実態と，外側による査読の受け取り方との間にあるギャップをこのまま放っておいてよいのだろうか，そもそも査読された雑誌論文に，何故認知的権威が生まれているのだろうか，などの問いである．

このような事件は，概ね出版社側の倫理の問題として片づけられがちである．しかし，彼らを非難することによって守ろうとしているものは何なのかという問いを考えると，そもそも査読システム，あるいは20世紀システムによってつくられている認知的権威を守るために，「研究倫理」の名のもとに不正を批判していると考えることができる．20世紀モデルを守るための慣習を，規制に変換して倫理とよんでいる可能性である．20世紀後半に確立した科学業績システムの維持のために「これまでの慣習を続けよ」として研究者の行動を規制する．各種の研究倫理教育ツール[15]は明らかに，このような機能を有している．おそらく，本来であれば，この慣習を不問のまま規制としていいのかどうかの議論が必要だろう．

5. 自律性の強調

さて，不正論文投稿者やそれを掲載した雑誌を非難することによって守ろうとしているものは認知的権威だけだろうか．この問いを考えるうえで，全米科学アカデミーが編集した，「*On Being A Scientist: Responsible Conduct in Research*」（科学者をめざす君たちへ：科学者の責任ある行動とは）は参考になる．第1版は1989年に出版され，全米で20万部以上が大学院および学部学生に配布され，授業やセミナーなどで使用された．6年後の1995年には，全米科学アカデミー，全米工学アカデミー，医学研究所の三団体によって，第2版が出版されている．第2版のまえがきには，「……科学そのものを特徴づけ，科学と社会との関係を特徴づけてきた高い"信頼性"こそ，今日の比類なき科学的生産力の時代をつくりだしてきたのである．しかしこのような信頼性は，科学者のコミュニティ自らが節度ある科学活動によって得た基準を，具体的に示し伝えていくことに努めなければ，維持できないことを心にとどめてほしい」とある．科学が社会との間の信頼を維持するために，コミュニティ内部を自ら律する必要性が主張されている．つまり，不正論文投稿者やそれを掲載した雑誌を非難することによって守ろうとしているものは，研究者コミュニティが自ら律する自律性と考えることができる．

それでは自律性とは何だろうか．科学史家ポーターは，客観性は科学に内在するものではなく，外部からの圧力への抵抗として存在することを史実に基づいて主張した（Porter, 1995）．これを援用すると，自律性は科学者集団に内在するものではなく，外部からの圧力への抵抗として存在するものとみることも可能である．

まず客観性についての彼の論考をみてみよう．数値というものが客観的とみなされて流通してしまうのは何故だろうか．局所的な知識が通用しなくなるとき，厳密さや標準化が求められ，新しい信頼の技術として「数」が登場する．つまり，経済であれ，知識の流通であれ，グローバル化がすすみ，遠くはなれた地域のひとびととモノや知識の交易をすすめようとするときには，個人由来の知識や地域に依存した知識は使いにくくなる．そういうときに交易や交流の標準化に役立つのが数値なのである．

ポーターはこのことを史実に基づいて展開していく．19世紀英国では，紳士であることが数値

の専門家であることよりも重要であった．そのため，会計士は紳士であろうと努め，紳士である我々を信頼しなさい，とせまった．そこに疑いの目がむけられることはなく，会計手続きの標準化が前進することはなかった．同じく19世紀フランスでは，エコール・ポリテクニーク出身であることが信頼の基礎を構成した．つまりフランスではエコール・ポリテクニーク出身者であることに敬意と信頼が払われ，「ただの計算」よりもエリートの判断および自由裁量のほうが重要だったのである．そのため，公共の監視に晒されることは少なく，手続き標準化が前進することはなかった．それに対し，20世紀はじめの米国には，紳士であるとかエコール・ポリテクニーク出身といった信頼の基礎は存在していなかった．そのため，保険数理士は，常に公衆や政治家の監視に晒され，判断根拠をオープンにし，手続き規格化をおしすすめる必要がでてきたのである．

ふだん，定量化は，不当な政治的圧力が加わらなければ，客観性を追求するために推進されると言われている．しかし，史実の分析から，実は逆であることが明らかにされてきた．定量化とは，力をもつ部外者が専門性に対して疑いの目をむけたときにこそ，発生するのである．政治的圧力さえなければ客観性が保てるのではなく，圧力にさらされてこそ，その適応として客観性がつくられるのである．生徒を類別するためのIQテストや，公衆の意見を定量化するための世論調査，薬を認可するための洗練された統計手法や，公共事業を評価するための費用便益分析やリスク分析，これらはすべて，米国の科学および米国文化独特の産物である．つまり，建国の歴史も浅く，専門家がエリートとして信頼されることのない米国社会で，市民からの疑いの目や社会からの圧力に対抗するために，これらの定量化は発展したのである．

政治的圧力さえなければ客観性が保てるのではなく，政治的圧力があるからこそ，客観性がつくられるのである，というポーターの主張を自律性にあてはめてみよう．政治的圧力さえなければ自律性が保てるのではなく，政治的圧力があるからこそ，自律性がつくられるのである．つまり，研究者コミュニティの外から，研究者コミュニティへの疑いの目がむけられるからこそ，ますます自律性が強調され，それを守るための不正防止，研究倫理が強調されるという構造である．

このことは，ここ数十年ほどの国際社会および日本における研究評価の数量化と手続きの厳密化の動きを説明するのに役立つ論理であろう．公共的な責任が要求されるようになると，研究者共同体のまわりの境界に外からの監視の目が入り込むようになり，厳密な手続きが要求されるようになるのである．また，実験データの不正・捏造問題が発覚すると，実験ノートを取っておくよう，研究手続きを明確にするよう指示されるようになる．あるいは，履歴詐称問題や博士論文に引用された論文の不正問題などが発覚すると，審査の手続きの厳密化がすすむ，などの例である．これらにみられる手続きの明確化は，外圧からの防衛機構の1つである．

6. 20世紀モデルのゆくえ

それでは，研究不正を防ぐ20世紀モデルは今後どうなっていくのだろうか．日欧比較をもとに考えてみよう．

欧州では現在，2020年を目標とした科学技術政策（Horizon2020）のなかで，「責任ある研究とイノベーション」（Responsible Research and Innovation. 以下RRIと記す）が提唱されている．RRIといえば，日本ではすぐに「研究不正をしないこと」と結びつけて論じられてしまう傾向がある．しかし，現在欧州で展開されているRRIは，決して研究不正にとどまるものではない．倫理綱領のみならず，RRIには，Impact（社会に研究成果がどう埋め込まれるか），Public Outreach（アウトリーチ），Transparency（透明性），Critical Reflection（批判的自省），Social Utility（社会にどのように

役立つか），Stakeholder Collaboration（利害関係者の参加）などのコンセプトが含まれている．RRIを説明する文章には，"RRI implies that societal actors work together during the whole research and innovation process." とあり，研究およびイノベーションプロセスで社会のアクター（具体的には，研究者，市民，政策決定者，産業界，NPOなど第三セクター）が協働すること，とある[16]．

RRIのエッセンスには，open-up questions（議論をたくさんの利害関係者に対して開く），mutual discussion（相互議論を展開する），new institutionalization（議論をもとに新しい制度化を考える）がある[17]．たとえば，東日本大震災そして福島の原発事故分析をすると，日本の技術者は閉じられた技術者共同体の中で意思決定をしてきており（例：安全性基準など），地元住民に開かれたものにはなっていないことが示唆される．それを開くのがopen-up questionsに相当する．また，その開かれた議論の場で技術者から住民へ一方的に基準が伝達されるのではなく，互いに異なる重要と思われる論点について相互の討論をおこなう，あるいは福島の経験をもとに各国が学びあうというのがmutual discussionである．そして，それらの原発ガバナンスに関する議論をもとに，現在の規制局の在り方を作り変えていくことが，new institutionalizationに相当する．

このようなRRI概念の福島原発事故への応用を見ていくと，RRIの概念がプロセスを重んじ，動的なものであるのに対し，日本の福島分析および責任論が，各制度の枠を固定し，それぞれに閉じられた集団に責任を貼り付ける「静的」なものであることが示唆される．閉じられた集団を開き，相互討論をし，新しい制度に変えていく，というRRIのエッセンスは，明らかにこれまでの日本の社会的責任論（集団を固定し，そこに責任を配分する）とは異なる形で「市民からの問いかけへの応答責任」に応えようとしている．

日本における研究不正は現在，「市民からの問いかけへの応答責任」を果たすために，文部科学省の2014年のガイドラインにあるように，組織の管理責任の明確化の方向ですすみつつある．つまり，各制度の枠を固定し，それぞれに閉じられた集団に責任を貼り付けるという，従来の「静的」なもののまま研究不正を考えている．しかし，このままでいいのかは再考が必要であろう．先に述べたように，現場で地元住民とともに協働でつくりあげた知見を，published-paperという業績評価システムだけで評価できるのだろうか，そして，これからの学術コミュニティは社会に対してどのような発信をするべきか，などの再考である．RRIの概念にあるようなさまざまなアクターの協働のなかから，20世紀モデルが再考される可能性がまったくないとはいえないだろう．20世紀モデルを守るための慣習を不問のまま規制としてしまっている現状は，このような観点から問い直される必要もでてくるだろう．

■注

1）http://www.mext.go.jp/b_menu/houdou/26/08/__icsFiles/afieldfile/2014/08/26/1351568_02_1.pdf（2017年6月27日）.

2）2014年春，Nature誌に掲載されたSTAP細胞をめぐる論文中に画像の切り貼りが発見された．これをめぐる質疑のなかで，渦中の研究者は，「結果自体が変わるものではないので，科学的考察に影響を及ぼすとは考えていなかった」と答えた．科学は結果もさることながら，プロセスが非常に大切な営みである．プロセスを正確に記してこそ，後続の論文はそれを追試することが可能になり，その先の知識の蓄積が可能になる．そして科学研究は常に試行錯誤で「作動中」であり，一流誌に掲載された論文でさえ，後続の論文によって吟味され，検証され，書き換えられることによって進展する．画像の切り貼りがまずいのは，このような綿綿と続く科学の営みに対する不誠実な態度とみなされるからである．

3）ある専門分野の専門誌共同体．専門誌の投稿，編集，査読活動を行うコミュニティを指す（藤垣，

2003).

4) *Nature*, 439 (12 Jan 2006), p118.

5) Wade N. and Sang-han, C. 2006 "Researcher Faked Evidence of Human Cloning", *The New York Times*, (10 Jan 2006).

6) Fujigaki, Y. 1998: "Filling the Gap between the Discussion on Science and Scientist's Everyday's Activities: Applying the Autopoiesis System Theory to Scientific Knowledge," *Social Science Information*, 37(1), 5-22. および藤垣, 2003.

7) 境界作業(boundary-work)の考え方とは, 境界がはじめから本質的に存在するとする「境界画定問題」(demarcation-problem)として扱うのではなく, 境界は「ひとびとが引こうとする」ものであると捉える. 境界画定問題では, 科学と非科学を分ける"本質"を探ろうとするのに対し, 境界作業では, ひとびとが境界を引こうとする作業をていねいに記述する(Gieryn, 1995).

8) *Nature*, 439(19 January, 2006), 243.

9) *Nature*, 439(19 January 2006), 252.

10) 村上陽一郎ほか, 関与者の拡大と専門家の新たな役割, 科学技術と社会の相互作用:「科学技術と人間」領域成果報告書, 科学技術振興機構社会技術研究開発センター, 2013年3月.

11) "Elsevier published 6 fake journals". *The Scientist*. 2009-05-07. http://www.the-scientist.com/blog/display/55679/, (accessed 2009-10-15).

12) "Elsevier admits journal error". FT.com. 2009-05-06. http://www.ft.com/cms/s/0/c4a698ce-39d7-11de-b82d-00144feabdc0.html, (accessed 2009-10-15).

13) "Statement from Michael Hansen, CEO of Elsevier's Health Sciences Division. Regarding Australia Based Sponsored Journal Practices between 2000 and 2005". Elsevier. 2009-05-07. http://www.elsevier.com/wps/find/authored_newsitem.cws_home/companynews05_01203, (accessed 2009-10-15).

14) Hutson, Stu. 2009, "Publication of fake journals raises ethical questions". *Nature medicine*. 15(6), p. 598.

15) CITI(Collaborative Institutional Training Initiative:eラーニングによる研究者行動規範教育を提供, https://edu.citiprogram.jp/defaultjapan.asp?language=japanese 参照)や, 冊子「科学の健全な発展のために——誠実な科学者の心得」(日本学術振興会)など.

16) https://ec.europa.eu/programmes/horizon2020/en/h2020-section/responsible-research-innovation 参照(2017年3月31日).

17) 2016年8月 4S/EASST joint conference における Ulike Felt の発言.

■文献

Campanario, J.M. 1993: "Consolation for the Scientist: Sometimes it is Hard to Publish Papers that are Later Highly-Cited", *Social Studies of Science*, 23(2), 342-62.

Cicchetti, D.V. 1991: "The Reliability of Peer Review for Manuscript and Grant Submissions: A Cross-Disciplinary Investigation", *Behavioral and Brain Science*, 14(2), 119-186.

Chubin Daryl E. & Hacket, Edward, J. 1990: *Peerless Science: Peer Review and U.S. Science Policy*, Sate University of New York Press.

江間有沙 2013:科学知の品質管理としてのピアレビューの課題と展望:レビュー, 『科学技術社会論研究』, 10, 29-40.

古川安 1989:『科学の社会史——ルネサンスから20世紀まで』, 南窓社.

藤垣裕子 2009:「偽科学雑誌が科学コミュニケーションにもたらす問題」, 国立国会図書館『カレントアウェアネス』, 302, 7-8.

藤垣裕子 2013:『専門知と公共性——科学技術社会論の構築』, 東京大学出版会.

藤垣裕子 2016:「科学者／技術者の社会的責任」島薗進ほか編, 『科学不信の時代を問う——福島原発災

害後の科学と社会』，合同出版，122-139.

藤垣裕子 2016：「研究公正と科学者の社会的責任をめぐって——科学者集団の自律性とは」『哲学』，67，80-95.

福島真人 2013：「科学の防御システム——組織論的「指標」としての捏造問題」『科学技術社会論研究』，10，69-81.

Gieryn, T.F. 1995: "Boundaries of Science," Jasanoff, S. et al. (eds.) *Handbook of Science and Technology Studies*, Sage, 393-443.

Horribon, D. 1990: 'The Philosophical Basis of Peer Review and the Suppression of Innovation", *Journal of American Medical Association*, 263(10): 1438-1441.

Hwang, W.S. et al. 2004: "Evidence of a Pluripotent Human Embryonic Stem Cell Line Derived from a Cloned Blastocyst," *Science*, 303 (12 March 2004): 1669-1674.

Hwang, W.S. et al. 2005: "Patient-Specific Embryonic Stem Cells Derived from Human SCNT Blastocysts," *Science*, 308 (17 June 2005): 1777-1783.

Ingelfinger, F.J. 1974: "Peer Review in Biomedical Publication", *The American Journal of Medicine*, 56: 686-692.

Paker, E.N. 1997: "The Strategy for Publishing Scientific Papers," *EOS* (*Newsletter of American Association of Geophysics*) 79(37) (16 September, 1997): 391.

Peters, D.P. & Ceci, S. J. 1982: "Peer-Review Practice of Psychological Journals: The Fate of Published Articles, Submitted Again", *Journal of the American Medical Association*, 263(10).

Porter, T.M. 1995. *Trust in Numbers: The Pursuit of Objectivity in Science and Public Life*, Princeton University Press：藤垣裕子訳　『数値と客観性』，みすず書房，2013.

Stilgoe, J and Guston, D.H. 2016: "Responsible Research and Innovation," Ulrike Felt, Rayvon Fouché, Clark A. Miller and Laurel Smith-Doerr(eds.) *The Handbook of Science and Technology Studies, Fourth Edition*, MIT Press, 853-880, 2016.

Weber, M. 1919: Wissenshaft als Beruf.

Research Note

■Journal of Science and Technology Studies, No. 14（2017）■

What is Research Ethics?: Analysis Based on Autonomy
of Journal Community and Scientists' Community

FUJIGAKI Yuko *

Abstract

In order to question what is research fraud and research ethics, this paper first considered the origin and role of the journal community which manage quality of research of scientific community. Next, this paper examined problems of the peer-review system which is a mechanism maintaining the journal community. Then, we name the publishing system assuring quality of research protected by the modern journal community as "20th century model", and reconsider the cognitive authority relied on the 20th century model. Through this reconsideration, this paper suggests that research ethics can be considered as being established by converting customs for preserving cognitive authority made by the 20th century model into regulation. Furthermore, if we apply Porter (1995)'s examination on the origin of objectivity, we can see the origin of "autonomy" of scientific community as "response to external pressure". Contemporary research fraud can be thought of as resistance to researchers' autonomy against external pressure. Finally, with reference to RRI in Europe, this paper shows the need to rethink the current situation that converting customs in order to protect the 20th century model into regulation, without detailed discussion.

Keywords: Research ethics, Journal community, Cognitive authority, Autonomy, Tradition and regulation

Received: April 4, 2017; Accepted in final form: August 18, 2017
* Graduate School of Arts and Science, The University of Tokyo, 3–8–1 Komaba, Meguro, Tokyo 153–8902

短報　　　　　　　　　　　　　　　　　　　　　　　■科学技術社会論研究　第14号（2017）■

研究不正の時代

美馬　達哉*

要　旨

　日本では2014年のSTAP細胞問題から後に研究不正が大きな社会問題となった．その結果，対策として研究者倫理教育の強化が行われている．これに対して，本論考では，研究不正を生み出す社会的背景に着目して考察し，科学を含めた知識生産の現代社会における変容を明らかにすることを目的としている．そのため，研究不正に関連する議論だけではなく，知識生産の機構としてピアレビューやインパクトファクターを分析し，PLACE論やポスト・ノーマル・サイエンス論についても批判的に理論的吟味を行った．その結果，1970〜80年代以降での大学の社会的役割の変化，研究者のプレカリアート化，知識生産における競争の制度化などが研究不正を研究者たちに強いる構造的要因となっていることが示唆された．研究不正の問題を解決するには，たんなる倫理教育では不十分で，研究開発システムの現状を根本的に再考する必要がある．

1．はじめに

　2014年の日本では，画期的発見としてマスメディアで大きく取り上げられたSTAP細胞が論文の図のねつ造として問題化し，研究不正は研究者たちの世界だけでなく一般家庭のお茶の間の話題となった．この研究不正問題を簡単に振り返ろう．

　STAP細胞の研究成果は，2012年にiPS細胞作成の業績で山中伸弥がノーベル医学生理学賞を受賞した余韻の残る中，さらに容易に「万能細胞」を作成する新手法として大々的に発表された．いっぽう，匿名のネット言論は，実験結果や論文作法への疑いを次々に指摘し，この研究が研究不正として指弾されるきっかけとなった．筆頭研究者の「若手女性研究者」のキャラクターもあり，週刊誌上のゴシップや過熱したパパラッチ的取材までもが行われた．また，シニアの共著者の一人は自殺している．その中でSTAP細胞作成は研究結果のねつ造や発表データや図の改ざんという研究不正の疑いが濃厚とみなされ，論文撤回に至った．

　研究不正がマスメディアをも巻き込んだ大騒ぎとなった背景にある構造的要因を取り出すこと，

2017年6月17日受付　2017年8月18日掲載決定
*立命館大学大学院・先端総合学術研究科，t-mima@fc.ritsumei.ac.jp

そして研究不正が問題化する時代というレンズを通して現代社会を分析することが本論考の大きな目的だ．そうすることで，科学をも含めた知識の生産が現在どのような場に置かれているかを理解する手がかりになるだろう．

STAP細胞問題が勃発する前まで，「研究不正」という用語そのものはマスメディアでよく使われる一般語ではなかった．しかし，研究不正の中身であるねつ造（fabrication），改ざん（falsification），盗用（plagiarism）[1]などの行為そのもの（FFPと略される）に関しては，科学の中でも産業化された科学や臨床応用された科学において繰り返し問題視されてきていた．たとえば，1960年代末以降での公害や薬害をめぐっての論争や裁判において，データ隠しや改ざんなどを通じて研究者の倫理や科学の信頼性が問われることは数多くあった．2010年代においても同様のことは継続している．その中でももっとも明確な形で科学の中でのねつ造や改ざんの可能性が取りざたされたのは東日本大震災の際のフクシマ原発事故の後での状況だっただろう．科学技術の進歩によって核の平和利用が実現するという物語の信憑性に現実的な疑義が突きつけられ，「御用学者」というやや古風な罵倒語が人々の間で使われるようになったからだ．また，直接的な健康被害としての薬害を引き起こしたわけではないが，2012年には，広く使われていた高血圧薬バルサルタン（商品名ディオバン）での有効性のデータに関するねつ造や改ざんが発覚して大きな問題となっている．元になった論文は撤回され，著者の一人が製薬企業社員だってことも利益相反として批判された．

大まかな印象として言えば，日本では東日本大震災と原発事故以降に広がった科学という営み全般への人々の不信を背景としてSTAP細胞事件が登場し，事件の顛末はさらにその不信感を増強したとも思える．ただし，こうした不信の蔓延という現象は日本だけ科学だけに限られているわけではない．さまざまな種類のエスタブリッシュメント（体制）——科学であれ政府であれ——が保証する「正統な知識」への不信の広がりは，今日では世界的な現象となっている．ここで主張したいのは，研究不正もたんに科学研究の中での出来事としてではなく，「ポスト真実」や「フェイク・ニュース」を含めた社会現象の一部としてとらえる視点が必要だということだ．それは，ある知識が真理として生産される社会的仕組みの大きな変化と相関している．

2. 戻ってきたサイエンス・ウォーズ

もう一つ注目しておくべき点は，STAP細胞問題はこれまでの研究不正とは少し違った性質をもっているかもしれないところだ．これまでの研究不正は，あくまで利益追求などの社会的要因が科学研究を外部からゆがめた事態としても理解できたのに対して，STAP細胞問題は現代社会の中での科学研究の構造や論理そのものから生じてきている面が強かったのではないか．もちろん，このケースに限らず，科学研究にとっての外的要因が重要か，科学研究そのものの内的要因が重要かは程度の問題であるので，この主張がかなり強引な単純化であることは承知している．しかし，少なくとも「STAP細胞」の存在をめぐっての科学者と非科学者の間での議論のすれ違いや微妙なずれは，科学研究の内部での「科学の危機」や「科学の変質」を象徴的に示していた，と思う．それは，金森修が『科学の危機』の中で漏らした次のような感想と重なっている（金森 2015, 89）．

　　二〇一四年秋に，小保方を守ろうとしてか，相澤慎一が，その人でなければできないことがあるというのが科学だという趣旨の言葉を述べているのを聞いて，私は驚いた．その人でなければ分からない**こつ**というのは，普通，神業に近い職人芸や，芸術作品での感性の見極めなどについていわれることではなかっただろうか．

さらに注目すべき点は，科学者である相澤のこうした発言が，「『万能細胞』をそんなに簡単に作ることができるのかを実際の実験で確かめればよいのに，なぜ論文の文言やイラスト写真ばかり取り上げているのか」という非科学者である一般の人々の多くが疑問に思ったことに対する科学者側からの誠実な回答だったところにある．

　科学技術社会論として重要な点なのでもう少し理論的に言い直してみる．これが意味するのは，科学的真理は客観的・普遍的な真理として伝達可能であり，論文の中の「対象と方法」に記載された手順を字義通りに再現すれば同じ結果が生じるという科学の論理の否定である．だからこそ，まっとうな科学史家としての金森は強い違和感を表明したのだ．科学における再現可能性が揺るがされて不確実になるとすれば，それは古典的な意味での科学の論理の否定とさえ考えられる．なぜなら，カール・ポパー流の科学観によれば，科学的理論は仮説としての性格を持っており，再現実験の失敗によって反駁され得るという反証可能性の論理は，科学の根本的特性とされているからだ．

　だが，とくに先端的とされる研究において，実験結果の再現可能性はかなりの部分が建前に過ぎないことは，研究者の誰もがうすうす気づいていることだ．そうした研究成果は，実際にはさまざまな実験室の環境条件や言語化されていない暗黙知をも含んだ「状況づけられた知識(situated knowledge)」の結果であって，成功した後にもう一度同じように再現したり，別の場所で同じ通りに再現したりすることは困難なことが少なくない．もちろん，このことはすべての既知の科学的事実についてそうなのではなく，論文として新規に発表される先端的な知識や発見の場合に主として生じることだ．

　しかし，先端的知識だけに限られるわけでもない．研究者であれば誰でも経験があるだろうが，よく知らない分野や新しい手法にチャレンジする際には，マニュアル通りにしたはずでも失敗したり，毎回異なる初心者的ミスをしたりで，既知の実験結果であっても確実に再現することは非常に困難である．

　以上を理論的にまとめれば，こうなるだろう[2]．ある存在が科学的に実在するかどうかという問題は，客観的な実在の有無として簡単に白黒で判断できる性質のものではなく，どのような手続きで実験室の中で作り出され，どのような手続きで存在が確認され，どのような言説として論文に報告されたかの一連の行為と言説の組み合わされた異種混交(ハイブリッド)な集合(アサンブラージュ)が科学者コミュニティの中で正統として認められるかどうか，に関わっている．そして，再現実験が成功しなかった場合，再現しようとした研究者の技術や能力に欠陥があったためなのか，それとも元々の論文の記載不備や実験ミスだったのか，あるいは故意の研究不正だったのかを決めることは，ルールが曖昧でゲーム中にゴールポストが変更になるゲームのようなもので，科学者コミュニティの中での討議や開かれた解釈に任されてしまう．こうした複雑さを避けられない理由は，未知の存在を見極めようとする科学研究における「認識対象＝物(epistemic thing)」とは，宝探しのようにすでに実在している何かを見いだすことではなく，科学の実践のただ中で試行錯誤しながら新しい対象を作り出すと同時に測定方法や観察方法を考案しながらそれを名付けることだからだ，と．

　STAP細胞問題において，経験豊富な研究者たちが歯切れ悪く「こつ」を語ったのは，こうした実態の反映といえる．もうお気づきだろうが，ここでの説明スタイルは科学技術社会論における科学実践や科学的発見の描かれ方そのものである．「その人でなければできないことがあるというのが科学だ」というのは，科学の置かれているそうした状況の正確な表現に他ならない．科学者自身が，ある細胞の「実在」をめぐって「白か黒か」を問う素人たちの素朴実在論を批判し先端的な科学の構築主義的見方を擁護した点が，私にはとても興味深い．なぜなら，これは1990年代後半

の「サイエンス・ウォーズ」の遺恨試合のように見えるからだ(ソーカル，ブリクモン 2012，金森 2014).

サイエンス・ウォーズとは，物理学者のアラン・ソーカルが 1994 年に現代思想や文化批評の雑誌『ソーシャル・テクスト』に理論物理学と哲学を結びつけた論文を投稿し，受理された後に，その内容が意図的なでたらめであったと暴露したことから生じた論争である．その論争の中での科学者たちは，ポストモダンと総称された思想や哲学での科学用語の誤用を論難するとともに，相対主義や構築主義の影響を受けた科学技術社会論を批判していた．この前史との文脈の中に STAP 細胞に関する論争を位置づけたとき見えてくるのは，サイエンス・ウォーズから現代までの四半世紀余りで，科学的実践に対する職業的研究者たち自身の認識が変化してきたことだ．それは，多くの科学者自身が自らの営為を構築主義的に見始めたことであり，一種のシニシズムや諦観を含みつつ，真理の探究という抽象的な理念よりも科学論文として書かれたかどうかを重視する風潮の上昇だ．"publish or perish(出版するか消えるか)"という言い回し通りに，腰を落ち着けた長期研究での真理の発見よりも手続きを遵守して論文として短期間に多数の成果を発表することに力を注がざるを得ない状況が強まっていることを反映しているのだろう．好奇心に基づいた新しい知識の探求としての学問がいよいよ困難になりつつあることは，理系・文系を問わず多くの研究者が日々感じている．

現代社会における研究不正を考察する本論の前提として，簡単にではあるが歴史的に研究不正を位置づけてみよう．

3. 1980 年代と研究不正

今日の目から見て研究不正に相当する出来事は歴史的に数多く知られている．たとえば邦訳のあるものでは，『背信の科学者たち　論文捏造はなぜ繰り返されるのか』(ブロード，ウェイド 2014)や『科学の罠　過失と不正の科学史』(コーン 1990)には，さまざまな分野でのさまざまな研究不正が紹介されている．また，日本では，『科学研究者の事件と倫理』(白楽 2011)が，新聞データベースを元にして研究不正はもちろん研究費不正やアカハラ・セクハラを含んだ「事件」一般を数多く紹介している．

歴史的に見て最古の研究不正といえば，古代の天文学者プトレマイオスの天体観測がロードス島のヒッパルコスの観測データの「盗用」と推定されていることだろう．さらに，ヒッパルコスの観測データから推定した値を，自分自身による観測値として報告したねつ造の疑いもプトレマイオスにはかけられているという．ただし，ギリシャも含めて近代以前の社会では，著作権という概念が存在しなかったことはもちろん，著者や作者の社会的意味づけが現代社会とは異なっているため，こうした事例を現代社会での研究不正と同列に扱うことはできない．つまり，研究不正を考える上では，その時代や文化の価値観において「研究不正」がどのようにして道徳的逸脱や悪として位置づけられているかを知ることが重要なのだ．研究における誤謬(scientific mistake)と科学的不正(scientific misconduct)の区分も，そうした価値判断の一例だ．

研究の実践においては，いうまでもなく実験の失敗や誤りはつきものである．そうした科学的誤謬については道徳的批判はなされず，科学的な論証に基づいた議論によって正しいかどうかを客観的に証拠に基づいて検証するべきだ，というのが科学の論理である．実験の再現性の問題はそこに関わる．ただし，何が誤謬であるかは，研究者の理論や立場による解釈の違いによって変化し得ることに注意が必要だ．たとえば，ある理論的立場からは観測誤差つまり実験上の誤謬と考えられた

研究不正の時代　25

現象が，新しい理論的立場からはうまく説明できる観測データとなる場合がある（天動説と地動説の場合など）．これに対して，研究不正は意図的な嘘と見なされ，科学的議論以前の問題として道徳的に非難され，ときには法的処罰の対象ともなる．

つまり，社会学的にみれば，研究における予測された真理から逸脱した実験結果は，解釈の相違（逸脱でない）・実験の誤謬（不注意や想定外の要因による非意図的な逸脱）・研究不正（意図的な逸脱）という三種類に分類されて扱われているわけだ．こうして逸脱を分類してコントロールして排除するシステムが作動することによって，規範や秩序としての科学的真理が安定して生産される条件が整い，一定のルールのもとでのパズル解きに専念する通常科学（ノーマル・サイエンス）が成立することになる．この視点からすれば，逸脱を分類する三つの区分線は絶対的な境界とはいえず，特定の出来事を三つのどの範疇に区分するか，という点は争論の舞台となり得る．

道徳的な悪と見なされる研究不正をどのように定義してコントロールするかに関するルールがもっとも明確化されているのは米国である（Steneck 2005）．連邦政府が資金提供している研究については「健康研究拡張法（1985）」によって，法的に定められた研究不正の定義に従って，研究機関が調査して規制当局（1989 年に設置，1992 年からは研究公正局（Office of Research Integrity: ORI））に報告する仕組みが作られている．これは，1970 年代以降に公的資金による研究支援の仕組みが充実した結果，その中での研究不正もまた増加したことへの対策として構想された制度だ．なお米国では，同様に法律によって研究が規制される領域が研究不正の他に二つある．それは，動物実験の規制を定めた「動物福祉法（1966）」（三つの R（削減（reduction），代替（replacement），洗練（refinement））と呼ばれる）と，倫理委員会や施設内審査委員会による人体実験の規制を定めた「国家研究法（1974）」である．

現行の研究不正対策は，研究不正を道徳的な問題としてとらえ，ガイドラインや法による規制と研究者個人への研究倫理教育によって対処していこうとの方向性が強い．だが，研究不正は個人の道徳的資質から生じるものではなく，研究や科学を取り巻く環境や社会システムのあり方が研究者たちを研究不正の方向へと追いやっているのではないだろうか．

そのために，米国で取り締まる法律が作成されて研究不正が問題化した 1980 年代に科学に何が起きたのか，を考えてみよう．ジョン・ザイマンは，この時代について，科学者の研究態度を律するエートスが CUDOS から PLACE に変化した時期として論じている（ザイマン 1995）．CUDOS とは，社会学者ロバート・マートンがアカデミックな科学者の規範としたものの頭文字をとったもので，知識の公有性（Communalism），普遍性（Universalism），無私性（Disinterestedness），（系統的）懐疑主義（Organized Skepticism）を指している[3]．本稿のはじめで議論した再現可能性の重視（普遍性，懐疑主義）もその一部に含まれていると言える．これに対する PLACE とは，知的財産権重視のように所有的（Proprietary）で，局所的（Local）に応用されることで特定の問題の解決に限定され，自主性を失って権威主義的（Authoritarian）に委託された請負仕事（Commissioned）[4]として特定の専門化（Expert）した業務を行うことを意味している．もちろん，これは類型化であって排他的に二分できるわけではない．この二つのエートスの違いを生み出しているのは，前者が個人としての科学者を範型としているのに対して，後者は「基礎的な科学研究から市場化のための技術開発までのさまざまな活動が，あらゆる形態の研究機関を通して，相互に混ざり合いからみ合っている」分割不可能な**研究開発システム**の中で組織人として活動する科学者を想定しているところにある（ザイマン 1995, 3）．

4. パトロンとバイヤー

　大きな流れとして見れば，CUDOSは，資産を持ったジェントルマン階層による教養主義的でアマチュア的な個人の実践だった19世紀末までの科学が，大学を中心とした職業科学者組織によって行われるようになり，学位という形でのライセンス制が確立する頃までに対応している．それは，独創的な個人が私的利益追求ではなく好奇心に基づいた知識の探求を行う実践という科学のイメージである．

　20世紀半ばに入ると，第二次世界大戦での総力戦体制によって，科学による技術革新の国家プロジェクト化やビッグサイエンス化が進み，科学のあり方は大きく変化する．原子爆弾開発のマンハッタン計画以降には，宇宙開発，生命科学などさまざまな分野での，研究のチーム化や異分野を連結したネットワーク化が当たり前となった．こうした巨大な予算によって支えられたプロジェクトにおいて，個人としての科学者は必ずしも研究の全貌を完全に理解できるわけではなく，歯車の一つとして研究という業務をこなすことになる．その一方で，税金に由来する巨額の研究費に対する説明責任が科学者に求められるようにもなった．さらに，たんに経済的な意味での説明責任だけではなく，核開発などの軍事研究やヒト遺伝子操作についても社会的責任や道徳の問題としての説明責任が科学者に突きつけられた．この点は，臨床医学や遺伝子操作を伴う生命科学に関しては大きな影響を与え，いまや医療倫理・生命倫理的な審査やガイドライン・法的規制が科学研究に対して行われることは当然の常識のように研究開発システムの中に組み込まれている．だが，こうした様々な社会的要請のなかで科学を変える最大の要因となったのは，経済的な説明責任として短期的な社会的意義——経済効果や臨床応用など——を科学研究に求める圧力だった．

　現代社会の科学の特徴をPLACEと表現する場合，知的所有権の強化や知識の囲い込みとの関連が重視されることが多い．この知識の私有化という論点は，科学の分野だけに限られる問題設定ではない．ほぼ同時期の1970〜80年代に生じた大きな社会的変化とも関わっている．それは，工場での大量生産のような物質的労働が重要性を徐々に失い，それに代わって知識や情報やコミュニケーションに関わる非物質的労働が生産における支配的要素へと上昇していった産業構造の変化である[5]．製造業から情報通信産業や金融業への重心の移動は，非物質的財としての知識の生産に関わる学問や文化にも大きな影響を及ぼした．イノベーションを生み出す知識のほうが物作りよりも重視される世界の中で，大学と大学所属の研究者は生産財としての知識の生産の一翼を担う重要なプレーヤーへと変化したのだ．

　同じ1980年代初頭，知識をフリー（自由・無料）にしようとするCUDOSから，知識のコントロールを重視する知的所有権の制度への転換もまた進んでいった．その変化を主導した米国は，偽ブランド品や海賊版ソフト・音楽への国際的規制強化を主張するとともに，産業分野でも知的所有権保護の強化を重視するプロパテント政策を打ち出した．そうした米国の政策の象徴とされるのが「バイ・ドール法（1980）」であり，連邦政府予算で行われた研究から得られた特許の権利やライセンス収入を国家に帰属させるのではなく，大学の裁量で大学と研究者に配分することを認める法律だった．

　しかし，こうした経済的動機付けによって研究者個人が強欲になって，発見した知識を私有化するようになったという意味で，研究におけるPLACEの上昇を理解することは誤りだ．たしかに，こうした政策的誘導によって大学発の特許件数そのものは増大していくが，実際にライセンス料が大学運営に影響を与える巨額なものとなる件数はごくわずかで一握りの一流研究大学に限られるか

研究不正の時代　27

らだ(スローター，ローズ 2012，宮田 2007，上山 2010)．多くの大学は，研究成果を特許として申請し企業への技術移転を支援する「技術移転機関(TLO)」を備えている．だが，ライセンス料はその人件費や維持費にも満たない場合がほとんどとされる．つまり，マクロ経済はともかく各大学レベルで知的所有権の保護は，慢性的な赤字を生み出しており，経済的な動因だけでその拡大を説明することは困難なのだ．むしろ知的所有権の重要性は，システムとして体系化された知識の一部を切り離して知的所有権として個々にパッケージ化することによって，知識の量を計量可能にする点にあるだろう．すなわち，知的所有権の件数が研究成果の産業的意義の操作的な指標となることだ．論文の数と同様に知的所有権の件数は研究のマネジメントを可能にするための定量的指標として，現代社会の研究開発システムの一部に組み込まれている．そして，限られた予算で最大の知識アウトプットを出そうとする制度的仕組みとしての研究開発システムが，研究者たちを経済性や効率性に従った研究活動するように水路づけている．ここで起きていることは，個人の意図や欲望の帰結ではなく，現代社会での研究開発システムの特性から生じた構造的結果なのである．

　以上の過程は，科学者と研究資金の提供者との間の関係の変化をも生み出してきた．つまり，CUDOSにおいては国家が一種のパトロンとして(好奇心に基づく)科学研究を支援していたのに対して，PLACEにおける資金提供者(国家)は，研究と研究者が売り出されている市場でのバイヤー(買手)として優れた研究を選択してより安価に手に入れようとしている．それだけではない．次章で考察するが，資金提供者はバイヤーであるに留まらず，研究者と緊密な関係を築いて研究プロジェクトを組織したり管理したりするマネージャーの役割をも果たすようになっている．研究資金提供者の果たすようになったバイヤーとマネージャーという二重の役割は，現代社会の研究開発システムを理解する要となる．

　こうした科学研究と社会との関係の背景にあるものを，ザイマンは「定常状態の科学」と表現している(ザイマン 1995, 17)．それは，第二次大戦中での総力戦体制で支援された科学やその後の高度経済成長の中での科学が経済的に急成長を続けてきたことに対して，欧米での 1970 年代後半以降での科学においては——石油ショックをうまく乗り越えた日本は少し遅れて——，GDP 数%の水準で研究費増加が頭打ちになったことを意味する．また，研究費の成長が鈍っただけではない．一つのプロジェクトに必要な研究費支出そのものは逆に巨大化している．たとえば，CERN(欧州原子核研究機構)などでの基礎物理学の実験では多国間協力が当然となりつつあり，ヒトゲノム解読のように官民一体(ないし熾烈な競争)での研究推進も珍しくはない．さらに，そこに追い打ちをかけるのが，科学研究の手法の進展の速度が増大したことだ．実験機器などの科学研究の基盤となる施設や整備は速やかに陳腐化し，スクラップ・アンド・ビルドを行い続けることが普通になりつつある．そのため，多額の経費を使って研究室や実験室を最新状態で維持することが，先端的な研究を行う前提条件となっている．それは，一カ所に止まっているためだけに走り続けなければならないような状態だ．その結果，スーパーコンピュータのように，高額な機器を共有資源として多くの研究者が時間決めで使用するオープンリソースやオープンラボの仕組みも広がりつつある[6]．

　定常状態の科学の中での財政的制約(研究資金の成長鈍化と研究費用の増大)が生み出したのは，科学研究における競争の制度化，つまり競争によって勝者と敗者を決めるための「客観的」評価手法の発明だった．もちろん，科学者個人間でのライバル関係や数学上の難問を誰が最初に解決するかの競争，さらには特許権をめぐる先取権の争いなどは 19 世紀から存在していた．だが，ここで生じたことは，個人間での先着争いとは質的に異なっている．研究資金提供側が効率的資金運用を目指すバイヤーとしての視点で，それぞれ異なった問いを追求する研究計画に順位付けをする制度が生まれたのである．

順位付けを可能とする具体的方法として最も簡単な方法は，研究成果である知識を物質化・客体化したものとしての書籍や論文の数である．また，繰り返しになるが，知的所有権もまた件数を数えることができるという点で，計量可能な研究成果の指標として意味を持っている．

5.　品定めされる研究と研究者

　次に，科学的知識の真偽を判定し，その上で量化するという具体的な手続きに踏み込んでみよう．19世紀までの学問では，長期間の研究成果としての知識は書籍としてまとめて出版することが標準であり，書籍より短い論文の数は少なかった．そのため，当時の科学雑誌は現代の新聞や一般雑誌と同様に，編集者が科学者に解説論文を依頼したり，投稿されてきた論文を編集者や編集委員会が取捨選択して掲載したりするメディアだった．当時は現代に比べて出版への技術的・経済的なハードルが高かったために，書籍や論文に記された内容の真偽はある程度は保証されていたともいえる．

　現在ピアレビューと呼ばれているシステム，つまり同僚複数名による査読と評価による論文の品質管理の始まりは18世紀と言われる（Kronick 1990）．だが，これが広く行われるようになったのは20世紀後半以降である（Burnham 1990）．この時期には，高等教育としての大学制度が確立し，学位というライセンスを有した職業的研究者が組織的に養成され，研究者人口が急激に増大している．また量的に研究者の人口や生産された知識が増大しただけでなく，質的にも変化が生じた．知識の専門分化によって，編集者や編集委員会だけでは，知識の真偽やその分野での意義を評価しがたい状況が生じ始めたからだ．その中で，編集者・編集委員会が外部専門家複数名に評価を依頼し，依頼された科学者は科学コミュニティの同僚（ピア）として「客観的」に判断するピアレビューの仕組みが発明された．

　この研究成果のピアレビューは，実際に対面したことはなくてもピアレビューをする同僚たちの実在を科学者に意識させ，（想像された）科学コミュニティの感覚を強める．つまり，アマチュアの個人としてではなく，特定分野の専門学会に所属しているメンバーという意味での組織人である科学者を，客観的（特定分野での査読付き論文という形での知識生産）かつ主観的（科学コミュニティへの帰属意識）に作り出したのである[7]．

　だが，特定の専門分野の科学コミュニティ内での合意として真偽を判断するピアレビューだけでは，数多くしかも異質な複数分野を横断的に順位付けするには不十分である．そこで重視されたのが，引用インデックス（Citation Index）やインパクトファクター（IF）に代表される情報科学を応用した科学計量学（サイエントメトリクス）の手法だった．IFそのものは，一つの論文について一定期間内に何回他の論文に引用されているかを数え，ある特定の雑誌に掲載された論文全体でその回数を平均した指標である．つまり，知的生産（出版）の世界の中で，ある特定の雑誌がどれだけ他の論文に注目されているかを表現したもので，もともと研究者ではなく雑誌編集者たちに注目されていた．今日でのグーグルなどの検索エンジンでも，あるサイトがどれだけ他のサイトに関連づけられているかがサイトの重要度の指標として用いられているのと原理的には同じである．IFはもともと雑誌の順位付けに用いられていたが，雑誌に掲載された論文の重要度の指標として使われるようになった．だが，ここには「評価の高い論文が掲載されたから良い雑誌だ」から「良い雑誌に掲載された論文は評価されるべきだ」への論理の転倒がある．人気のある（よく引用される）論文が掲載されていた雑誌（IFが高い）に掲載される論文は，実際に引用されるかどうかとは関係なく，重要で価値のある論文と見なされ得ることになるからだ．IFにはもう一つ大きな限界がある．それは，引用回数を元にした指標であるため，その専門分野内での注目度が同じとした場合に，研究者人口

研究不正の時代　29

や論文数そのものの多い専門分野に有利になりやすいことだ．

　自然科学分野であれば，Nature誌やScience誌がIFの高い雑誌として知られている．IFの考え方や手法は1950年代から知られていた（Garfield 1955）が，研究成果の評価手法として制度化されるようになったのは情報処理技術が進んだ1980年代である．最近では，研究論文の電子化が進められて参考文献での引用パターンの検索が容易になったため，雑誌ではなく一人の研究者について，その発表論文総数だけでなく，その業績が引用されている程度（h-indexやg-indexなど）を計算することが可能となっている．

　重要な点は，こうした評価は，ピアレビューのような真偽の判定とは異なる価値尺度であるところだ．そして，業績としての論文を優先する競争は，ときに，正しい研究成果を論文として発表することよりも，IFの高い雑誌に掲載される（他の研究者に注目され引用されやすい）論文を重視する傾向への構造的圧力となる．それは真偽という価値尺度をある意味で相対化することにつながり，研究不正へのハードルを低くする側面を持っている．

　科学者個人間のライバル関係ではなく研究開発システムに組み込まれた制度としての競争の成立は，資金提供者が市場でのバイヤーとして研究を取捨選択することを可能とする必要条件となった．だが，これだけでは財政上の制約（定常状態の科学）の下で効率的な研究費の配分を行うのに十分とは言えない．なぜなら，こうした研究成果の評価は結局のところ事後評価であって，どの研究計画に戦略的に資金を配分するかに直接的に答えるものではないからだ．

6. 大学の変容とマネジメントの上昇

　ここまで紹介してきたのは，研究のアウトプットについて，その特定の分野においていかにして真偽を判定されるか，さらに異分野の間での順位付けはどのように行われるか，という二点だった．そして，科学的知識の普遍性を科学コミュニティのなかで具体的に支える仕組みとしてのピアレビューが前者，そのピアによる引用回数を指標として研究の重要度を客観的に評価するのが後者の基本原理であった．

　次に，研究へのインプットである研究資金の配分に目を向けてみよう．日本での学術振興会や文科省の科研費と同様に，世界の多くの地域では，研究費配分の順位付けにも，その研究領域のことを理解した研究者同僚によるピアレビューが用いられている．だが，この場合のピアレビューは研究成果の真偽や論文での論証の成否を判断するものではない．むしろ研究計画の面白さや将来性や成功確率を予測して評価することであって，客観化することはきわめて困難だ．その意味で，論文のピアレビューと研究計画のピアレビューは，同じ名前だがその内容は大きく異なっている．

　そうした違いにもかかわらず，研究資金配分にもまたピアレビューが用いられている理由は，将来の研究成果の達成を予測する上でもっとも役立つ情報は過去の研究業績だからである．そのためには，研究業績の量的評価だけでは十分でなく，それを元にした潜在能力の質的な評価まで求められている．そんなことがもし可能だとすれば，同じ専門分野の知識を持つピアがもっとも適切だろう．優れた研究業績を上げている研究者ないし研究者グループに属している研究者の研究計画は将来的に達成される可能性が高いことは「持つ者はさらに与えられる」という意味で「マタイ効果」とも呼ばれている．ノーマル・サイエンスにおいては，専門分野で一つ一つの問いを解決する蓄積で研究が推進されていくのだから，このこと自体は科学研究の方向性として批判されるべき短所ではない．ただし，ザイマンがPLACEとして論じたように，特定分野の中の決まり切った課題を上から請負的（Commissioned）に押しつけられて局所的（Local）に専門家（Expert）として解決して

いった場合，従来の研究を継続的に専門分化させていくだけで，イノベーションやパラダイム転換につながる新しい分野の開拓や革新的な研究にはつながらないという批判がある．もちろん，イノベーションやパラダイム転換を計画的に生じさせることなどできそうにない．だが，新しい知識や発見は，無から天才的アイデアで生じるわけではなく複数の専門分野の融合や交流に由来することが多い．そのため，研究開発システムでは，一方で専門分化を推し進めつつも，他方で異分野の交流や連携を制度化してノーマル・サイエンスを乗り越える不断の努力をも行われる．

　同一分野内でのピアレビューに基づいた研究費配分だけでなく，現代の研究開発システムにおいてはより戦略的な配分方式として，分野横断的な研究ネットワーク研究拠点作成（たとえば，center of excellence: COE）も重視されるのはその例だ[8]．複数分野の多様な研究者を巻き込む性質から，こうした研究計画は特定分野の研究計画よりも大規模なものとなる．そして，その中での研究資金提供側はパトロンやバイヤーではなく，複数分野の研究者たちと緊密に連携して管理しつつ研究開発を進めるマネージャーの役割を果たす[9]．だが，学会のような専門分野の科学コミュニティの存在だけでは，分野横断的な情報交換を行って新しい研究プロジェクトを継続的に創出することは困難だ．なぜなら，そうした研究拠点の創出とマネジメントには，緊密な分野横断的コミュニケーションを集積できる具体的な場所が必要だからだ（愛情を生み出すには，ネットお見合いでの情報伝達だけでは不十分で，実際に会ってデートする必要があるのと同じことだ）．複数分野の研究者が集積するハブとしての「（総合）大学」が，現代社会における研究開発システムの重要なアクターとして位置づけられる理由はこの点にある．研究開発システムにおいて必要とされている「大学」は，高等教育機関としての大学――専門分化したノーマル・サイエンスを教育する互いに独立した学部や学科の連合体――を元にしつつも，それとは異なっている．

　だが，こうした大学に求められる役割の変容をたんに民営化――日本では2004年の国立大学の法人化から強化された――の帰結，つまり研究資金の獲得のための経済的動機だけによるものと考えることは単純すぎる．研究開発システムの一環として経済的合理性に基づいた研究費のマネジメントが求められているだけで，大学そのものが経済的な利益を上げることが目指されているわけではないからだ．

7．プレカリアートとスター研究者

　こうした大学の姿や学問の変容は現代社会での知の生産のあり方の変化――ノーマル・サイエンスの積み重ねによって基礎から応用へと進展できるという研究開発での線形モデルの地位低下――の帰結として生じている．ここで必要とされるのは，分野横断的な知識の協働によって生産される知識，イノベーションを引き起こす先端的知識であって，伝統的な学部や学科の分類には一致しない．この新しい状況のもとでは，専門分化した知識を教育する機関だった大学は新しい役割に適応することが求められている．

　そうした知識の典型は，ジェローム・ラベッツのいうGRAINN（ゲノム科学，ロボット工学，人工知能，神経科学，ナノテクノロジーの頭文字）である．彼は，こうした研究分野に共通する属性として，研究目的の価値が論争的で，産業的帰結の予測不可能性が高く，多くのステイクホルダーに関わるなどの特徴を挙げている．そして，従来のノーマル・サイエンスとは異なるという意味で「ポスト・ノーマル・サイエンス」と名付けている（ラベッツ2010）．だが，知の生産のあり方の変化という本稿の視点からは，ラベッツの挙げている諸特徴は重要ではあるが表面的なものに過ぎないとわかる．他領域の知識や社会状況や利害関係などにも目配りすることが知の生産に求められ

ている理由は，イノベーションを生み出す潜在力を持った異種混交的な知識生産の役割が支配的になったからだ．ポスト・ノーマル・サイエンスというあり方は，特定の先端的な研究対象（GRAINN）に由来する性質ではなく，蓄積的なノーマル・サイエンスの地位低下という現代社会における知識の生産一般の条件に規定されている．こうした限定を付けた上で，ノーマル・サイエンスとはことなる科学のあり方としてポスト・ノーマル・サイエンス——GRAINNに先鋭的に表れている——という語を本論考では使っていきたい．

ポスト・ノーマル・サイエンスの一つの帰結は教育の場と労働市場との連続化や一体化である．この主張は唐突に思えるかもしれないが，現代社会での知の生産のあり方の変容の根本に関わっている．従来，学費を支払う教育と価値を生み出して賃金を獲得する労働は異なる二つの分野の活動として切り離されていた．教育の最後には仕事現場での実践（インターンシップ）があり，労働の初期はオン・ザ・ジョブ・トレーニングのような職業教育があったとしても，その二つは原理的に異なる活動であった．さらに，労働の場（たとえば工場）では生産計画を立て監督する知的労働を行う管理職と現場での労働者ははっきりと区別され，教育の場では知識を所有し教育という労働によって知識を伝達する教員とそれを獲得する学生は混じり合うことはない．

これに対して，非物質的労働が支配的になった現代社会において教育と労働の分離は不分明になりつつある．いま存在する職業はいつAI化されたり，アウトソーシングされたり，たんに消え去ったりするか分からない以上，雇用された労働者であっても，さまざまな教育を受け自分自身の人的資本に投資して新しいスキルを身につけることが常に求められる．失業者もまた，働かない状態で留まることは困難で，アクティブに何らかの職業教育を受けなければならない．ちなみに，大学教員も常にFD（ファカルティ・ディベロプメント）を受けて，教育手法を学び続けねばならないとされている．

こうした視点から見れば，大学における教育と労働の間に存在するポスドク問題は，人口全体から見れば少数の比較的恵まれた階層の問題であるにも関わらず，現代社会の労働の趨勢を考える上での先駆的な例として重要だと思われる．

日本の大学での若年労働力の抱える諸問題については，21世紀に入ってポスドク問題として論じられてきた（榎木 2010）．その歴史を簡単に振り返ろう．大学進学率増加に伴う大学院進学者の増大によって1970年代から80年代には，博士号を取得した後にアカデミックな常勤職が得られない「オーバードクター問題」があった．1985年にその解決策として日本学術振興会のポスドク制度（特別研究員）が創設され，高学歴失業者に対して大学における非常勤の研究員という道筋が作られた．この方向性はその後も継続し1990年代には，博士号取得を前提とした高等教育の強化（大学院大学化）が計られ，科学技術基本法ではポスドク1万人計画がだされる．だが，こうしたポスドクは，かつては当然視されていた大学や研究機関での常勤職をしばしば得られず非常勤研究員のままに留まる場合も多く，ときには「高学歴ワーキングプア」とも呼ばれた．この問題は，日本でポスドクを経験した人々のあいだでは世代間対立的な文脈，つまり2010年頃を中心に退職しつつある団塊の世代が生み出した問題（「団塊の世代が教員になるためには大学院大学化が必要で，その結果ポスドクが大量生産されたが，これからは少子化と人口減を迎えてアカデミックな就職先はなくなる」）という形で提示されてきた．

だが，ポスドク問題は日本だけではなく先進国共通の同時代的問題であり，ポスト・ノーマル・サイエンスを求める現代社会の研究開発システムを背景としている．その中で大学は，分野横断的な研究ネットワークを機敏に形成することのできるフレキシブルな存在，つまりトップダウンにマネジメントされ，必要に応じて雇用や解雇され得る非常勤研究者を周りに抱えた組織体であること

が求められる．そして，専門分化した知識（ノーマル・サイエンス）の習得を学位によって保証されたポスドクは，現代社会で求められるポスト・ノーマル・サイエンスにおける経験を積む学習を継続すると同時に，分野横断的な研究ネットワークでの知の生産を現場で支える非常勤研究者として扱われ，教育と労働の間に置かれている．さらには，雇用の不安定化は大学や研究機関だけで起きているわけではなく，プレカリアート（フレキシブルな雇用のもとで不安定な状況に置かれた非常勤労働者）化の一事例として労働市場での若年労働力のグローバルな同時代性の中に位置づけられる．

　知識の生産において教育と労働の境界が不分明化している結果，ポスドクだけではなく，奨学金をもらう大学院生，アルバイトをする大学院生や博士，奨学金返済に苦しむ人々などはすべて身分の違いによらず知識の生産に関わるプレカリアートと見ることができる．そうしたプレカリアートに与えられている給付は，ポスドクとしての賃金，時間決めでの賃労働の対価，学生という地位に対する奨学金，たんなる借金としての学生ローンなどのなかで次々と名目上は移り変わる．だが，そうした差異は，能力や資格の明確な差異に基づいているとは言えず，運任せで恣意的な分断としての側面が強い．大学で知識の生産に関わるプレカリアートたちの行っているワークは互いに似通い，教育（教育を受けつつ後輩や異分野の同僚を教育すること）と知的労働の混在した分野横断的でネットワーク的な協業であって，賃金上の地位によって明確に分けられているわけではない．また，協業の中で個人の労働がどこからどこまでだったかを切り分けることは困難だ．つまり，ポスト・ノーマル・サイエンスにおいては，ひと目で分かるような賃金と労働の間での直接的結びつきは存在しないのである．極端な例を挙げれば，STAP細胞論文の研究不正を暴いたネット上のピアは無賃労働によって，論文の共著者よりも優れた貢献を科学コミュニティに果たしたと言えるだろう．付け加えるなら，同じ状況は，大学だけではなく現代社会のさまざまな労働の現場——一例を挙げれば派遣社員と正規社員の間——にも生じていることではないか．

　同様の事態は，協業によって生み出された成果に対するオーサーシップの問題においても見て取ることができる．現在の業績評価のあり方では，業績としての論文の主な受益者は，筆頭著者とコレスポンディング・オーサーの二人に集約されている．筆頭著者は主としてその研究を行い論文執筆した研究者であり，コレスポンディング・オーサーとは列挙された著者たちの最後に名前がくる研究室主催者のことを意味している．つまり，実際には分業と協業によって成り立った業績が，一人か二人の超人的な能力によって発見は成し遂げられたという創成神話にすり替えられているとも言い得るだろう．ノーベル賞受賞者に代表されるようなスター研究者がオリンピック選手や芸能人と同様にもてはやされることは，ポスト・ノーマル・サイエンスでの知識生産における労働の持つ協業的な実態とそれを個人の私的業績として評価する制度との食い違いに由来している．最初に取り上げたSTAP細胞の問題では，研究者のメディア露出を通じてスター研究者がどのようにつくられるかの舞台裏が垣間見えていた．

　また，異なった分野での研究を組み合わせることによって新しい知識を生産するポスト・ノーマル・サイエンスでは，縦割りされた専門分野（ノーマル・サイエンス）の中でのピアレビューという論文評価の制度が機能しづらいことも，研究不正を引き起こす構造的要因の一つだ．

8. 研究不正の時代としての現代

　社会学者ジグムント・バウマンは『新しい貧困』のなかで，現代の消費社会において，労働を倫理的義務と見なし職業内容にかかわらず尊厳や意義があるとする価値観——ウェーバー的な意味

でのプロテスタンティズムの労働倫理——の凋落が生じていると指摘している（バウマン 2008, 47-83）．労働倫理に取って代わったのは，幸福や自己実現につながる経験としての労働の重視，すなわち労働の審美化であるという．面白くて達成感のある「天職」と賃金のためだけの退屈な単純作業への二極化が生じつつあるわけだ．科学研究におけるスター研究者とプレカリアートへの二極化も，その一例と見ることができるだろう．バウマンはこの変化を，消費社会化と結びつけ，生産としての労働から消費としての労働（経験）への転換として描いている．だが，本論考での議論からは，生産としての労働が物質的労働から非物質的労働へ移行したことの影響が大きいとわかる．非物質的労働において労働と賃金の絆が断ち切られた結果，人々に労働を欲望させるための一種のイコン（聖像）として，天職が自己実現をもたらしたエリートたち（スター研究者，芸術家，プロスポーツ選手，成功したCEOなど）の物語が要請されたのだ．

　そうした物語に対比して，プレカリアートにとっての研究という労働それ自体が審美的には単調で退屈なものになってしまっているとすれば，研究不正は現代社会の研究開発システムが生み出した必然的な副産物と言ってもよい．研究不正は退屈な日常をバイパスするための手段の一つであって，スポーツにおけるドーピングの相似物と見なされるからだ．むしろ驚くべきは，研究不正が生じたことではなく，こうした状況のなかであっても多くの研究者が真理の探究を誠実に行っている点のほうにある．

　「真理とはそれなくしてある種の生物が生きることができないかもしれないような誤謬である」（ニーチェ）という言葉を敷衍すれば，研究不正とはPLACEの中でプレカリアートが生きる上で必要だった誤謬や改ざんとしての真理の一変種だったのかもしれない．道徳性というバイアスを外せば，研究不正に，非難されるべき研究者の行為の性質ではなく，現在の研究開発システムに対する深い絶望や拒否としての「真理への意志」の一つの現れを読み取ることもできる．STAP細胞の問題で論文の著者たちの研究不正を徹底して暴露し批判していたネット言論（その専門分野でのピアであるプレカリアートたちも含まれていたはずだ）の存在にも，「真理への意志」のもつ両義性があったように感じる．それは古典的な科学の規範としてのCUDOSを擁護して科学的誠実さや普遍性を求める動きであると同時に，PLACEを背景とした人間的な嫉妬心や怒りの炎上でもあったからだ．研究不正を個人の道徳的資質のなかでとらえることを止めて，人々にそうさせている研究開発システム全体へと怒りを向けつつ，論文チェックのように現代社会を精査し，よりましな形での知の生産のあり方を構想することは可能だろうか．科学技術社会論とはそうした営為であるか，さもなければ何ものでもないか，だ．

　■注

1）盗用はとくに文系分野では，研究だけでなく教育において問題となっている（剽窃レポートや論文）が，ここでは主題として扱わない．また，STAP細胞のように新しい事物を作成したという研究不正と産業化された科学に多いデータ隠しとは発覚しやすさという点で大きく違うが，本稿では研究不正一般として考察する．

2）ここでは，ブルーノ・ラトゥール風に実験室での科学知識の生産を描いてみた．なお，「認識対象＝物」はハンス＝イェルク・ラインベルガーの用語である．

3）ただし，ザイマンがマートンの規範をCUDOSと呼ぶ場合にはOを独創性（Originality）の略として解釈している（ザイマン 1995, 229）．

4）ザイマンは現代社会の科学の特質を研究者の自主性に任せるパトロンでも官僚制的な管理でもない権威主義と呼んでいる（ザイマン 1995, 245-9）．本論考では，そうしたタイプの必ずしも強権的（上から

の)とも言い切れない権威主義をマネジメントとして特徴付ける.

5 ）この論点は，労働の変容に注目する理論的立場として（ポスト）オペライスム（労働者主義）と呼ばれる研究者たちによって認知資本主義，ポストフォーディズム，「帝国」などとして考察されてきた（Boutang 2011, マラッツィ 2010, ヴィルノ 2010）．とりわけ「大学」の社会的役割の変化についてはジジ・ロジェーロの議論に示唆を受けた（Roggero 2011）．

6 ）ここで主張したいのは，研究の基盤を最新の状態に保つことが重要だという点ではない．逆に，そうした固定資本が排他的に私有されるのでなくオープン化されていることは，物質的なものよりも非物質的なもの（科学者の知的潜在能力やネットワーク的な協業）が知識の生産に本質的であることを示している.

7 ）ただし，ここでの科学コミュニティは個々人を統制する「想像の」コミュニティであって，強制的な調査権や制裁手段を持つわけではなく，意図的な研究不正に対しては無力である.

8 ）こうしたタイプの研究費に対しても，ピアレビューは行われるが，実際には根本的に新規なアイデアを評価できる「同僚」はあり得ない．日本の文脈でいえば，文科省の「新学術領域」，「挑戦的研究」，さらには総務省の「異能vationプログラム（通称：変な人）」なども，この分野横断による新しさの探究の系譜のなかにある.

9 ）一つの目的のために多様な研究者を動員した研究計画としては，第二次世界大戦中の原子爆弾開発のマンハッタン計画がある．だが，ここでいうマネジメントでは必ずしも研究目的が上から与えられる訳ではない.

■文献

バウマン, Z. 2008：伊藤茂訳『新しい貧困　労働，消費主義，ニュープア』青土社；Bauman, Z. *Work, Consumerism and the New Poor. Second Edition*, Open University Press, 2005.

ブロード, W, ウェイド, N. 2014：牧野賢治訳『背信の科学者たち　論文捏造はなぜ繰り返されるのか』講談社；Broad, W., Wade, N. *Betrayers of the Truth: Fraud and Deceit in the Halls of Science*, Simon and Schuster, 1982.

Boutang Y.M. (trans. Emery, E.) 2011: *Cognitive Capitalism*, Polity Press.

Burnham, J.H. 1990: *The evolution of editorial peer review*, Journal of American Medical Association, 263, 1323–9.

榎木英介 2010：『博士漂流時代　「余った博士」はどうなるか？』ディスカヴァー・トゥエンティワン.

Garfield, E. 1955: *Citation indexes to science: a new dimension in documentation through association of ideas*, Science 122 (3159), 108–11.

白楽ロックビル 2011：『科学研究者の事件と倫理』講談社.

金森修 2014：『新装版　サイエンス・ウォーズ』東京大学出版会.

金森修 2015：『科学の危機』集英社新書.

コーン, A. 1990：酒井シヅ，三浦雅弘訳『科学の罠　過失と不正の科学史』工作舎；Kohn, A. *False Prophets: Fraud and Error in Science and Medicine*, Basil Blackwell, 1986.

Kronick, D.A. 1990: *Peer review in 18th-century scientific journalism*, Journal of American Medical Association, 263, 1321–2.

マラッツィ, C. 2010：柱本元彦訳『資本と言語　ニューエコノミーのサイクルと危機』人文書院；Marazzi, C. *Capitale & Linguaggio: Ciclo e crisi della new economy, Rubbettino Editore*, 2001.

宮田由紀夫 2007：『プロパテント政策と大学』世界思想社.

ラベッツ, J. 2010：御代川貴久夫訳『ラベッツ博士の科学論　科学神話の終焉とポスト・ノーマル・サイエンス』こぶし書房；Ravetz, J. *The No-nonsense Guide to Science*, New International Publications, 2006.

Roggero, G. (trans. Brophy, E.) 2011: *The Production of Living Knowledge: The crisis of the university and the transformation of labor in Europe and north America*, Temple University Press.

スローター, S., ローズ, G. 2012：成定薫監訳『アカデミック・キャピタリズムとニュー・エコノミー市場，国家，高等教育』法政大学出版局；Slaughter, S., Rhoades, G. *Academic Capitalism and the New Economy: Markets, State, and Higher Education*, The Johns Hopkins University Press, 2004.

ソーカル, A, ブリクモン, J. 2012：田崎清明，大野克嗣，堀茂樹訳『「知」の欺瞞　ポストモダン思想における科学の濫用』岩波現代新書；Sokal, A., Bricmont, J. *Fashionable Nonsense: Postmodern Intellectuals' Abuse of Science*, Picador USA, 1998.

Steneck, N.H. 2005: 山崎茂明訳『ORI研究倫理入門　責任ある研究者になるために』丸善；Steneck, K. H. *ORI: Introduction to The Responsible Conduct of Research*, Office of Research Integrity, 2003.

上山隆大 2010：『アカデミック・キャピタリズムを超えて　アメリカの大学と科学研究の現在』NTT出版.

ヴィルノ, P. 2004：廣瀬純訳『マルチチュードの文法　現代的な生活形式を分析するために』月曜社；Virno, P. *Grammatica della Moltitudine: Per una analisi delle forme di vita contemporanee*, Rubbettino Editore, 2001.

ザイマン, J. 1995：村上陽一郎，川崎勝，三宅苞訳『縛られたプロメテウス』シュプリンガー・フェアラーク東京；Ziman, J. *Prometheus Bound, Science in a dynamic steady state*, Cambridge University Press, 1994.

Research Note

The Age of Scientific Misconduct

MIMA Tatsuya [*]

Abstract

In Japan, scientific misconduct became a social problem after the STAP cell problem of 2014, which resulted in the reinforcement of research integrity education. On the contrary, in this paper, we focus on the social background that produced scientific misconduct and aim to clarify the transformation of knowledge production including science in the modern society. For this purpose, not only the scientific misconduct but also the peer review and impact factor as a mechanism of knowledge production were analyzed and the theoretical examinations were also conducted critically on PLACE theory and post-normal · science theory. As a result, it has been suggested that social changes after the 1970–80s; such as, the change of the social function of the university, researcher's precariazation, institutionalization of competition in knowledge production, etc. are structural factors which forced researchers to conduct scientific misconduct. In order to solve the problem of scientific misconduct, ethical education of research integrity on each researcher is not an answer. It is necessary to radically rethink the current state of research and development system in science.

Keywords: Scientific misconduct, Peer review, Post-normal science, Precariat

---

Received: June 17, 2017; Accepted in final form: August 18, 2017
[*] Graduate School of Core Ethics and Frontier Sciences, Ritsumeikan University, t-mima@fc.ritsumei.ac.jp

研究公正と社会の関係

幹細胞研究におけるSTAP細胞を例として[1]

八代　嘉美[*]

要　旨

　日本では，臨床研究や分子生物学といったライフサイエンス分野における研究不正が注目されている．これを受け，文部科学省は 2006 年に定められた指針を改正し，2014 年に新たなガイドラインを定め，厚生労働省も新たなガイドラインを制定した．だが研究不正における根本には，ライフサイエンス研究の方法論と，研究成果に対する社会の強い要請があり，倫理教育の強制やルールの規制強化では研究不正の根絶は不可能であると考える．本稿では，私自身の経験から，特に再生医療に焦点を当てたライフサイエンスの研究の現場を支配する状況を概説し，解決すべき課題を検討する．

1．はじめに

　日本では，生命科学分野における研究不正問題が多く注目されている．その結果として，文部科学省は平成 18 年に定められた「研究活動の不正行為への対応のガイドラインについて」を見直し，「研究活動における不正行為への対応等に関するガイドライン」（平成 26 年 8 月 26 日文部科学大臣決定）を定めることとなり，厚生労働省ではそれまでの指針に代えて「厚生労働分野の研究活動における不正行為への対応等に関するガイドライン」（平成 27 年 1 月 16 日科発 0116 第 1 号厚生科学課長決定）を定めた．しかし，倫理教育の義務化などによって，研究不正問題は解決できるか，という点については，筆者は懐疑的に考えざるを得ない．本稿では，研究不正は研究の方法論や社会からの視点などと密接に関連していると捉え，筆者が経験してきた生命科学・再生医療領域周辺における研究の実際を概説し，そこから導かれる対応について述べる．

2．日本の生命科学と研究不正

　日本ではこの数年，生命科学の研究不正に関わる大きな動きが立て続けに起こった．高血圧の治療薬であるバルサルタンは，血圧を下げるだけでなく高血圧によって引き起こされる諸臓器のダ

2017 年 4 月 12 日受付　2017 年 8 月 18 日掲載決定
*京都大学 iPS 細胞研究所上廣倫理研究部門，特定准教授，yashiro.yoshimi@cira.kyoto-u.ac.jp

メージ[2]を保護する作用があるとして，同種の薬剤よりも高い売上を持っていた．この根拠は2007年にLancetで発表された医師主導臨床研究Jikei Heart Study（Mochizuki et al. 2007）によって示されたものとされていたが，本論文に疑義が呈されはじめ，記載されたデータに人為的な改ざんがあるとして，2013年に論文が撤回されるに至った．さらに類似するバルサルタンの研究（京都府立医科大学によるKyoto Heart Study，千葉大学におけるVART Study）でも疑義が浮上し，2014年1月9日に，厚生労働省はバルサルタンの開発販売元であるノバルティスファーマに対して，誇大広告の禁止を定めた薬事法違反として東京地検に告発し，2014年6月11日までに，ノバルティス社の元社員が逮捕されるに至った．本件に関しては，研究データを解析し，適切に取り扱わなければならないはずの医療統計の専門知の持ち主が，会社組織の人間として研究データに干渉したことが，一つの大きな問題として認識されている．

また，東京大学の加藤茂明元教授は，細胞核内において，遺伝子の発現を制御する物質の受容体研究などで広く知られており，また日本分子生物学会研究倫理委員会において，若手教育のためのワーキング・グループの委員を務めたり，2008年の年会では若手教育シンポジウム「今こそ示そう科学者の良心2008——みんなで考える科学的不正問題」の司会進行役を務めるなど研究不正に対して厳正な研究者であると考えられてきた．しかし，加藤研究室より発表された論文に不適切な図が存在することが指摘され，2013年から東京大学科学研究行動規範委員会による調査が行われ，2014年12月26日に最終報告が出された（東京大学科学研究行動規範委員会，2014）．この報告の中では，疑問が呈された51本の論文のうち，実に33件に不正が認定されるに至った．報告書の中では，「これほど多くの不正行為等が発生した要因・背景としては，旧加藤研究室において，加藤氏の主導の下，国際的に著名な学術雑誌への論文掲載を過度に重視し，そのためのストーリーに合った実験結果を求める姿勢に甚だしい行き過ぎが生じたことが挙げられる」と明記され，研究室の教育・運営そのものが不適切であったとされている．付言するならば，加藤研において中心的な役割を担ったとされる人物が他大学に転出したのち，その転出先でも同様の不正行為を行ったとして調査・処分の対象となったことも忘れてはならないであろう．

前記の2例は非常に深刻な出来事であったが，最も社会の耳目を集め，今日なお人々の記憶にあたらしいのが，小保方晴子氏らによるSTAP細胞樹立の報告であろう（Obokata 2014a, 2014b）．2014年1月30日にイギリスの科学雑誌Natureに掲載されたSTAP細胞の樹立を報告する論文は，はじめ大きな賞賛をもって迎えられたが，インターネットなどを通じて論文中のデータに「不適切な記載がある」との指摘がなされたことをきっかけに，再現性やその内容に関する疑義が多く寄せられることとなった．論文が撤回されたのみならず，筆頭著者に対し，所属組織の懲戒委員会が「懲戒解雇相当」という判断を下すにいたった．今回の問題は研究不正という倫理的な問題のみならず，プレスリリースや記者会見，その後の情報発信など社会と科学のコミュニケーションのありかたや，日本の科学行政にいたるまで様々な問題が露呈し，日本における科学研究全般を揺るがす大きな事件となった．

冒頭に記したように，一連の研究不正をうけてガイドラインが改定され，教育体制の充実がはかられることになった．確かに，ルールの実効性を高め，教育を普及させることによって，ある程度は発生件数の抑制につながるであろう．しかし，研究の歴史を振り返るとき，研究不正が根絶できるのかという点については懐疑的にならざるを得ない．科学者コミュニティが，高邁な倫理観を持つ人間のみで構成されているのならば，それを防ぐことは容易であろう．しかし，「科学」という思想が無垢な要素で構築されているものであるとしても，それを構成する研究の行為の実際を行うのは人間であることに思いを致すとき，倫理観の問題に帰することの困難さを痛感する．書類の量

研究公正と社会の関係　39

を増加に任せ，また研究費の使い勝手を低下させてまで不正問題に対処することは，おそらく研究の時間の削減につながるであろうし，研究のアクティビティを低下させることにつながるのみではないだろうか．

3. 再生医療研究と社会

STAP細胞の報告によってあかるみとなった研究不正は，海外の研究者やメディアにも大きな影響を与えている．たとえば，カリフォルニア大学デービス校の発生学，幹細胞生物学者であるポール・ノフラーは本件に強い関心をいだき，Twitterなどを通じて積極的に情報を収集・発信してきた[3]．また自身のblogでは本件の教訓について，以下のように述べている（Knoepfler 2014）．

(1) STAP（とされている）細胞の自己蛍光現象についての誤った解釈
(2) 人目をひく要素がそろい過ぎ：論文テーマ，大物の共著者，投稿誌，すべてにおいて「派手さ」が際立つ
(3) 名前だけ連ねて何もしない共著者
(4) Nature誌では画像・文書の「盗用防止スクリーニング」が行われていないという欠陥があった．欧州分子生物学機構の雑誌The EMBO Journalならば，このような論文は採択されなかった

また，イギリスの市民向け科学雑誌「NewScientist」では，幹細胞を扱う研究者にアンケート調査を実施し，「Stem cell scientists reveal "unethical" work pressures（幹細胞研究者は「非倫理的」作業の圧力にさらされている）」と題した記事をネットに掲載した．記事の中で，匿名の研究者112件から回答があったとし，約半数の55件が「幹細胞研究は他の分野より厳しい審査をうけている」と答えたとしている．その理由として，臨床応用につながるように見えなければ研究費が獲得できない等の答えがあり，一見すると納得できるようにも見える．この設問のあとには，幹細胞研究分野が前記のような要求を満たすため，先陣争いを制するための「非倫理的圧力」の具体例と思われる内容が問われている．例えば，「論文投稿に際して不正確なデータ等を掲載するよう上司から圧力を受けたことがあるか」といった設問にYes/Noの回答を求めている．

これらの設問では研究者の10％程度が非倫理的行為の強要の存在をYesと回答しているが，2013年日本分子生物学会年会で集計されたアンケートでは，「研究不正を目撃，経験した」が10.1％，「自研究室で噂があった」が6.1％，「近隣研究室で噂をきいた」が32.3％となっており，かならずしも前記アンケート結果が幹細胞業界に限局したものではないことが示されている（日本分子生物学会 2013）．これは2011年にNatureが掲載した論文撤回に関する特集記事においてもあきらかになっている．同特集では論文が取り下げられる場合，理由の半分が研究上の不正行為，いわゆるFFP（Fabrication：捏造，Falsification：改ざん，Plagiarism：盗用）による，としており，幹細胞だけではなく細胞生物学に関係する主要な論文誌，CellやJ.Immunol.，BBRCなどにおいても論文取り上げ件数はこの10年間で増加している（Noorden 2011）．日本においても，アメリカのシステムに習い，研究公正局を設置すべきとする議論も行われており，STAP細胞研究での不正が明るみになって以降，そうした声は高くなっている．アメリカでは1970年代以降論文の取り下げが右肩上がりに増えるなど研究不正についての問題意識が高まり，1989年に研究公正局の前身となる2つの部局が作られ，1992年に現在の形となったが，取り下げの件数は下がっていないと

いうデータが示されている．もちろん，この解釈は一様ではなく，研究公正局が厳しく研究を監視することによって研究不正が顕在化しやすくなった，と理解することも可能ではある．どちらにせよ，研究不正を正すために新しいシステムを構築しても，不正行為をゼロにすることは困難であるし，研究不正が再生医療に関係する分野のみではないことを示しているといえよう．

ただ，高齢化社会の進展に伴い，再生医療と密接に関係する幹細胞の研究は社会からの注目度も高い．その期待と注目を背景に大きな研究資金を獲得しているため，研究者自身がそのプレッシャーから「幹細胞研究は社会から強い実現化に向けた圧力をうけている」といった主張を行うことは少なくない．このような視点から，カナダのカメノヴァらは，実際は中断されてしまった民間企業による，ES細胞由来神経前駆細胞移植を移植する脊髄損傷治療トライアルがカナダ，アメリカ，イギリスの新聞報道でどのように伝えられてきたかについて分析を行っている（Kamenova and Caufield 2015）．彼女らの分析によれば，本治療法についてはごく短期間で広く臨床応用するであろうと報じられることが多く，分析対象となった三カ国においてはいずれも楽観的な報道が主となっていたとする．なかでも，通常科学記事においては悲観的あるいは中立的に報じることが多いイギリスでこうした論調をとることは珍しいとし，再生医療，幹細胞研究においてはメディアが過剰な期待をあおっていると指摘している．

その一方で，研究者の情報の発信のありかたにこそ問題があるとする研究も存在する．サムナーらによる研究がそれで，再生医療研究そのものを解析の対象としたものではないが，健康情報の報道において，読者の健康関連行動に影響を与えかねないような主たる結論の歪曲，誇張，変節の源泉についてまとめている（Summner 2014）．サムナーらは，イギリス・ラッセルグループから発表された査読付き論文と，そのプレスリリース，新聞記事の比較分析を行った．その結果，誇張した新聞報道が行われる場合，その元となったプレスリリースの時点で論文から誇張した内容となっており，リリースで誇張表現がなかった場合には誇張される可能性が少ないということを示した．

このような誇張が生まれる背景には，イギリスで大学の運営費の交付に際して実績に応じて傾斜配分するための評価制度[4]が大きく関わっている．評価サイドにとって満足のいく成果ではない場合，交付金が削減され，すでに閉鎖された基礎研究分野も出ているという．この二つの論文は，それぞれの間に直接の関係はないものの，幹細胞研究が社会から受けているプレッシャーは何が招来しているのかを浮かび上がらせる．

4. 「幹細胞」とは何か

それでは，なぜ幹細胞研究が社会にこのような働きかけをしなければならないのだろうか．それを理解するために，研究の成り立ちを知っておく必要がある．幹細胞とは分化能（さまざまな種類の細胞を作り出す能力）と，自己複製能（自分と同じ能力を持った細胞をつくる能力）を併せ持つ細胞で，再生医療研究の中核と目される細胞種のことである．一般的に有名な幹細胞はiPS細胞（人工多能性幹細胞）やES細胞（胚性幹細胞）と呼ばれる，培養皿上に存在する「多能性幹細胞」とよばれるものであるが，わたしたちの体内にも幹細胞が存在している．体性幹細胞や組織幹細胞と呼ばれるものがそれであり，造血幹細胞がその代表的なものである．造血幹細胞は赤血球や白血球など，多彩な血液細胞を生涯に渡り供給する能力（分化能）を持ち，その能力を維持した，自らと同一の細胞に分裂も行っており（自己複製能），この2つの能力を併せ持つ細胞のみが幹細胞と呼ばれる．だが造血幹細胞は血液系以外の細胞，つまり神経細胞や皮膚細胞へと分化することはできない．他の系譜の組織や細胞をつくる役割は，その系譜に属する幹細胞，つまり神経幹細胞や皮膚幹細胞など

研究公正と社会の関係　41

といった他の幹細胞が分担しており，それぞれがそれぞれの役割をはたすことで生涯にわたって個体を維持することとなる．

つまり，体性幹細胞は自らが属する系譜以外の細胞はつくることができないということであり，ES細胞やiPS細胞が注目される理由は，個体を形成するすべての細胞をつくることができる能力（多能性）を持つからである．加えて，iPS細胞は初期の受精卵から樹立されたES細胞と異なり，もはや分化能を失っているはずの細胞が，遺伝子を導入するだけで多能性を持つ幹細胞としての能力を獲得することができた．STAP細胞が注目されたのも分化能を失った細胞を酸処理するのみで多能性幹細胞を作成することができる，という点からであり，研究者らの会見ではiPS細胞と違い遺伝子を導入しないので腫瘍化のリスクが低い，つまり安全性が高いこと，作成効率が高いこと，なにより方法が簡単であることが強調されていた．生物学的にも常識をくつがえす大きな報告であったが，それと同時に「役に立つ研究」であることも前面に押し出された会見であった．

幹細胞については19世紀末頃からその可能性が示唆されていたが，あくまで現象を説明するために提唱された概念的な理論であり，実際に実験生物学的手法によって存在を示すことが出来たのは1961年のティルとマッカローによる報告である．

1945年の広島，長崎における原子爆弾をきっかけとして，放射線を照射されたマウスは白血病様の病態を呈し，最終的に造血能を喪失して死に至ることが知られていたが，ティルとマッカローは健康なマウスの骨髄細胞をカウントし，放射線照射マウスに細胞数を割り振って注射を行った．その結果，細胞数が増えるほどの脾臓にできるコブの数が増えることを見出した．このコブの中にはあらゆる血液系の細胞が詰まっており，移植された骨髄の中における造血細胞が生着した結果によるものと考えられた．つまり，コブの数を移植した細胞数で除することで，細胞集団中における造血幹細胞の数を定量的に示すことが出来た．これによって，幹細胞は概念上の存在から実在の細胞へとその姿を変えたのである．

5. 今日的な幹細胞研究の方法論

しかし，実際に細胞を取り出し，分子生物学的・細胞生物学的に解析が行えるようになったのは，ヘルツェンバーグらによるフローサイトメトリーの開発が大きな契機となった．フローサイトメトリーは，細胞表面の様々なタンパク質分子に対し，抗原抗体反応を用いた標識を行い，その標識によって細胞の分取を行うものである．雑駁に言えば，細胞の特徴を示す目印による色分けを行う機械ができた，ということである．

ティルらによって，造血幹細胞は骨髄細胞数十万個あたりに1つしか存在しないと試算されており，単純に採取した細胞は雑多な集団である．そのため，造血幹細胞固有の性質を解析するにはそれ以外の細胞を排除する必要があったのである．

フローサイトメーター（フローサイトメトリーを行う機器）はこうした意味で画期的な機器であり，こんにちにおいても，幹細胞研究には欠かすことのできない機器であり，その応用範囲はがんの診断などさまざまな生化学的分析にまで広がっている．

しかし，フローサイトメーターは精密な機構を持った機械であり，大量生産が行えるものでもないために非常に高価かつランニングコストがかかる研究機器であることが知られている．筆者が大学院時代を過ごした研究室は，一台数千万円から1億円もするようなフローサイトメーターを複数台所有し，優秀なオペレーターの補助によって存分に研究を行うことができたが，こうした環境はどこにでもあるものではない．これに加えて，幹細胞研究における研究の内容に関しても様々な場

面で費用が高くなる傾向がある.

　また,造血幹細胞を他の実験でよく使われる細胞のように,培養皿の上で培養・増幅しようとしても,すぐに分化し,幹細胞は消失してしまう.そのため培養するときには何らかの分子を添加してやる必要があったり,他の細胞と同時に培養してやったりする必要があるが,そこまでしても長期間の培養は困難である.

　つまり生体内において幹細胞が存在しているとされる場所(ニッチと呼ばれる)のような条件をもつ,細胞を維持する至適環境を理解する研究も重要視されている.しかし,この時に細胞に添加されるサイトカインなどと呼ばれるタンパク質類はとても高く,数mlで10万円以上するようなものも少なくない.この他にもさまざまな高価な試薬等を利用する必要があり,さらに実験に使うための動物も必要となるなど,研究室の主宰者は自らの研究の先端性を維持するために常に予算の確保に奔走しなければならないのである.

　このように,幹細胞研究に参入するためにはハード面で非常に高いイニシャルコストを払わなければならないが,筆者の指導教員はフローサイトメトリーを日本に持ち込んだ一人であり,こうした研究の基盤をもっていた.さらに「再生医療バブル」と揶揄されたように,新千年紀を迎えるにあたって政府が主導・策定した「ミレニアムプロジェクト」において,「再生医療の実現化プロジェクト」[5]が策定されたことは大きな理由の一つでもある.高齢化社会の進展に伴い,組織の不可逆的変性を伴う様々な疾患が増加し,こうした疾患の根治療法として再生医療領域に対して予算が重点的に配分されることとなった.いわば「有用な科学研究」として,筆者が所属した研究室がその中核機関に選定され,こうした研究を支える予算を獲得できていたのである.

6. 分子生物学系論文の限界点

　こうした予算配分を決める材料としては,当然ながら論文が基本となる.しかし,その論文の裏側には,幹細胞研究にとどまるわけではなく,分子生物学,細胞生物学的ジャンルが抱えている,研究不正を見抜く上での限界がある.ここでその限界を示すために,かつて筆者が論文掲載のために作成した図を示す.例えばある遺伝子が細胞内で機能しているか,つまり特定のタンパク質が作られているかを確認するための方法として,RT-PCR法がある.

　実験法の詳細については割愛するが,この方法で遺伝子の発現(タンパク質がつくられているかどうか)を確認する方法としては,予期される質量のPCR産物が存在しているかどうか,PCR産物を電気泳動し撮像するものである.実際の図を示すが,存在していれば黒い線(バンド)が確認でき,なければその線は見えない.また,予期された質量でない場所にバンドが現れた場合は,「非特異的産物」などと呼ばれ,この場合も目的とするタンパク質が陽性であるとは認められない.RT-PCR法のほかにタンパク質の存在を確認する方法としてウエスタンブロット法というものがあるが,こちらに関しても同様にバンドの有無のみで確認するほかはない.また,細胞内のタンパク質の局在を確認するための手法として,免疫染色という手法もあり,こちらもフローサイトメトリーと同様に抗原抗体反応を用いて細胞に着色を行ったあと,顕微鏡写真を撮影する方法である.

　STAP細胞に関する論文不正では,実験を行ったと称して掲載されていた図の中において,写真の切り貼りといった明らかな画像操作や,実際のデータに基づかないグラフのプロットといった,慎重に観察すれば判別できる不正のほか(理化学研究所研究論文の疑義に関する調査委員会2014,理化学研究所研究論文に関する調査委員会2014),解析方法としてフローサイトメトリーを用いたことが推察されるパターンなど,実際の研究経験がある人間の視点から見ればすぐさま違和感を覚

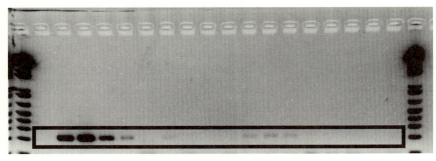

図　PCR産物の電気泳動の例

左右両端にあるのは分子量マーカーで，おおよその質量を示すための目印となるもの．
上端の四角の穴に試料を入れて電気泳動を行う．四角で囲んだ場所にあるのが目的のPCR産物．

えるデータが多数存在していたことが，不正発覚の端緒ともなった．

　だが，「バンド」によってその存在を示すというシンプルな証明の提示方法を用いなければならない以上，今回のようにはっきりとした画像操作を行わずとも，結果を捏造することはできる．陽性に見える結果を出しうることが明らかな，論文中で扱うと宣言している試料とは異なる試料を用いてデータを作成する場合である．こうした場合においては，その論文中の図に関しては信用せざるを得ない．

　また，生体反応を示しているグラフ等が存在していて，それが適切にサンプルを統計処理し算出されているものなのかどうか，あるいは論文に都合の良いデータのみを抜き取り作成したものなのか，まったく根拠がなく論文執筆者が恣意的にプロットをしたようなものなのかも，グラフのみでは確認することは難しい．

　つまり，何らかの意図を持ってこれらの行為を行っていた場合，つまり画像操作のような場当たり的な操作でなく，意図的にデータ捏造を設計した結果としての論文であった場合，図自体が持つメッセージ自体は同じものとなってしまう．このことは分子生物学的アプローチで書かれた科学論文の限界点であり，図そもそもの正当性に対して，常に疑義を抱かなければならないとなれば，科学のシステムは成立しなくなるといえよう．

　そのため，必要となってくるのがサンプル共有およびデータ開示と第三者による内容の確認，つまり再現性の確認ということにはなるのであるが，もちろん論文に求められるのはsomething newであるために，すでに報告された論文と同一内容の実験の反復では学術雑誌に掲載される可能性はない．すなわち，先行論文で示された内容を下敷きとした新しい成果が報告されてこなければ，先行論文の報告が正しいという客観的合意が形成されないことに留意しておかなければならない．

　また，仮に不正が行われなかった論文においても，第三者による再現性が得られないまま，忘れ去られていく論文も多々存在する．こうした論文は何らかの錯誤や実験的ミスが招いた擬陽性ということができるのであるが，こうした論文と，実際には不正が行われながらそれに気づかれることなく消えていく「不正論文」を区別することは困難である．

7. 科学と社会のコミュニケーションについて

　近年，科学研究に参画する者が社会に情報発信を行うことが強く求められるようになっており，「第四期科学技術基本計画」においては，政策の企画立案及び推進への国民参画の促進，リスクコミュ

ニケーションを含めた科学技術コミュニケーションの促進を目指すことが明記されている．また，2013年に成立した再生医療に関する新しい法律，「再生医療を国民が迅速かつ安全に受けられるようにするための施策の総合的な推進に関する法律」(再生医療推進法)において，社会との情報の共有や，生命倫理に対する配慮が明記されている．このことは，再生医療研究が社会の理解と協調の上に推進されることを国が重要視していることをうかがわせる．

　このことは，日本だけのことではなく，世界の幹細胞研究全体においても共有されている問題であるということができる．例えば，再生医療をとりまく諸問題については世界で最大の幹細胞に関する学会である国際幹細胞学会(ISSCR)も重大な問題と捉えている．ISSCRは世界13カ国の幹細胞研究者，臨床家，倫理学者，監督機関などからなる幹細胞の臨床応用に関する調査委員会によって「幹細胞の臨床応用に関するガイドライン」(International Society for Stem Cell Research 2008)を策定しており，その文中においては，以下の様な文章をみることができる．

　「ISSCRはまだ根拠のない幹細胞治療が市場に出て，直接患者に供される問題について何らかの対応を急がなければならないことを認識している．世界中の多くのクリニックでは深刻な病気の患者の治癒への希望を利用して，新しくて効果的な幹細胞治療を標榜することで，典型的には高額で，信じられる科学的根拠や透明性，見通し，患者の保護という観点のない治療を供している．安全性および効果の確立されていない幹細胞「治療」を受ける患者が身体的，精神的，経済的な損害を被る可能性のあることや，一般的にこれらの治療行為に従事する人々に科学的透明性や専門家としての責任が欠けていることを，ISSCRは深く憂慮する．」

　また2014年の年会においては，ISSCR会長ジャネット・ロサンが幹細胞研究と社会との問題について２つの問題があると述べており，ひとつは前掲のような根拠無い幹細胞治療の問題であり，もうひとつが明日にでも研究が臨床応用可能であるかのような過剰な宣伝がなされていることとしている．大変重要な点として，ロサンが後者の例にSTAP細胞問題を挙げたことがある．この際問題となったのは，論文が捏造であるという以前に，STAP細胞の由来となった細胞が，生後数日の新生児マウスの脾臓であり，ヒトに応用可能かどうかは未知数であるということである．

　実験動物で成功したことが，ヒトでも応用可能かどうかはその後のヒト由来試料を用いた研究が必要であり，その段階でヒトでの有効性が否定される話はいくらでもある．これは薬の開発など，具体例は枚挙に暇がないほどであり，研究者自身はよくわかっている．にもかかわらず，論文発表当初に大きな宣伝をおこなってしまえば，その意味を判断する根拠を持たない社会には大きなインパクトがあることであり，新聞紙上には難治疾患の患者へのインタビュー記事が掲載されることになる．こうした苦境を打開するための社会へのアピールとして過剰な宣伝を行うことは，短期的に見れば研究資金を獲得することにつながるかもしれないが，科学研究の自由や多様性を失わせることにつながる．また，宣伝文句とはことなる応用の困難さが失望を産み，結局は研究者自らの首をしめることになる．

8. おわりに

　本稿では再生医療研究分野を中心に研究不正と社会との関係について検討を行ってきた．STAP細胞のケースでは，プレスリリースの内容や，記者会見当日に配布された資料の中身を分析すると，先に紹介したプレスリリース分析論文で指摘された問題点と一致する点が多いことに気づく．例え

ば，「再生医学以外にも老化やがん，免疫などの幅広い研究に画期的な方法論を提供します」といった文言や，記者会見でのコメントを振り返ると，まだ幼若なマウスでしか成功していないにもかかわらず，ヒトでも応用可能であることが強調されすぎていた．また，「夢の若返りも目指していけるのではないか」という小保方氏のコメントは，専門知識がない人には過剰な期待をもたせる可能性が非常に高いものであった．加えて，後日撤回されたとはいえ，当日，広報担当者も知らないまま配布された資料は，「ウシが力ずくで細胞を初期化する」図と「魔法使いの少女が呪文で簡単に初期化する」図が示されており，受け手の印象を大きく誘導していた．さらに，iPS細胞の樹立効率などは意図的に古い数字を示しており，現場の研究者であればこそ可能な「誤ってはいない本当ではない」情報を示す，という手法が使われていた．まさに「役に立つ」ことを全面に出せるような結果を欲したために，研究所内でのさまざまなチェック機構をすり抜けてしまったエアポケットゆえの事件であったと言えるだろう．

　研究費配分の効率性や研究者の評価に，わかりやすい指標がごく短いスパンで評価されがちな科学行政の評価システムにあっては，研究の評価として重要視されるのは当該年度に何報の論文が掲載されたかであり，またその総インパクトファクターが合計何点になるかである．

　これは結果の真実性等が問われる以前の論文に対して評価を行っているということでもあり，仮に他の研究者によって再現性が確認できなかった論文であったとしても，検証のためのタイムラグを考えると，刊行後数年は評価の対象で在り続けることになる．このタイムラグの存在は研究不正が入り込める最大の脆弱点であり，研究の評価システムに即応性を求め続けるのであれば，この脆弱点を完全に塞ぐことはできないと言わざるを得ない．

　現在のように科学のパトロンが納税者となり，即物的な有用性や近視眼的な成果にのみ投げ銭がなされるようになったとき，その評価軸の裏をついていこうという悪意を持った研究者に対しては，ルールの厳格化や倫理教育の徹底は所詮役に立たない．結局のところ，不正問題の根本的解決には，科学の成果を単純化しすぎた科学の評価構造の見直しが必要ではないだろうか．

■注

1）本論文は八代嘉美「実験台は世界につながっていたか」（日本科学社会学会，年報『科学・技術・社会』24，25-34，2015）に加筆・改稿を行なうことで作成され，『哲学』67（日本哲学会編，2016，96-109）に掲載された本論文と同名の論文に軽微な修正を加えた上で，再録したものである．

2）高血圧が進行した患者では動脈硬化が起こり，その結果合併症として腎臓や心臓，脳血管などに障害を負うことが多い．

3）日本語要約：http://newsphere.jp/national/20140425-6/?utm_source=rss & utm_medium=rss & utm_campaign=20140425-6（最終アクセス2017年8月14日）

4）1986年のサッチャー政権で開始されたResearch Assessment Exercise．2014年からはResearch Excellence Frameworkとなる．

5）http://www.jst.go.jp/saisei-nw/stemcellproject/index.html

■文献

Hulett H.R, Bonner W.A, Barrett J, Herzenberg LA. 1969: Cell sorting: Automated separation of mammalian cells as a function of intracellular fluorescence. *Science*. 166: 747-749. 1969.

International Society for Stem Cell Research: 幹細胞の臨床応用に関するガイドライン 2008

http://www.isscr.org/docs/default-source/clin-trans-guidelines/isscr_glclinicaltrans_japanese_fnl.pdf （最終アクセス 2017 年 8 月 14 日）

Kamenova, K., and Caufield, T. 2015: "Stem cell hype: Media portrayal of therapy translation", Science Translational Medicine, 71(278), pp. 278–282.

Mochizuki S., Dahlöf B., Shimizu M., Ikewaki K., Yoshikawa M., Taniguchi I., Ohta M., Yamada T., Ogawa K., Kanae K., Kawai M., Seki S., Okazaki F., Taniguchi M., Yoshida S., Tajima N. 2007: Jikei Heart Study group. Valsartan in a Japanese population with hypertension and other cardiovascular disease (Jikei Heart Study): a randomised, open-label, blinded endpoint morbidity-mortality study. *Lancet* 369: 1431–1439

日本分子生物学会 2013：http://www.mbsj.jp/admins/ethics_and_edu/enq2013.html　（最終アクセス 2017 年 8 月 14 日）

Noorden N. V. 2011: Science publishing: The trouble with retractions. *Nature*. 478: 26–28

Obokata H., Wakayama T., Sasai Y., Kojima K., Vacanti M. P., Niwa H., Yamato M., Vacanti C. A. 2014: Stimulus-triggered fate conversion of somatic cells into pluripotency. *Nature*. 505: 641–647.

Obokata H., Sasai Y., Niwa H., Kadota M., Andrabi M., Takata N., Tokoro M., Terashita Y., Yonemura S., Vacanti C. A., Wakayama T. 2014: Bidirectional developmental potential in reprogrammed cells with acquired pluripotency. *Nature*. 505: 676–680.

Knoepfler, P. S., 2014: https://www.ipscell.com/2014/04/top-10-lessons-from-stap-cell-fiasco-so-far/ （最終アクセス 2017 年 8 月 14 日）

理化学研究所研究論文の疑義に関する調査委員会．2014：研究論文の疑義に関する調査報告書． http://www3.riken.jp/stap/j/f1document1.pdf　（最終アクセス 2017 年 8 月 14 日）

理化学研究所研究論文に関する調査委員会，研究論文に関する調査報告書(2014 年 12 月 26 日，2015 年 1 月 23 日最終修正)．http://www3.riken.jp/stap/j/c13document5.pdf　（最終アクセス 2017 年 8 月 14 日）

Sumner P, Vivian-Griffiths S., Boivin J., Williams A., Venetis C. A., Davies A., Ogden J., Whelan L., Hughes B., Dalton B., Boy F., Chambers C. D. 2014: The association between exaggeration in health related science news and academic press releases: retrospective observational study. BMJ. 349: doi: http://dx.doi.org/10.1136/bmj.g7015

Thomson, H., 2014: Stem cell scientists reveal 'unethical' work pressures. *New Scientists*. http://www.newscientist.com/article/dn25281-stem-cell-scientists-reveal-unethical-work-pressures. html#.VPXEp_msUjo　（最終アクセス 2017 年 8 月 14 日）

東京大学科学研究行動規範委員会 2014：「分子細胞生物学研究所・旧加藤研究室における論文不正に関する調査報告(最終)」

Research Note

■ Journal of Science and Technology Studies, No. 14 (2017) ■

Research Misconduct and Society: An Example from Stem Cell Research

YASHIRO Yoshimi *

Abstract

In Japan, the problem of research inaccuracies, especially in the life science field, has received wide attention. As a result, the Ministry of Education, Culture, Sports, Science and Technology improved guidelines for research integrity defined in 2006, producing new guidelines in 2014. The Ministry of Health, Labor, and Welfare also produced new guidelines. However, I consider skeptically whether we can solve research inaccuracy problem by mandating ethics education, or tightening rules. I argue that a fundamental issue for the methodology of life science research and for the kind of social changes life science research will bring, is research misconduct. In this paper, I outline from my own experience the actual conditions governing research within the life sciences — focusing particularly on the regenerative medicine — and bring out the wider implications.

Keywords: Research integrity, Regenerative medicine, Molecular biology, STAP cells

---

Received: April 12, 2017; Accepted in final form: August 18, 2017
* Associate Professor, Uehiro Research Division for iPS Cell Ethics, Center for iPS Cell Research and Application (CiRA), Kyoto University. yashiro.yoshimi@cira.kyoto-u.ac.jp

短報　　　　　　　　　　　　　　　　　　　　■科学技術社会論研究　第14号（2017）■

研究不正とピアレビューの社会認識論

伊勢田哲治*

要　旨

　研究不正（ねつ造，改ざん，盗用など）は研究論文の信憑性を脅かすが，そうした研究不正に対してわれわれはいまだ有効な防護策を持っていない．では，ピアレビューのシステム，ないしそのなんらかの改訂版はそうした防護策となりうるだろうか．本論文はその問いに社会認識論の観点から答えようと試みる．ピアレビューと研究不正を扱う社会認識論の研究はいくつか存在する．本論文は，それらの研究の考え方を応用しつつ，以下の二つの主張を行う．まず，現行のピアレビューはある程度研究不正を検出することはできるものの，それを主要な機能とするようにはできていない．そして，ピアレビューを研究不正をより効率的に検出できるように改変することは，結果としてピアレビューが持つ認識的利点を全体としては減らすことになる可能性がある．

1．イントロダクション

　研究不正（ここでは主に捏造，改ざん，自己盗用も含む盗用を念頭におく）を防止することは現在非常に重要だと考えられ，研究公正教育などさまざまな対策が講じられている．しかし，どの対策も決め手となっていないのが現状である．本稿では，そうした研究不正防止対策の一つとして論文の審査の際のピアレビュー（peer review）が利用できるのか，またできるとして利用することがリーズナブルなのかを考える．

　ピアレビューは現在多くの学術分野で雑誌論文の掲載の決定や助成金の審査などで利用されている．場合によっては書籍の出版などでもピアレビューが行われることがある．英語のpeerとは審査をうける研究者と立場としては対等な同分野の研究者を指す（ただし，以下で見るようにpeerの範囲をどうとらえるか自体が議論の対象となっている）．学術論文は専門性が高いため，同じ分野の研究者でなければ，内容の学術的価値や手法の適切さなどについて適切な評価ができない．そこで，関連分野のレビュアー数名が，その論文が当該の学術誌（以下，「ジャーナル」と呼ぶ）に掲載されるにふさわしいかどうかを決定する．これがピアレビューである．

2017年4月11日受付　2017年8月18日掲載決定
*京都大学文学研究科，tiseda@bun.kyoto-u.ac.jp

ピアレビューが論文の質保証のために行われるのだとすれば，不正が行われているか否かという点での質の保証にも利用できないかと考えるのは自然である．しかし，後述するように，実際には研究不正を防止する方法として現行のピアレビューシステムはあまり有効に機能していないというのが一般的な認識である．しかし，漠然とそう思われているという以上の具体的な分析は行われていないというのが現状である．

　そうした分析を行う際の視点として利用できるのが，社会認識論と呼ばれる科学哲学の一分野である．社会認識論は，科学の制度的な側面や集団的な側面を認識論的観点から検討する領域である[1]．ピアレビューは科学的な論文出版に関わる代表的な制度であり，その意味では当然社会認識論の検討対象となる．ところが実際にはそうした研究はあまりなされてきていない．ましてや，研究不正への対策としてピアレビューが利用できるかどうかという，より限定的な問いはまだ社会認識論においても未開拓な領域である．

　以上のような状況を踏まえ，本論文では以下のような問いをたてる．

1　論文のピアレビューは現状において論文不正の防止や対策に役立っていると考えられるだろうか．

2　現在あまり役に立っていないとして，ピアレビューの仕組みを修正することで役立つものに変えることはできるだろうか．そのとき，ピアレビューの仕組みに論文不正の防止や対策を組み入れることは，ピアレビューシステムに何か副次的な負の効果をもたらさないだろうか．

3　ピアレビューシステムの改革の提案はさまざまな観点からなされているが，そうしたさまざまな方法は論文不正の防止や対策に関わるだろうか．

2.　ピアレビューの概要

2.1　ピアレビューとは何か

　ピアレビューシステムの概観はさまざまなところで行われているが，ここでは公的な性格も強い英国下院の科学技術委員会の報告書『科学出版におけるピアレビュー』(Science and Technology Committee 2011)やウェルカム・トラストの報告書『学術コミュニケーションとピアレビュー』(Welcome Trust 2015)などを下敷きにしてまとめる．また，ピアレビューをめぐって行われた研究のうち2000年代までのものについては江間によるサーベイが簡明にまとめている(江間 2013)．そのため，本稿ではもっぱら2010年代の文献を中心に紹介していく．

　現在行われているピアレビューの最大公約数的な流れは以下のようなものであろう．まず，ジャーナルに投稿された論文について，ピアレビューに回すかどうかの判断が編集委員会(しばしば編集委員長個人)によってなされる．未完成の論文やジャーナルのポリシーに反する論文などはこの段階でピアレビューに回すまでもなく却下される．ピアレビューにまわることになった論文については，次にレビュアー(reviewer)が選定され，ピアレビューの依頼が行われる．判断の客観性を担保するため，多くの場合複数のレビュアーが選任される．

　レビュアーの判断の視点はジャーナルごとに異なりうる．研究のデザインや方法，結果の健全さ，明確さ，解釈の適切さ，新規性などが典型的な判断基準である．

　レビュアーは判定結果(そのまま採用，修正の上採用，修正の上再審査，不採用など)と編集委員会や著者へのコメントを返送する．編集委員会はそれを総合的に評価して論文の評価を定め，著者にコメントとともに連絡する．ピアレビュー意見が修正を求めるものだった場合，そこで著者の側には修正して再投稿するか諦めるかの選択の余地がある．

ピアレビューの中立性や公平性を保つために現在しばしば採用されるのがブラインドシステムである．レビュアーには投稿者がだれかわかっているがレビュアーの匿名性が保たれている審査を「シングルブラインド」，レビュアーにも投稿者がだれかわからないようにして行われる審査を「ダブルブラインド」と呼ぶ．上記の科学技術委員会報告書やウェルカム・トラスト報告書ではこの二つに加えて，著者とレビュアーの名前をお互いに対して明かす「オープン」と呼ばれるシステムもピアレビューシステムの一種として挙げる．同委員会の調査によれば，自然科学系で多いのはシングルブラインド，社会科学系で多いのはダブルブラインドだとのことである．

2.2　ピアレビューの歴史

　ピアレビューの歴史はジャーナルの歴史と同じくらい古いと言われるが，それは必ずしも正しくないことが最近の研究からわかっている．1665 年に最初の学術的なジャーナルとしてしばしば名前が挙がるロンドン王立協会の『フィロソフィカル・トランザクションズ』（以下『トランザクションズ』）の発行が開始され，出版される論文の審査が行われるようになった（Gould 2013, ch. 3）．当初は，ジャーナルの紙面が限られているため，何を掲載するか決めることが目的だった．この当時の審査は内容の正確さを保証することが目的ではなく，判断基準としても，会員が優先されるとか，一般向けの講演を掲載したいとか，とにかく紙面を埋めたいといったことが考慮の要因となっていたという．ファイフによれば，『トランザクションズ』の初代編集長のオルデンバーグは論文の審査や掲載の決定をほぼ一人で行っていたという（Fyfe 2015）．

　その後同誌は 1752 年に編集委員会を設け，必要があれば投票によって掲載の決定を行うしくみとなったが，特にレビュアーを設けてはいなかった．1827 年にバベッジらが論文の審査のために別の委員会を設けることを提案し，1832 年からピアレビューレポートが執筆されるようになった．G. G. ストークスが王立協会の事務局を担当していた 1854 年から 1885 年の間に，ピアレビューレポートを著者へ送って改善をもとめるというやり方を導入した．したがって，『トランザクションズ』についてはこの時期に現在のシングルブラインドピアレビューシステムが成立したといえそうである．ファイフによれば，学術団体の発行するジャーナルについてはおおむね 19 世紀にそうした仕組みが取り入れられていったが，そうした団体から独立したジャーナル（そこには『ネイチャー』などの代表的なジャーナルも含まれる）についてはなお自由度が高かったようである．

　ただ，この仕組みが「ピアレビュー」という名を与えられ学術論文の信頼性を支えるものだという認識が成立するのはそれほど昔のことではない（Fyfe 2015）．ファイフによれば現在のピアレビューを指す意味で peer review という言葉が使われたのは 1967 年が最初で，1970 年代にこの言葉は広まり，『ネイチャー』などの独立ジャーナルや NSF などの研究助成団体もこの時期にピアレビューシステムを取り入れるようになった[2]．また，社会科学系で広まっているダブルブラインド制は 1950 年代ごろから登場して徐々に広まったようであるが，正確には定かではない（Gould 2013, 55-7）．

2.3　ピアレビューの現状

　本稿で主に検討するのはピアレビューと研究公正の関わりであるが，あとで現行のピアレビューに対する対案を見ることもあり，ピアレビューについて現在どのようなことが論じられているかを簡単に見ておこう．

　科学技術委員会はピアレビューに対して現在よく出る批判として，（1）論文が保守的になること（2）評価にバイアスがかかること（シングルブラインド制において著者が女性や聞きなれない姓で

あるときに判定が不利になる）（3）学際的研究が評価されにくいこと（4）コストがかかること（5）負担が大きいこと（6）有効性の証拠が乏しいことを挙げる（Science and Technology Committee 2011, 15-21）．ウェルカム・トラストの報告書では，以上に加えて（7）出版に時間がかかること（8）利害関係のあるレビュアーによって不公正な評価がなされる危険があること（9）出版バイアス（否定的結果がピアレビューを通りにくいために出版された論文だけ見ると肯定的結果が多いように見えるなど）（10）システムを悪用する著者がいる（レビュアーを指名できるシステムで友人を指定し好意的なレポートを書かせるなど）などが付け加えられる（Welcome Trust 2015, 10-4）．さらに，（8）との関わりでは，レビュアーが研究不正を行う場合があるといった指摘もある．レビュアーが面白い論文の審査にあたったときに，審査を終わらせる前にそのアイデアを利用して自分で論文を発表してしまうとか，文章を盗用してしまうといった問題である．これもまたピアレビューと研究不正というテーマで論じられる問題ではあるが，今回は論じない．

ピアレビューの有効性についてのさまざまな研究は江間のサーベイ（江間 2013）でまとめられている．研究結果の中には有効性を示唆するものも，レビュアーごとのばらつきが多すぎるといった問題を明らかにするものもある．ただ，本当に有効性を調べるためには同じ論文をさまざまなレビュアーに審査させて結果の一致度を測ったり，同じ内容の論文で著者名などを変えて審査させてみたりといった実験的デザインが必要になってくるが，これは研究倫理的な問題も指摘されており，ピアレビューの有効性について質の高い情報を得るのは難しいというのが現状である．

3. ピアレビューの社会認識論的含意

すでに触れたように，社会認識論は科学の制度的・集団的な側面を認識論的な観点から分析する領域であり，ピアレビューシステムが科学を支える制度の代表的な存在である以上，査読についての哲学的分析は当然社会認識論のテーマとなる．しかし実はそれほどこの問題を正面から取り上げる研究は多くない．ここではロンジーノと伊勢田による研究を紹介する．

ロンジーノは科学の客観性を支える重要なしくみの一つとしてピアレビューを位置づけている（Longino 1990, 68-9, 76）．ロンジーノは，科学者がデータから結論を導き出すプロセスにおいて，さまざまな背景仮定に依存せざるをえず，そしてその背景仮定の中でバイアスにあたるものとそうでないものを事前に分けるのはほぼ不可能だと考える．しかし，異なるバックグラウンドを持つ研究者たちが相互批判を行うことで，特定のバックグラウンドでしか有効でないような背景仮定は淘汰されていく．科学の客観性はそのプロセスで確保されていく．この立場をロンジーノは文脈的経験主義（contextual empiricism）と呼ぶので，以下でもその呼び名を利用する．文脈的経験主義の立場からは，ピアレビューもそのプロセスの一角を占めるものとして評価される．ロンジーノによれば，「ピアレビューの機能はデータが正しく見えるとか結論がよく考えられているといったことをチェックすることに留まらない．その現象に対し異なる視点を持ち込み，その視点が表明されることで原著者（たち）が自分たちの観察と結論に対する考え方や提示の仕方を改める可能性もまたピアレビューの機能である」（Longino 1990, 68-9）．ただし，ロンジーノは出版後の批判的な討論の役割も強調しており，あくまで科学の客観性の一つの要素としてピアレビューをとらえている．

伊勢田は社会ベイズ主義の観点からピアレビューの認識論的役割を論じている（Iseda 2015）．伊勢田の社会ベイズ主義という立場は，科学のさまざまな方法論を信念の改訂への貢献という観点から評価する．ピアレビューの役割について考える上で関わるのは，「社会ベイズ的メタ基準2」（social Bayesian meta-criterion 2, SBMC2 と略）とよばれる判断基準である．

SBMC2：ほかのことが同じならば，仮説の差別化，すなわち仮説に対し大きく異なる事後確率を与えることにおいてより効率的な科学的制度は，その効率性の低い制度よりも望ましい．

「ある論文がピアレビューをパスした」という証拠は「その論文が信用できる」という信念の事後確率を高めるし，その効果はピアレビューに対する対案の多く（無作為な掲載や編集者個人による判断など）より大きいと考えられる．もちろん現行のピアレビューよりも丁寧な審査の仕組みはさらにその効果が高い．このような議論は，最終的にはそのシステムのコストとの比較で総合的に評価されねばならない．無作為な論文掲載は労力が少なく，今のピアレビューより丁寧な審査は労力が多い．そのコストに見合うだけの認識論的利益（論文が信頼できるかどうかについてのより大きな識別力など）が得られるかどうかを評価する必要がある．こうしたコストや利益について具体的な数字を出すことは難しいが，定性的な比較は十分可能である．

こうした社会認識論からのピアレビューの分析においてはピアレビューの認識論的なコストはあまりとりあげられていないが，総合的な認識論的評価を行うにはそうした面も考える必要がある．とりあえず考えられるのは，ピアレビューをパスしたものしかジャーナルに掲載されない状況は，言論の自由が制約されすぎた状況ではないかという可能性や，クオリティ・コントロールを厳しくすることでかえって科学の生産性が落ちてしまうのではないかという可能性である．こうしたものにどの程度認識論的価値を認めるかによっては，ピアレビューシステムへの肯定的評価も見直しが必要になるかもしれない．

いずれにせよ，以上のような視点は，研究不正の問題にピアレビューの仕組みを使って対処することの有効性や限界についても適用可能である．それではいよいよ，研究不正との関わりを考えることにしよう．

4. ピアレビューと研究不正

4.1 研究不正の社会認識論的含意

ピアレビューと研究不正の関係について考える前に，研究不正そのものを社会認識論がどのように捉えるか，簡単にみておこう．研究不正を罰するという制度もまた，社会認識論の検討の対象となってきた．ここではその早い時期の代表的なものとして，デヴィッド・ハルの分析を紹介する（Hull 1988, 303-21）．ハルは科学において研究者の個人的利害と共同体の利害を一致させる仕組みとして，好奇心，クレジット，相互チェックの3つがあるという（305）．このうちクレジットが主に研究不正と関わる．科学者は金銭的な報酬で動くというよりは，自分の研究が他の研究者から認められ，クレジットが与えられることを動機として研究を行う．そのクレジットはノーベル賞などの賞という形で与えられることもあるが，もっとも重要なのは論文の中で明示的に参照されることである（309-10）．捏造，改ざん，盗用はそのクレジットに値しない論文がクレジットされることになるのが一つの問題である．

捏造と改ざんはそれ以上に，お互いの研究を利用し，積み上げていくという科学の研究の進め方からしても大きな問題となる．捏造や改ざんを行った当の論文だけでなく，それを利用したすべての論文の信用を損なうことになる．そのため，これらの違反行為は厳しく罰せられる（311）．それに対し，盗用が害するのは盗用された当の研究者だけである．それどころか，たとえば大学院生の書いたものを教授が盗用するような場合，その研究成果を自分の論文中で参照する側にとっては教授の名前が冠されていた方が助かる（引用した論文が有名な教授によるものであることで信憑性を増し，その結果自分の論文のその論文に依拠する部分の信憑性も増す，といった理由によって）と

いうことすらある．ハルはこうした観点から，盗用に対しては研究者共同体は捏造や改ざんに対してほどには厳しく処罰しない，と考える(ibid.).

この論考が出版されたのは 1988 年であり，米国に研究公正局(ORI)が設けられて本格的な研究不正対策が始まる前だということは考慮されねばならないだろう．1990 年代以降の研究不正対策の取り組みでは，捏造・改ざんと盗用は処罰の厳しさなどの点で特に区別されているようには見えない．その意味ではハルの分析には何かしら見落としがあったと考えられる[3]．ただ，認識論的な観点からは両者が科学者共同体において異なる役割を果たすという指摘自体は妥当性を失ってはいないだろう．

4.2　ピアレビューによる不正論文検出の有効性

ピアレビューシステムが研究不正を検知するのにどれくらい有効かを調べるのはむずかしい．この節ではまずいくつかのデータを示す．

ピアレビューのこの面での有効性を考えるひとつの目安として，「ピアレビューシステムを通過したあとで不正が発覚した論文がどのくらいあるか」を調べることはできる．不正が発覚した論文は撤回という手続きがとられる．では，どのくらいの数の論文が撤回されているのだろうか．ヴァン＝ノールデンはデータベース Web of Science で 2000 年代初頭には毎年 30 件ほどしかなかった論文撤回が，2011 年には 400 件にのぼる見込みであることを指摘している(Van Noorden 2011)．論文総数はその間に 44％しか上昇していないのに撤回数は 10 倍以上になっている．出版される論文全体との比率でいえば 2000 年代初頭の撤回率が 0.001％程度であるのに対し 2011 年には 0.02％ほどになったという．

撤回論文中の不正論文の比率については，ファングによる調査がある(Fang 2012)．ファングは代表的な生命科学・医学系のデータベースである PubMed に掲載されている撤回論文について，撤回理由を一つ一つ調査し，集計した．それによれば 21.3％が不正にあたらないミスによる撤回，43.4％が捏造，改ざん等の不正，14.2％が重複出版，9.8％が盗用とのことであった．このデータから，不正が発覚した論文数は撤回論文数の 8 割程度だという概算が可能になる(もちろん分野やジャーナルによって大きく異なる可能性はあるが)．

以上のデータから，出版論文中の不正を含む論文数を見積もることができるかといえば，そう簡単にはいかない．ヴァン＝ノールデンが示すように近年になって撤回論文が急増しているのは，不正をする率が増えたというよりも，不正が発覚しやすくなった，という事情があるように思われる．インターネットはこの点で重要な役割を果たしている．ジャーナルの多くがインターネットでアクセス可能になり，論文に掲載された画像の加工や流用の吟味が非常にやりやすくなった．文章の盗用のチェックもオンライン検索で非常に容易に行うことができるようになり，現在は盗用チェック用のアプリケーションも開発されている．つまり，少し前ならばまったく発覚のしようがなかった不正が簡単に発覚するようになったのである．近年急速に撤回数が増えた主な原因はここに求めることができるだろう．では，現在の撤回数はある程度実際の不正の数を反映していると考えていいのだろうか．実はこれもそう簡単には言えないと思われる．文の画像以外の部分の捏造・改ざんやインターネットに掲載されていない素材からの盗用は，現状においても非常に発覚しにくいからである．

4.3　文脈的経験主義から見たピアレビューと研究不正

社会認識論的観点の中でも，例えばロンジーノの文脈的経験主義の立場からは，ピアレビューに

研究不正の検出を求めるのはお門違いということになるだろう．すでに見たように，ロンジーノは，ピアレビューを始めとする相互批判のしくみの主な目的は，異なる視点，異なる背景仮定から研究を吟味し，今の結論が共有できない前提から導かれていないかを考えることだと考える．そうした異なる視点からの吟味は，すくなくともデータが正直に提示されているということを前提とした上で，そのデータの別の解釈がないかを考えるという形をとるであろう．データ自体に捏造や改ざんが含まれているとか，あるいは盗用が行われているといったことを見抜くのをそうした相互批判のしくみに求めることは，（それが実際できるかどうかとは別に）筋違いである．

　同様の考えは，おそらく上述のハルの議論の中にも暗黙の内に含まれている．すでに紹介したように，ハルは，科学者の個人的利害と共同体の利害を一致させる仕組みとして，クレジットと相互チェックをそれぞれ独立のメカニズムとしてとらえていた．その観点からすれば，クレジットに関わる研究不正対策と相互チェックに関わるピアレビューは本来あまり関係がないということになりそうである．

　このような哲学者の態度は，科学者たち自身の態度とも共通する部分がある．英国下院の科学技術委員会の報告書では，さまざまな証人が呼ばれてピアレビューについて発言しているが，その中には研究不正の問題もある．かれらの認識を総合するならば，そもそもピアレビューは体系的に不正を検出することを目的とはしていない．たとえば，科学理解促進を目的とした民間団体Sense About Scienceのブラウン理事は「レビュアーが不正や盗用を体系的に見つけるよう求めるのは筋がとおらない（unreasonable）」と証言する（Science and Technology Committee 2011, 75）．『ネイチャー』誌のキャンベル編集長も以下のように述べている．「編集者とピアレビュアーは著者の提出したものをすべて信頼して受け入れ，研究の追試などを行おうとしないわけですから，レフェリーが不正を検出することはほとんど不可能です．ときおり，目ざといレフェリーが，不適切な操作からしか生じないような不整合やその他の難点に気づくということはありますが，その数は少なく，ときどきあるだけです．」（75-6）．

　ただ，この報告だけで科学者たちの態度を代表させてしまうのも問題である．マリガンらの2009年のサーベイは，4037人の研究者にピアレビューシステムについて質問した大規模なものである（Mulligan et al 2013）．欧米だけでなくアジアの研究者も多数含まれ，また分野的にも人文社会系も含むなど多様なものとなっている．このサーベイの中で，ピアレビューが盗用や不正を見抜くのに役立つかどうかについての質問項目も存在する．全体としてはピアレビューが「盗用が見抜けるべきである」が81.1%，「不正（fraud）が見抜けるべきである」が78.9%なのに対し，「盗用を見抜くことができる」は37.7%，「不正を見抜くことができる」が32.7%となっている．この質問については分野ごとの集計も行われており，数字にはばらつきがあるものの，大きな傾向はどの分野にも共通する．回答者たちは，実際にピアレビューで不正が見抜けるかどうかということについては確かに悲観的だが，その一方で，ピアレビューが盗用や不正を見抜けるべきであるという答えが分野を問わず大多数を占めることは特筆に値するだろう．

4.4　社会ベイズ主義から見たピアレビューと研究不正

　伊勢田のような社会ベイズ主義の立場からは，研究不正の有無もまた論文の信頼性にかかわることであり，ある制度を評価する際の評価軸に加えていけない理由はないだろう．以下，この立場からはどのような分析が行われるかの概略を示す．

　「この論文は不正を含まない」という信念内容をno misconductを略してNMという記号で表し，その逆である「この論文は不正を含む」をmisconductを略してMであらわすこととする．社会ベ

研究不正とピアレビューの社会認識論　55

イズ主義の観点からは，あるプロセスPから生成される証拠がNMやMの事後確率に大きく影響するならば，そのプロセスはこの点ではよりゆるやかに収束させるプロセスよりも優れたプロセスだということになる．ある証拠のこの意味での力の強さは，ベイズ因子（Bayes factor）と呼ばれる値で与えられる．対立する仮説H1とH2に対して，証拠Eのベイズ因子とはP(E|H1)/P(E|H2)である（科学哲学におけるベイズ因子の利用法についてはHowson and Urbach 2006, 97などを参照）．

さて，「ピアレビューを通過した」という証拠はNMに対してどういう影響力を持つだろうか．ここで，常に念頭におくべきは，この評価は他のプロセスとの比較という形で行わなければ意味がないということである．ピアレビューをしない場合，どのようにして雑誌に掲載される論文を選ぶかといえば，ランダムにピックアップするとか，編集者が個人で判断するとかいった方法が考えられるだろう．

E1：この論文はピアレビューを通過した
E2：この論文はランダムにピックアップされた
E3：この論文は編集者が個人的に審査して選んだ

これらの証拠のNMとの関わりの強さは，それぞれ，ベイズ因子，P(E1|NM)/P(E1|M)，P(E2|NM)/P(E2|M)，P(E3|NM)/P(E3|M)で与えられる．ランダムに掲載論文が決められる場合，NMでもMでもE2という証拠が得られる確率に差はないと考えられるのでP(E2|NM)/P(E2|M) = 1で，この証拠はNMかMかという対比に対して無関係である．E1とE3についてはベイズ因子はわずかながら1より大きくなることが期待できる．というのは，審査のプロセスで，捏造や改ざんに由来する不整合に気づいたり，他人の文章を借用したときに生じる不自然さに気づいたりして却下するということは十分ありうるからである．さらにいえば，その効果は編集長が一人で読む場合より，同じ分野の専門家が複数で読むピアレビューの方が大きいだろう．つまり，これらの対案との比較だけで言うならば，ピアレビューは不正の検出において「まだまし」だということが社会ベイズ主義の立場からは言える．

ただ，もちろん，研究不正を発見することに特化したような他のしくみと比べれば，ピアレビューの持つ研究不正の検出効果は微々たるものであろう．そうした他の仕組みの例としては，疑わしい結果を追試したり，本人による追試を不正が行われていないかどうか気をつけながら監視したり，画像データが他の画像データと一致しないか，画像データ内に不自然な加工のあとがないかなどをチェックしたり，盗用検出ソフトによるチェックを行ったり，といったものが含まれる．そこで当然思いつくのが，レビュアーがこれらのチェックも同時に行うことにしたならば，ピアレビューの不正検出効果は高くなるのではないか，ということである．

これに対する社会ベイズ主義的な答えは，そういう作業をレビュアーにやらせることのコストとそこから得られるベネフィットの比を度外視していいなら，当然作業を増やした方がNMへの信念の度合いは高まる，ということになるだろう．コストとしては，レビュアーにそうした不慣れな作業をさせることのレビュアーへの負担や，結果としてレビュアーのなり手が少なくなったり，優秀だが忙しい研究者がレビュアーを断る確率が高まることでレビュアーの質を落とさざるを得なくなったりするという可能性が挙げられるだろう．ただ，こうしたコストについては社会ベイズ主義の観点を持ち出さなくともすでに指摘されていることである．

社会ベイズ主義の観点から指摘すべきは，不正があるかどうかは，論文の信頼性にかかわるさまざまな要因の一つにすぎないということである．少し形式的にこの話をするために，「この論文は信頼できる」という信念内容をcredibleを略してC，「この論文は信頼できない」をnot credibleを略してNCと表記することにしよう．また，この文脈では，捏造・改ざんと盗用は区別して考える

必要があるので，同様に「この論文は捏造・改ざんを含む」を（fabricationを略して）F，「この論文は捏造・改ざんを含まない」をNF，「この論文は盗用を含む」を（plagiarismを略して）Pl，「この論文は盗用を含まない」をNPlと表記する．もしその論文が捏造や改ざんを含むなら，その量や場所に応じて多少の差はあれ，その論文の信頼性を大幅に下げることになる．つまり $P(C|NF) \gg P(C|F)$ である．これに対し，盗用は，ハルも言うように盗用された当人のクレジットには大きく影響するものの，必ずしも論文の信頼性を下げるわけではない．つまり，$P(C|NPl) \fallingdotseq P(C|Pl)$ である可能性が高い．

さて，このように考えたとき，たしかにベイズ因子 $P(C|NF)/P(C|F)$ は大きいので，不正を含むということの論文の信頼性へ関連性は高い．しかし，だからといって不正を含むかどうかを確認するということが，論文の信頼性を確保する方法全体の中で位置づけたとき，望ましいと判定されるとは限らない．少し具体的な数字を入れて考えてみよう．たとえば，信頼できない論文のうち，捏造・改ざんのために信頼できない論文が信頼できる論文の0.02%，その他の理由で信頼できない論文が信頼できる論文の3倍存在するとしよう[4]．つまり，信頼できる論文10000本に対して，捏造・改ざんのために信頼できない論文2本，それ以外の理由で信頼できない論文30000本が存在する．ここで，捏造・改ざんのために信頼できない論文を確実に検出するがそれ以外のことはしないプロセスP1と，捏造・改ざん以外の理由で信頼できない論文を確実に検出するがそれ以外のことはしないプロセスP2があったとしよう（前者がピアレビュー以外の不正検出に特化した仕組み，後者が現実のピアレビューにあたるが，いずれも計算の便宜のため単純化されている）．何のプロセスも経ず，このプールからランダムに論文を一本取り出したとき，それが信頼できる論文である確率は24.99875%である．P1をパスした論文のプールから一本取り出すなら，この確率は25%になるが，ランダムに抽出したときの確率との差は無視できる程度である．これに対し，P2をパスした論文のプールから一本とりだしたとき，それが信頼できる確率は99.98%である[5]．P1とP2の両方をパスした論文の場合，信頼できる論文である確率は当然100%となるが，P1のみをパスした場合との差は微々たるものとなる．この仮想的な場合，P1のようなプロセスを導入することになんのコストもないのなら，P1を導入することは正当化されるだろうが，すでにP2というプロセスがあり，しかもそれにP1を付け足すことに大きなコストがかかるようであれば，P1を導入することにこだわるべきではない，ということが結論するだろう．

実際のピアレビューシステムは，上記の仮想的な例におけるP2よりはもう少し捏造・改ざんの検出力を持つだろう．しかしその力があまり大きくないという意味では，P2は現行のピアレビューシステムの近似となっている．ピアレビューシステムそのものにより大きな不正検出力を求めるというのは，P1に類するものをさらにそこにつけたそうということである．そして，社会ベイズ主義的な立場から考えるなら，それはコストに見合わぬ可能性が高い．

5. ピアレビューシステムの改良は望ましい形で研究不正を防ぐか

最後に，ピアレビューシステムに対して現在提案されている改良案は，研究不正の防止とどう関わるかを簡単にみてみよう．現行のピアレビューに対して批判があることはすでに紹介したが，その批判を踏まえて，さまざまな対案が提案されている．ここでは，ピアレビューの公開化と，ピアの拡張という二つの方向について考える．

研究不正とピアレビューの社会認識論　57

5.1 ピアレビューの公開化

多くの対案は，ピアレビューできちんとした評価がなされないという問題点への対処として，何らかの形でピアレビューの公開性や透明性を高めることを提案している．ただ，「公開」という言葉で意味されているものはかなり多様であり，詳細な検討のためにはもう少し丁寧な区別を行う必要がある．代表的なものとして以下のようなものが提案されている[6]．

オープンピアレビュー：著者に対してレビュアーの名前が明かされている（BMJ誌[7]で1999年に採用され，科学技術委員会報告書やウェルカム・トラスト報告書でもすでにピアレビューの一つの形態として認められている）

パブリックピアレビュー（public peer review）：シャッツ（Shatz 2004, 152）などが提案として取り上げている．編者，レビュアー，著者の間のやりとりを公開する．BMJ誌は2014年にこの形式を採用している（ただし同誌では fully open peer review と呼んでいる）[8]．

公開コメンタリー（open commentary）：論文がピアレビューを通ったあとで，雑誌に掲載される際に同分野の研究者数名からのコメントと共に掲載される．Behavioral and Brain Sciences 誌などが採用している．

ポストパブリケーションピアレビュー（post-publication peer review，以下PPPRと略）：公開された論文に対して，オンライン等でだれもが自由にコメントをつけていく形式．PubPeer と呼ばれるサイトなどが有名[9]．

これらの対案のうち，前の二つについては，レビュアーの名前が明かされることで率直な審査レポートが書けなくなってしまうのではないか（特に著者が有力な研究者である場合など），レビュアーのなり手が少なくなってしまうのではないかといった問題がある．PPPRについては，すべての投稿論文が読める形で公開され，深刻な問題がレビューで指摘されてもそのままになってしまう点，レビュアーの質が保証されない点などから，論文のクオリティ・コントロールとして十分に機能しない可能性がある．

以上のような問題をふまえて，人によってはより詳細な対案を提案する人もいる．たとえばグールドは既存の問題にできるかぎり応える審査システムを提案している（Gould 2013, 105-8）．彼の提案する審査の流れの概要を追うと(1)論文受付担当者が論文を匿名化してエディターに送り，その状態でエディターがレビュアーを選定(2)レビュアーによる通常のレビュー（これは報酬を出して迅速に行う）(3)通常のレビューを通過した論文は専門家だけが閲覧できるサイト（数千人規模のものを想定）にアップロードして集団的なレビューを行う(4)出てきたコメントをアドバイザー（エディターと別に任命される，集団的レビューをまとめることのみを仕事とする役職）が集約する(5)エディターはその集約された意見をもとに採用，不採用，再提出などの決定を行う．これをグールドモデルと呼ぶことにしよう[10]．

以上のような形での公開化は，研究不正の検出力にどのような影響を与えるだろうか．オープンピアレビューやパブリックピアレビューは，2〜3人の専門家によってレビューが行われるという点ではブラインド制やダブルブラインド制と異ならず，研究不正の検出力に大きな変化をもたらすようには思えない．むしろ，レビュアーの確保が難しくなるならば，その影響は研究不正の検出にも生じるだろう．

他方，公開コメンタリーやPPPRは，論文がより多くの人の目にさらされることで，確かに研究不正が発見される確率を高める．実際，上で紹介したPubPeerは，通常の意味でのピアレビュー

というよりは，研究不正検出サイトとして機能している面が強い．ただ，その利点は，ピアレビューというものがもつ，論文公開前の門番としての役割を放棄することで得られている．公開コメンタリーもPPPRもコメントがつく時にはすでに論文は公開されてしまっている．不正が発見されたならあとから撤回ということもありうるが，方法論の不十分さなど，不正ではないけれども通常のピアレビューで却下の理由となるような問題点は，指摘されたとしても論文の撤回には至らない．つまり，仮にPPPRがあるからという理由で通常のピアレビューをやらないことにしてしまった場合，不正以外の理由で信頼できない論文が数多く流通してしまうことになる．公開コメンタリーやPPPRは通常のピアレビューの苦手なところを補う仕組みとはなるが，代替する仕組みとしては考えづらいということである．

グールドモデルは，門番としての機能とPPPRの利点をなんとか両方生かそうとした提案であり，その利点は出版前に研究不正を検出できる確率が通常のピアレビューよりも高まる，という点にも及ぶ．ただ，問題があるとすれば，かなり複雑で関係者の多い仕組みを維持する必要があるため，出版前に不正を検出できる確率を上げることが，その仕組みを維持するためのコストに見合うのか，ということが考慮されねばならないだろう．

5.2 ピアの拡張

ピアレビューへの批判として，レビュアーによる身内びいきやマイノリティに対する差別があるのではないかということが問題となっている．また，社会的な含意のある論文や研究助成の審査をアカデミズムの内部だけで行うことへの批判もある．特にこの後者の問題に対処するために，ピアレビューの「ピア」は通常同じ分野の研究者を指すが，アカデミズムの外の人をそのプロセスに含めるという「拡張ピアレビュー」（extended peer review）という方法も提案されている（Fuller 2002）．

フラーは拡張ピアレビューの意義を一定みとめつつも，有力な研究者がアカデミアの外の有力者（政府，企業など）とつながることでアカデミア内部での格差がかえって増大する危険性を指摘している（Fuller 2002, 245-6）．木原はフラーに反論して，公的意思決定に使われるような研究についてはやはり非研究者も含められるべきであると論じる（Kihara 2003）．

さて，拡張ピアレビューは研究不正の検出力を高めるだろうか．拡張ピアレビューが単純にレビュアーの数が増えることを意味するなら，当然チェックする人が増える分，不正が気づかれる確率も高まる．しかし，拡張ピアレビューのそもそもの眼目である，アカデミア外部の人が検討に加わること自体が研究不正検出の効果を持つかということについては，あまり期待する理由はなさそうである．

6. まとめ

以上のような検討から，冒頭にかかげた問いへの答えはどのようになったと言えるだろうか．簡単にまとめる．

「論文のピアレビューは現状において論文不正の防止や対策に役立っていると考えられるだろうか．」という問いについては，非常にミニマルな意味で，「何もしないよりまし」とは言えるだろう．ただ，効果の大きさにはあまり期待はできない．「現在あまり役に立っていないとして，ピアレビューの仕組みを修正することで役立つものに変えることはできるだろうか」については，一応「できる」という答えになるだろう．ただし，「そのとき，ピアレビューの仕組みに論文不正の防止

研究不正とピアレビューの社会認識論　59

や対策を組み入れることは，ピアレビューシステムに何か副次的な負の効果をもたらさないだろうか」という点については，社会認識論の立場からは，ピアレビューはそもそも研究不正の検出を目的とした仕組みでもないし，それに研究不正検出の仕組みを組み込むことは利益に対してコストが大きすぎるかもしれない，という分析が可能である．「ピアレビューシステムの改革の提案はさまざまな観点からなされているが，そうしたさまざまな方法は論文不正の防止や対策に関わるだろうか」という問いについては，ピアレビューの公開化の方法のあるものは，研究不正の検出に有効であるし，PPPRなどは実際に力を発揮してもいる．ただ，そうした有用性がピアレビューの論文の番人としての役割と両立するのかどうか，慎重に考える必要があるだろう．こうした考察からは，ピアレビューと研究不正検出はそれぞれ別の仕組みとして維持した方がいいという一応の答えができそうである．

■注

1）「認識論的観点」と一口に言っても，社会認識論の研究者の間でもその「認識論」の捉え方は多様である．ここでは，ある主張の真理性・信頼性・合理性・正当化などに注目し，例えばある制度を分析する際にもその制度から生じる主張の真理性・信頼性・合理性・正当化などへどの程度その制度が貢献するかに注目する見方を「認識論的観点」と呼ぶことにする．

2）ファイフの説明は，この部分については検討の余地があると思われる．ネイチャー誌自身のウェブサイトによれば，正式なピアレビューの仕組みが導入されたのは1967年のことである．
http://www.nature.com/nature/history/timeline_1960s.html
　　また，NSFはピアレビューにあたる仕組みを1950年代の設立当初から持っていたようであるが，1975年に議会でNSFのピアレビューシステムの問題点が指摘され，1976年にディレクターに就任したアトキンソンが大幅な改革を行ったとのことである．
https://www.nsf.gov/about/history/bios/rcatkinson.jsp

3）捏造・改ざんと盗用を同列に扱うという態度からは，研究不正は，それが引き起こす害によって罰せられているというよりは，それがまさに研究者という専門職集団のルール破りであるということによって罰せられるようになってきている，ということがうかがえる．この論点は興味深いが，本稿の本筋とはずれるので，この脚注で注意を促すにとどめる．

4）前者の数字はすでに紹介したヴァン＝ノールデンの調査に出てくる数字であり，当然本当に不正を行っている論文の比率よりはかなり小さな値になっていることが推測されるが，ここでの議論は定性的な傾向についてのものなので，正確な値は必要ない．また，後者の3倍という数字は査読での採択率が25％程度という分野を想定している．アメリカ心理学会が例年主要ジャーナルの採択率を公表しているが，その平均がおよそ25％程度である．
http://www.apa.org/pubs/journals/statistics.aspx

5）念のため計算式を示す．
10000 ÷ (10000 + 2 + 30000) = 0.2499875
10000 ÷ (10000 + 30000) = 0.25
10000 ÷ (10000 + 2) = 0.9998

6）グールド（Gould 2013, ch. 6）は，さまざまな形態を検討しており，以下の記述もそれに多くを依拠するが，本文で提示したような簡明なリストという形で整理してくれてはいない．

7）これは略称ではなく，かつてBritish Medical Journalという名前だった雑誌が，略称を正式な誌名として採用したものである．

8）同誌ウェブサイトを参照．
http://www.bmj.com/about-bmj/resources-authors/peer-review-process

9）PubPeerの詳細については同サイトを参照のこと．
https://pubpeer.com/

10）なお，グールド自身は同書の中でさまざまな提案を行っており，必ずしもこのモデルを推している
わけではない．

■文献

［注にあるものも含め，本文献表で参照しているURLの最終参照日は2017年4月10日］
江間有沙 2013：「科学知の品質管理としてのピアレビューの課題と展望：レビュー」『科学技術社会論研究』
10，29–40.
Fang, F.C. et al. 2012: "Misconduct accounts for the majority of retracted scientific publications," *PNAS*
109, 17028–17033. http://www.pnas.org/content/109/42/17028.full
Fuller, S. 2002: *Knowledge Management Foundations*. Routledge.
Fyfe, A. 2015: "Peer review: not as old as you think," *Times Higher Education Supplement*. https://www.
timeshighereducation.com/features/peer-review-not-as-old-you-might-think
Gould, T.H.P. 2013: *Do We Still Need Peer Review?: An Argument for Change*, The Scarecrow Press.
Howson, C. and Urbach, P. 2006: *Scientific Reasoning: The Bayesian Approach*, 3rd Edition, Open Court.
Hull, D.L. 1988: *Science as a Process: An Evolutionary Account of the Social and Conceptual Development
of Science*, University of Chicago Press.
Iseda, T. 2015: "Bayesianism as a set of meta-criteria and its social application," *Korean Journal for the
Philosophy of Science* 18(2), 35–64.
Kihara, H. 2003: "The extension of Peer review, how should it or should not be done?" *Social
Epistemology* 17, 65–77.
Longino, H. 1990: *Science as Social Knowledge*., Princeton University Press.
Mulligan, A. et al. 2013: "Peer review in a changing world: An international study measuring the
attitudes of researchers," *Journal of the Association for Information Science and Technology* 64, 132–
161. http://onlinelibrary.wiley.com/doi/10.1002/asi.22798/full
Science and Technology Committee 2011: "Peer review in science publications: eighths report of
session 2010–12," House of Commons. https://www.publications.parliament.uk/pa/cm201012/
cmselect/cmsctech/856/856.pdf
Shatz, D. 2004: *Peer Review: A Critical Inquiry*. Rowman and Littlefield.
Van Noorden, R. 2011: "Science publishing: The trouble with retractions," *Nature* 478, 26–28.
Welcome Trust 2015: "Scholarly communication and peer review: the current landscape and future
trend" https://wellcome.ac.uk/sites/default/files/scholarly-communication-and-peer-review-mar15.
pdf

Research Note

■Journal of Science and Technology Studies, No. 14 (2017)■

Social Epistemology of Research Misconducts and Peer Review

ISEDA Tetsuji*

Abstract

Research misconducts (such as fabrication, falsification and plagiarism) threat the credibility of research papers, and we do not have effective means to guard against misconducts. Can the peer review system, or some revision of it, be used to improve the situation by detecting misconducts? This paper tries to answer the question from the viewpoint of social epistemology. There are several studies in social epistemology which deal with peer review and research misconduct. Applying these viewpoints, this paper suggests that even though peer review can detect some research misconducts this cannot be its major function, and that revising the system so that it can also detect misconducts may lead to an overall loss of epistemic merit of peer review.

Keywords: Detecting research misconducts, Helen Longino, Social Bayesianism, David Hull, Open peer review

---

Received: April 11, 2017; Accepted in final form: August 18, 2017
* Graduate School of Letters, Kyoto University. tiseda@bun.kyoto-u.ac.jp

短報　　　　　　　　　　　　　　　■科学技術社会論研究　第 14 号（2017）■

オープンな科学コミュニケーションが公正な研究に資する可能性と役割

山内　保典*

要　旨

　公正な研究を行うために，研究者は様々な責務を果たす必要がある．本稿の目的は，その責務を果たす上で，オープンな科学コミュニケーションが資する可能性と役割を示すことである．そのために，考古学におけるデータねつ造発覚後に行われたインターネット上での議論の事例研究を行った．ケース 1 では，専門知識や技術の質を担保するという責務に対し，様々な専門知識を持つ議論参加者の協働を可能にし，欠けている知識を補う役割を果たした．ケース 2 では，科学の自律という責務に対し，科学で共有されている実践を確認する役割が見られた．ケース 3 では，科学・技術と社会の関係を理解するという責務に対し，リアリティのある相互理解と萌芽的な問題の発見をもたらす役割が見られた．

1. 背景

1.1　研究関心の所在
　本稿では，オープンな科学コミュニケーションが，公正な研究の実現に資する可能性とその役割について，事例に基づき検討する．この問いは，科学コミュニケーション，オープンサイエンス，公正な研究という 3 つの研究テーマと深く関連している．これらのテーマは，いずれも多様な問題群やアプローチを含んでおり，本稿で扱うのはそのごく一部である．事例の検討に先立ち，本稿の研究関心の所在を整理しておく．

科学コミュニケーション
　科学コミュニケーションは，いつ，誰が，どこで，何を，どのように，なぜ，科学についてコミュニケーションするのかによって様々である．本稿で扱う科学コミュニケーションの内容を示すため，ここでは科学の営みを，科学知識の生産（例：研究）→評価（例：査読）→普及（例：学会発表や出版）→応用（例：社会実装）と単純化して捉える．
　専門的な話を分かりやすく，正確に，市民に伝えたり，様々なセクター間の対話を促したりする

2017 年 4 月 5 日受付　2017 年 8 月 18 日掲載決定
* 東北大学高度教養教育・学生支援機構，y.yamanouchi89@gmail.com

ような，近年注目されている科学コミュニケーションは，普及や応用段階で行われることが多い．科学技術社会論では，社会と科学技術の接点に注目することが多いため，この段階における科学コミュニケーションは馴染み深いだろう．

　それに対し，本稿で焦点を当てる研究公正に資する科学コミュニケーションは，主に知識生産段階，一部は評価段階で行われる．ただし知識生産の段階には，知識生産それ自体[1]だけでなく，同時進行で行われる知識生産プロセスの管理（例：研究の質保証，社会への応用段階を見据えた検討）も含まれると考える．第5期科学技術基本計画などにおいて，オープンサイエンスがキーワードの1つになっている現状において，この知識生産や評価段階におけるオープンな科学コミュニケーションは，さらに重要になると予想される．

オープンサイエンス

　30年以上前，科学の本質がコミュニケーションにあるとしたガーベイは，科学コミュニケーションについて「人間が意識的に知識を確立し，守るために作り出した複雑な社会システム」（ガーベイ 1981, vi）と評し，その過程は簡単に観察できるものではないとした．ガーベイが論じているのは，主に知識生産や評価段階の科学コミュニケーションであり，たしかに従来の慣習では，知識生産やその管理，知識の正しさの検討に関わるコミュニケーションは，研究者個人や研究チーム，あるいは，査読関係者のみに閉じていた．

　ガーベイの研究から30年以上が経過した現在，その過程を社会に対してオープンにしようとする動きが生じている．ニールセン（2013, 286-7）は，「できるだけ多くの情報が，一個人の頭のなかや研究室という枠を超えてネットワーク上に公開される」文化を，オープンサイエンスの文化と呼ぶ．ニールセンのいう情報には，科学雑誌に発表される情報，生の実験データ，コンピューターコード，科学者個人の問い，アイデア，ヒント，思索など，科学的な価値のあるすべての情報が含まれる．

　このオープンサイエンスもまた多様な内容を含む．Fecher and Friesike（2013）は，オープンサイエンスの文献をレビューし，5つの学派に分けている（表1）[2]．

表1　オープンサイエンスに関する5つの学派

学派	前提	関係者	目的	ツール・方法
民主 Democratic	不平等な知識へのアクセス	科学者，政策担当者，市民	誰でも自由に知識を入手可能にする	オープンアクセス，知の権利，オープンデータ，オープンコード
実用 Pragmatic	科学者間協働による知識生産性の向上	科学者	知識生産プロセスをオープンにする	集合知，ネットワーク効果，オープンデータ，オープンコード
設備 Infrastructure	研究効率性のツールや設備への依存	科学者，研究基盤提供者	科学者のためのオープンな基盤，ツール，サービスの提供	協働のためのプラットフォームとツール
公共 Public	公衆の科学活動へのアクセスの確保	科学者，市民	科学活動に市民がアクセスできる	市民科学，科学PR，科学ブログ
測定 Measurement	科学のインパクトを測る別指標の必要性	科学者，政策担当者	科学のインパクトを測る新システム開発	オルトメトリクス[3]，ピアレビュー，引用，インパクトファクター

表1に当てはめると，本稿で注目する公正な研究に資するオープンな科学コミュニケーションは，公共と実用の特徴を兼ね備えている．すなわち，科学活動に市民がアクセスし，協働できるようにすることで，知識生産の公正性を向上させる営みとなる[4]．

ニールセン（2013, 286）は，オープンサイエンスの文化が普及した状況を「科学コミュニティが一般社会に対しても開かれ，両者のあいだで情報とアイデアの双方向の交換が行われている．共有の倫理が確立され，それに従って科学的価値のあるすべての情報はネットワーク上に公開される．そして既存の成果の創造的な変更と再利用が自由に行われる」と描いている．こうした内容は，市民科学，（特に研究の上流での）市民参加型テクノロジーアセスメントなど，科学技術社会論が以前から扱ってきた内容と重なる部分もある．

公正な研究

公正な研究に関して，まず研究不正の排除という方から考えていこう．それに関連したオープンな科学コミュニケーションの事例として，出版後査読（post publication peer-review）活動[5]がある．本稿では割愛するが，日本国内でも有名な論文の研究不正の告発や検証が行われたこともあり，注目を集めている．

もう一方，科学者の責務を果たし，研究不正を未然に防ぎ，公正な研究活動を促進するという方からも接近可能である．例えば，日本学術会議の「科学者の行動規範」では，科学者の責務として「科学者は，自らが生み出す専門知識や技術の質を担保する責任を有し，さらに自らの専門知識，技術，経験を活かして，人類の健康と福祉，社会の安全と安寧，そして地球環境の持続性に貢献する」，「科学者は，科学の自律性が社会からの信頼と負託の上に成り立つことを自覚し，科学・技術と社会・自然環境の関係を広い視野から理解し，適切に行動する」（下線は筆者による）などが掲げられている．こうした責務を果たすことは，公正な研究の十分条件ではないものの必要条件だと考えられる．

こうした責務は，もちろん科学者自身が果たさなければならないが，研究不正が生じやすい環境があるように，こうした責務を果たすことを促進する環境もあると考えられる．本稿では，そうした環境の構成要素の1つとして，オープンな科学コミュニケーションに焦点を当て，「専門知識や技術の質の担保」，「科学の自律」，「科学・技術と社会の関係の理解」に資する可能性とその役割を検討していく．

1.2 事例の概要

本稿では，事例分析を通じて検討を進める．対象とする事例は，旧石器発掘ねつ造事件後に行われたインターネット上を中心としたオープンな科学コミュニケーションである[6]．2000年11月，日本最古級とされ，世界でも類を見ない遺構で知られていた上高森遺跡[7]の発掘調査中に，ある人物が石器の埋め込みをする様子を新聞社のカメラがとらえた．その人物は，石器探しの名人と呼ばれたアマチュア考古学者で，日本の前期・中期旧石器研究のほぼすべてに関与していた．その後，日本考古学協会を中心とした遺跡や石器の再検証により「25年以上にわたる，日本列島における人類史訴求の研究が全く根拠のない事実の積み上げによる虚像であったことが明らかになった」（前・中期旧石器問題調査研究特別委員会，2003, ⅲ）．

本事例がオープンな科学コミュニケーションの可能性を検討する上で有効だと考える理由は以下のとおりである．まず考古学という学問分野について，考古学は学校教育，文化財行政，地域経済活動など社会の様々な側面と関連しており，またアマチュア考古学者の存在から示唆されるように，市民との関連が深い学問である．同時に人類学，古環境学，年代測定学など幅広く他の学術分野と

も関連しているため，他分野の専門家からの学問的関心も高い．その意味で，オープンな科学コミュニケーションが生じやすい分野であり，多様な事例を基にオープンな科学コミュニケーションの可能性を検討することが可能である．

　実際にこの事件を受けて，インターネット上で行われた議論は，検証報告書，書籍，学会発表等で取り上げられた．その様子について，自らもインターネット上での議論に参加していた早傘(2001)は，「ネットが爆発しています，寝る時間を削って毎晩むさぼるように読みます」と記述している．山内・岡田(2006)では，こうしたインターネット上での議論の参加者が多様性であったことも示されており，この事件後の議論は，オープンな科学コミュニケーションの先駆的な例として位置付けられる．ただし，事例研究から得られる知見の一般化可能性については，別途検討をしなければならないことは明記しておく．以下，取り上げる3ケースの概要を示した後，各章で議論を行う．

ケース1：専門知識や技術の質の担保

　ねつ造された遺跡の調査では，当時としては先進的に，自然科学的分析を積極的に導入していた．そして，ねつ造発覚前までは，自然科学データの存在が，発掘された石器や遺構(実際はねつ造されたもの)を裏付けていた．またねつ造発覚後も，自然科学的データは，ねつ造ではない証拠として言及された．もし石器がねつ造されていたのだとすれば，自然科学の手法やデータの解釈に歪みや間違いが生じていたことになる．そこで，どこに誤りがあったのかを検討することは，専門知識や技術の質を向上させるという科学者の責務を果たすことになる．一方，その手法やデータの検討に必要な能力や知識が欠けていたからこそ，考古学コミュニティで，その手法が受け入れられていたとも言える．ケース1では，この問題の解決にオープンな科学コミュニケーションが果たした役割を検討する．

ケース2：科学の自律

　科学コミュニティには，できる限り研究上の誤りを防ぎ，不正が起きないように自律することが期待されている．この事件では，ねつ造発覚前から前期旧石器に対する批判論文があった．しかし，その著者の一人である小田(2001, 13)は，ねつ造発覚後「これらの批判に対して，宮城県の研究者から同じ土俵上での真摯な『論争』も，日本の旧石器考古学者らを巻き込む大議論にも発展することなく，一部の商業ジャーナル誌や同人誌，また史学関係雑誌などの『論評』『回顧と展望』などで，若干触れられた程度で，この問題は『封印』されてしまった」と振り返っている．この指摘は，健全な批判という自律に不可欠な活動が，機能不全に陥っていた可能性を示す．前期旧石器研究という分野は，再現性に限界があり，またデータの数が限られているなど批判的検討の難しい分野であるものの，ねつ造発覚後は批判的検討も行われ，自律性の回復を示す様子が見られた．この自律性の回復において，オープンな科学コミュニケーションが果たした役割をケース2では検討する．

ケース3：科学・技術と社会の関係の理解

　1999年のブダペスト会議で「科学と科学的知識の利用に関する世界宣言」が採択され，その中で「社会における科学と社会のための科学」が位置付けられた．これを契機の一つとして日本でも科学・技術と社会の関係が重要であるとの認識が広まった．一方，研究と社会の接点を具体的に理解することは容易ではない．とりわけ研究不正がもたらす社会や市民への影響については，自分の周囲で研究不正が生じることも少なく，実感を持って想像することが困難である．科学・技術と社

会の関係を具体的に理解するための情報リソースとして，オープンな科学コミュニケーションが果たしうる役割をケース３では検討する．

2. ケース１：専門知識や技術の質の担保

ケース１では，脂肪酸分析という自然科学分析の有効性をめぐるインターネット上での議論[8]を紹介する．馬場壇A遺跡の発掘調査では，脂肪酸分析の結果，20万年前に石器を使って解体した動物（ナウマンゾウ）の脂肪酸が検出されたと言われていた．ねつ造発覚後も一部の旧石器研究者は，この結果を正しいものとして受け入れており，ねつ造を否定する証拠として言及していた（岡村，2001，52）．それに対する疑義がオープンな科学コミュニケーションの場で出された．そして，インターネット上での議論を基にして，学会発表（難波・岡安・角張，2001）や学術論文（山口，2002）などが，公的なアカデミックな場で発表された．各筆頭著者は，考古学者ではなく，オープンな議論に参加した人物であった．また共著者には，同じく議論に参加した考古学者が名を連ねた．

この批判は「石器の脂肪酸，古代ゾウ説に異論．馬場壇A遺跡」（日経新聞 2001/05/19）など新聞でも報道された．また，日本考古学協会による前．中期旧石器問題の最終報告書にも取り上げられ，自然科学と考古学の連携のあり方を考え直す上で貢献をした（前・中期旧石器問題調査研究特別委員会，2003，549）．

ただし，この特別委員会の最終報告書は，あくまで自然科学側での問題として「脂肪酸分析のように極めて不安定と思われる物質を分析可能として，あたかも種レベルまで判明したかのように報告されたものがある」とし，「考古学側にも慎重な態度が必要であろう」とした．この記述からは，脂肪酸分析の有効性の検証は，考古学側ではなく自然科学側の問題だという認識が，考古学コミュニティにはあり続けたのだと考えられる．

ねつ造か否かの検証を進める上で，脂肪酸分析の結果が言及された以上，その有効性の検討は必要である．さらには，脂肪酸分析という手法やその分析結果を，考古学の専門知識を積み重ねる上でどう扱うべきかという問題は，科学者の責務である「専門知識や技術の質の担保」にもつながる．しかし考古学者にとって，脂肪酸分析に関わる問題は，あくまで自然科学側の問題であって，自分たちの問題ではないという認識があった．また自分たちの問題だと捉えたとしても，検証する知識や能力，モチベーションを持つ適任者がいなかったからこそ，脂肪酸分析は考古学において通用し続けたのであり，その適任者をコミュニティの外から見つけ出さなければならなかった．こうした問題の解決に，オープンな科学コミュニケーションは，どのような形で貢献したのだろうか．

ここでは難波・岡安・角張（2001）と，そのもとになったインターネット上での議論を取り上げる．以下では，旧石器考古学研究において脂肪酸分析を用いる前提となる「20万年前の動物の脂肪酸が残存する」の根拠となった実験に関して，考古学者と他分野の専門家とで行われた議論の概要を紹介する．

2.1 実験は何を意味するのか

インターネット上では「20万年前の石に脂肪が残存する」ということを証明する実験，および，その解釈が批判された．その実験は「エゾシカの脛骨を土中に埋め，23ヶ月間に2回脂肪酸を測定した」という実験である．

難波・岡安・角張（2001）は「14ヶ月と23ヶ月の2回だけ，脂肪酸の成分分析を行い新鮮骨のそれと比較しているに過ぎない．長幹骨は内部に骨髄脂肪があり，それは外表付着脂肪とはまったく

異なる分解過程をとることが予想される．従ってこの実験はデザインにおいても測定回数においても，対照実験の役割を果たしていない」とした．

　本稿で注目するのは「2年間」の調査結果を「数万年間」の現象に当てはめることの是非である．その実験では，実験開始時→14ヶ月後→23ヶ月後の脂肪残存率が，100%→6%→5.2%になっていた．インターネット上の議論では，実験結果の解釈をめぐって見解が分かれた．山口（2002）が，「『モデル実験からみて，油脂の主鎖分解や不飽和脂肪酸の変化は，1～2年で安定した状態になるから，分析やデータ解析に支障ない』との見方をする考古学関係者もある」というように，インターネット上での議論でも「エゾジカの脛骨の実験では，完全分解および完全変質が途中で止まることが確認されています」という考古学関係者からの発言も見られた[9]．

　一方，同じくインターネット上で，他分野の専門家は「この実験から言えることは，せいぜい『2年程度土中にあった骨の骨髄中の脂肪については，その脂肪酸組成は，大きくは変化しない』ということだけです．数万年も土中にあった石器表面の脂肪が残存し，その脂肪酸組成が変化しない，という結論は，ぜったいに導き出せないのです．これは方法論的には，適用限度を超えて，実験結果の過剰な外挿をおこなっており，『科学の論理として間違っている』のです」と指摘した[10]．

　また別の専門家は「当初，大きく減少し，その後，なだらかになったのは，反応速度が基質濃度に依存する原則に従ったものでしょう．しかし，6%→5.2%と減少が続いていることに注目すべきです．考古学の時間スケールから見たら取るに足らない僅か9ヶ月間に0.8%減少しているのです．考古学の時間スケールから見たら『途中で止まることが確認され』た状態ではなく，ダイナミックに変化している最中である，と判断すべきではないでしょうか？」と指摘した[11]．

2.2　デザインされたセレンディピティ：ケース1での役割

　「科学的に説明すべき対象は何か」についての認識が，考古学関係者と他分野の専門家では異なる．考古学の報告書では，脂肪酸から推定される動物種に焦点が当てられ，議論でもナウマンゾウの脂肪酸として言及されることが多かった．たしかに旧石器時代の生活環境を推測するためには，どの動物種の脂肪酸が検出されたのかが重要であろう．

　それに対し，インターネット上では，脂肪酸分析結果の生データや「ナウマン象とされる脂肪酸」の化学化合物名が，他分野の専門家から求められた．そして，細胞の自己融解，微生物の繁殖や酸化的分解にもさらされやすい石器表面の脂肪がなぜ残っていたのか，脂肪酸の残存を可能にした特殊な条件は何だったのか，20万年も脂肪酸が残ることは実験の結果から本当に導き出せるのか，といった他の問いが見いだされた．他分野の専門家は，脂肪酸が20万年残存したということを驚くべき化学現象として捉えていたのである．

　これは，1つの同じ現象やデータを前にしたときでも，そこに見いだされる研究上の問いが，分野によって異なることを示している．その際，物理化学的性状に関する知識の差異が議論に影響していることも確認された．例えば「20万年前の石器表面から5%もの高濃度のパルミトレイン酸が検出されることはまことに不思議といわねばならない」という疑問は，パルミトレイン酸の物理化学的性状（1. 常温で液体であるため流出する，2. 簡単に酸化し，不安定な不飽和脂肪酸から安定した飽和脂肪酸に変わる）があるからこそ生じる．

　この事例では，考古学では問われなかった問いが議論されることによって，脂肪酸分析の限界が明示された．これらは科学コミュニケーションをオープンにしたことで得られた効果だといえよう．ケース1で見られた効果は，ニールセン（2013, 47）の「デザインされたセレンディピティ」として理解できる．「デザインされたセレンディピティ」とは，解決困難な問題に直面したとき，その問

題を解くために最適な専門性を持つ誰かが現れるのを待たねばならない場面で，偶然に頼るのではなく，その問題を様々な専門知識を持つ大勢の参加者の前にさらすことで，その可能性を大幅に向上させることを指している．このことは，科学技術社会論で市民科学や市民参加型テクノロジーアセスメントを実施する根拠として，ローカルナレッジの活用促進があげられることとも共通している．

　ケース１は，専門知識や技術の質の担保をする上で，当該コミュニティのメンバーだけでは解決困難な問題が生じた際，オープンな科学コミュニケーションによって，セレンディピティの生起確率を向上させた事例として捉えられる．

3. ケース２：科学の自律

　研究不正を契機としたオープンな科学コミュニケーションでは，厳しい批判が数多く，その内容の質も様々である．このような状況で，ケース１のように専門外からの批判を無視せず，玉石混交な批判の中から，玉を見つけることは当たり前のことではない．

　なぜ考古学コミュニティは，この批判を無視しなかったのか．もちろん「科学者コミュニティとして，批判を無視しないのは当然である」といった，普遍的な説明は可能であろう．しかし，もしそうであれば，なぜ旧石器発掘ねつ造は，少なくとも批判論文が出た段階で，相互批判によって，自律的に正せなかったのだろうか．このことからは，科学の自律性は備わっていたとしても，それがより機能しやすい条件があると考えられる．

　そこでケース２では，ねつ造発覚後に考古学コミュニティが置かれた環境の変化に着目し，科学コミュニケーションをオープンな状態にしておくことが，科学の自律性，とりわけ相互批判を間接的に促進する可能性を示す．

3.1 「ねつ造発見は批判不足をさらけだす」

　ねつ造は 2000 年 11 月 5 日に発覚した．科学雑誌「ネイチャー」は，いち早く 11 月 16 日号で，この事件に関する記事を掲載した．しかし，そこで取り上げられたのは，ねつ造そのものでなく，日本の研究文化の問題だった．

　その記事は「ねつ造発見は批判不足をさらけだす」（Fake finds reveal critical deficiency）というタイトルで，「日本で有力な考古学研究者のひとりが常識をこえるねつ造を行ったことが先週あきらかになり，日本の有名な研究者たちが，同僚からも批判されないままになっていることにあらためて反省を迫られている」という書き出しで始まっている．加えて，「批判が個人段階ではなく，学問上のものとして学会でうけいれられるようになってほしい」，「日本の指導的物理学者がみいだしたことをくつがえすには，『個人的な侮辱』と受けとられることがないように，研究成果の論調をやわらげようという圧迫感を感じる」，「研究者たちは，他の研究者の研究を気にかけず，他の研究者による自分の研究の見直しも気にしていない」といった日本の研究者の言葉も紹介された（春成編，2001，86）．

　国内でも，例えば，毎日新聞（2000 年 11 月 14 日）は，ねつ造事件の特集記事の中で「異論封じる考古学ブーム」と題し，考古学界が「異論を黙殺し，議論を避けてきた」ことを問題視している．このように国内外を問わず広く社会全体から，日本の考古学コミュニティは，批判やその批判を受けての議論の欠如を指摘されていた．

　こうした批判が多い状況では，考古学コミュニティは，相互批判的に自律していることを社会に

示さなければならない．インターネット上であっても，もし市民からの批判を無視したり，批判する機会をなくしてしまったりすれば「本当に批判の無視や封印をする」という更なる批判を生み出すだろう．そこで，科学コミュニケーションをオープンにし，そこに答えることが必要になる．例えば，ねつ造発覚直後に行われた東北日本の旧石器文化を語る会では，ねつ造が疑われる石器を一般市民も含め誰でも手にとれるようにした上で，公開シンポジウムがなされた．

オープンな状況下でなされる議論では，相互批判的な態度が意識され，そのように振る舞うことが促進されると考えられる．なぜなら，科学の規範から逸脱する振る舞いをすれば，科学者としての自分，あるいは科学としての考古学に傷がつくからだ．

また他者に対して行った批判が，ブーメランのように自分に対する批判として作用することも少なくない．オープンな状況下では，言行不一致や一貫しない主張を監視する人物も多い．特にインターネット上での議論では，過去の発言が残るため，その作用が生じやすい．例えば，相互批判の欠如を批判した者は，自分の発言に対する批判にも答えなければならなくなる．そのため，より相互批判的になっていく可能性がある．

3.2 科学の共有プラクシスの確認：ケース 2 での役割

「科学は，証拠と推論方法に関する共通の基準によって束ねられている，一つの巨大なコラボレーションとみなせる」（ニールセン，2013，129）といわれる．そして，コラボレーションの成立に不可欠な基本要件として「共有プラクシス」があげられる．「グループの参加者は，ある一定の知識とテクニックの体系を共有していなければならず，それを用いて初めてコラボレーションが可能になるのだ．この共有された体系がある場合，そのグループは『共有プラクシス』を持っていると言う．ここで言う『プラクシス』とは，知識の実践を意味する」（ニールセン，2013，121）といわれる．科学における共有プラクシスには，例えば，科学者の行動規範，再現性・実証性・客観性などで特徴づけられる科学的方法，そして，ケース 2 で見た相互批判などがあげられるだろう．

この事例で，考古学コミュニティは，ねつ造を見抜けなかった過去の考古学のプラクシスを作り替える必要があった．しかし自律的にプラクシスを見直して問題を発見し，社会から信頼されるプラクシスに作り替え，実行に移すことは容易ではない．ケース 2 では，科学の共有プラクシスを基準にした外部からの不備の指摘に対し，考古学コミュニティが応じる中で，現行プラクシスの再検討や問題発見が促された．そして考古学コミュニティの中で，新たなプラクシスを意識したり，実行したり，議論したりできる環境が生じたのである．

専門分化が進む中で，プラクシスも専門分化していく．その一方で，異なる専門分野，科学一般，社会一般で用いられる共有プラクシスも存在し続ける．共有プラクシスを無視して，他では非常識とされる行為が常識化してしまえば，他分野の研究者や社会から信頼を得ることは困難になり，非科学的との烙印を押される可能性もある．ケース 2 は，科学コミュニケーションをオープンにし，科学の共有プラクシスから逸脱していないことで，こうした問題を回避できる可能性を示唆している．

オープンな科学コミュニケーションでは，他分野の研究者や市民は直接問いを投げかけることもできる．あるいは，問いかけられる可能性があることを前提にするだけでも，科学者が発言する際，他者の視点から見て問題のない発言になっているのか，という内省が促される．

科学者個人としては，自分の主張にとって極めて不利な批判は無視したいと感じるかもしれない．しかしオープンな状態で科学の共有プラクシスから逸脱すれば，コミュニティ全体の評価が下がり，結果的に自分の研究者としての立場が脅かされる．自分の研究上の主張と，自分の研究者としての

立場が天秤にかかったとき，後者を優先する科学者も少なからず存在するだろう．こうして逸脱は抑制される．

逆に，近年，研究に対する管理が強まる傾向があるが，科学コミュニティが自律できている状況を示せば，社会からの信頼が高まり，科学者や科学という営みに敬意が払われ，科学者に委ねられる事柄も増える可能性もある．オープンな科学コミュニケーションの場は監視を受けるだけなく，科学という営みが信頼や尊敬に値することを示す場でもあるのだ．

本当に社会はそのような役割を担うことができるのだろうか．この役割を果たす上で，社会に求められることは問いや疑問を発することである．日々のコミュニケーションの中でも議論の内容自体は分からなくても，話者が誠実かどうかを見分けるスキルは高められている．だまされる恐れがあるとき，論破できなくても疑問を投げかけることはできる．同様に，専門的知識は分からなくても，誠実に議論をしているかどうかを判断したり，説明を求めたりすることはできる．「社会の中の科学技術として守るべき共有プラクシスは守られているのか」と社会が問い続けること，あるいは，科学者がそのような問いを念頭に置かざるを得ない状況を作り出すことが，科学の自律を促すと考えられる．

4. ケース3：科学・技術と社会の関係の理解

研究不正をした本人や，その本人が属する組織の情報は公開されることがあるが，研究不正に伴う他の研究者や社会への影響は公的に報告されることは少ない．報告されたとしても，多くは概要を示すのみにとどまる．オープンな科学コミュニケーションは，そうした影響を，具体的なエピソードとして知るための情報資源にもなる．そこには研究不正が社会に対して与えた影響が報告され，研究不正により翻弄される市民や科学者の生の声があふれる．こうした科学・技術と社会の関係の具体的な理解は，研究不正を回避するだけでなく，公正な研究を進める必要性を実感する上でも有効であろう．

4.1 社会的影響の理解を具体化する

日本考古学協会は，最終報告書の中でねつ造事件が社会に与えた影響を「1. シンポジウム，フォーラムの開催」「2. ねつ造事件と報道」「3. ねつ造事件が教科書に与えた影響」「4. 座散乱木遺跡の国史跡指定解除」の4つの観点からまとめた（前. 中期旧石器問題調査研究特別委員会編，2003，549-55）．考古学関係者，周辺学問研究者，行政関係，大学関係，出版界，遺跡周辺地域といったステークホルダー別の記述もあり，さらにインターネット上の議論も言及されている．

しかし例えば，教科書に与えた影響に関して，「小学校では，縄文時代以前は学習の対象とはなっておらず，社会科教科書で旧石器時代（先土器時代，岩宿時代）の記述はおろか，旧石器時代の名称すら使われていないので，ねつ造事件の影響は問題外ということになる」（前. 中期旧石器問題調査研究特別委員会編，2003，551-2）とされるが，考古学という学問自体への信頼が疑われている以上，問題外と言い切ることは難しい．例えば，小中学校の総合学習などで用いられることもあった縄文クッキーのレシピは，ケース1で見た脂肪酸分析を科学的根拠としていた．そのため，インターネット上には，子どもにどう説明すればよいか悩む小学校教員の声も紹介された．

その他にも，この事件により影響を受ける様々な人の姿を垣間見ることができる．それは「ねつ造が簡単に行われ，それで歴史が創作されることに戦慄的な驚異，脅威，恐怖」[12]を感じる考古学ファンや，まるで対岸の火事であるかのような新聞記事の識者のコメントに危機感を覚える[13]考

古学者など，感情を伴った生々しい姿をしている．

4.2　リアリティのある相互理解と萌芽的な問題の発見：ケース3

オープンな科学コミュニケーションを見るだけでも，研究不正がどれほどその学問や関連分野の学者の信頼を傷つけるのか，社会からどれほどの批判を受けるのか，具体的な学問現場や社会がいかに混乱するのかを，目の当たりにすることができる．逆に，素晴らしい発見がなされたときの社会の興奮も同様である．研究がどのような帰結をもたらすのかを知ることは，科学者にとっては有益であろう．一方で，市民にとっても，科学者がどのような状況下で研究や検証を進めているのかを垣間見ることができる．

お互いの状況を一度目の当たりにすれば，その人たちの想像が具体的になる．私たちは抽象的な存在よりも，具体的な存在の方に配慮をしやすい．研究不正をしたらどうなるか，社会が研究成果をどのように受け止め，何が生じ得るのかを想像する上で，具体的なイメージを持てることの効果は大きい．

また将来的に大きな問題になる萌芽的な問題や懸念は，少数の人にしか見えていないことがある．また歪みのようなものは，中央でなく周辺でより顕在化しやすい．研究不正や研究の負の社会的影響も大学の研究者よりも，直接社会と接する現場の方が実感していることがある．こうした情報はオープン科学コミュニケーションの方が得やすい情報であろう．オープンな科学コミュニケーションを通じたローカルな知識や少数の意見の収集は，ケース1のように問題解決のためだけでなく，ケース3のように問題発見のためにも役立つと考えられる．これは参加型テクノロジーアセスメントとも通じるところがある．

5.　議論

5.1　まとめ

本稿では「専門知識や技術の質の担保」，「科学の自律」，「科学・技術と社会の関係の理解」に対して，オープンな科学コミュニケーションが資する可能性と役割を検討した．

ケース1では，科学コミュニケーションのオープン化によって，デザインされたセレンディピティが生じ，専門知識や技術の質の担保，具体的には，脂肪酸分析に基づく調査結果やその分析手法の問題点の指摘が行われた(図の①)．インターネット上での議論に脂肪酸分析の検討に必要な能力とモチベーションを持った他分野の専門家が参加することで，考古学者だけでは踏み込めなかった，脂肪酸の化学的な特性を踏まえた検討，実験からの外挿の妥当性，分析手法の確かさなどの検討が進んだ．

ケース2では，科学の自律の一部として，「科学の共有プラクシス」からの逸脱を防ぐ上で，オープンな科学コミュニケーションがもたらす効果を検討した．この事例では，まずジャーナリズムが共有プラクシスからの逸脱を指摘(②-1)し，科学コミュニケーションがよりオープンなものとなった．こうしたオープンな場では，考古学コミュニティとしても，また一考古学者としても，学問としての信頼性を取り戻すために，自分たちが科学のプラクシスを共有し，実践していることを示さなければならない．そのため，科学の共有プラクシスを共通の土台(②-2)とした議論が行われる．科学コミュニケーションをオープンにすることで，コミュニケーションの観察者を想定した行動が促進されるのである．

ケース3では，科学・技術と社会の関係の具体的理解を進める上で，オープンな科学コミュニケー

ションが，社会への影響や考古学者や市民の混乱する生々しい姿を示す貴重な情報リソースであることを指摘した．この事例では，研究不正による負の影響が鮮明に表れたが，様々な失望の声からは，逆にこれまで提供してきた喜びを推測することもできる．市民にとっても，研究者にとっても，互いの実情を知ることは，研究成果が社会に与える影響や，科学技術と社会の関係づくりをする際の想像（③）を豊かにするだろう．

なお本研究では，研究不正を契機としたオープンな科学コミュニケーションであったが，こうした役割は研究不正の有無に関係なく果たしうるものと考えられる．

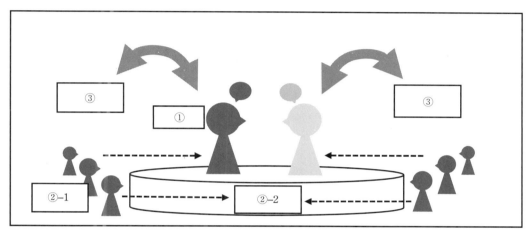

図1　オープンな科学コミュニケーションの役割
薄い色の人物像は学術コミュニティの構成員を示し，濃い色の人物像はコミュニティ外部を示す．

5.2 課題と展望

正直なところ，オープンな科学コミュニケーションは，良い結果を生み出すとは限らない．本稿で取り上げたケースも，稀にしか生じない成功に焦点を当てているのかもしれない．しかし稀にしか生じないことを理由に，この場の持つ可能性を無視すべきではないと考える．

伝統的なリスクの定義として，被害の生起確率と被害の重大性の積というものがある．この定義によれば，生起確率が低い場合でも，重大な被害が生じるのであれば，そのリスクを無視することはできない．この考え方を，成功するチャンスに援用すれば，成功の生起確率が低い場合でも，成功の重大性が大きければ無視できないことになる．一方で，リスクとチャンスでは異なる点もある．リスクの場合，低い生起確率を更に低くすることが求められるが，それは困難であり，費用対効果も低い．それに対し，チャンスの場合，低い生起確率を高くすることが求められる．それも難しいことではあるが，成功・失敗した事例を集めて，そこから成功確率を高める要因を導き出し，ケース1から3で提示したモデルを足掛かりに，より成功しやすい環境づくりを進めることは可能であろう．

その上で，2つの課題を取り上げる．まずオープンな科学コミュニケーションは，議論は多種多様で玉石混交であり，注意の分配が鍵となる．過去の議論が膨大であれば，途中参加すら困難なことも多い．この問題に関して，例えば，ニールセン（2013, 26-36）は，5万人参加者が24時間ごとに議論と投票を行って次の一手を決めるワールドチームとチェスの世界チャンピオンとの対戦を例に，各々の参加者に注意を配分すべき問題を提示し，参加者の優れたアイデアやミクロな専門知識

を掘り起こし，それらを一つにまとめ，適切な場面で活用するコーディネーターの役割の大きさを紹介している（ニールセン，2013 41-5）．本事例でも，そこまで中心的ではないが，似た役割を果たす人物がいた．コーディネーター役の人物は，議論を通して，参加者の信頼が獲得され，自然発生的に偶然現れるのかもしれない．属人的な特殊能力に依存している可能性も高い．一方で，場をデザインするという観点からは，その役割を専門とする人物，インターフェイス，プログラムなどで代替可能なのかは検討する価値がある．

　2つ目の課題は，議論参加者の多様性の維持である．議論参加者の多様性は，トラブルや衝突の原因だが，一方でセレンディピティの源泉でもある．しかし，この事例でも 2000 年 11 月には 907 回あったインターネット上での発言が，翌年の 11 月には 133 回になったという集計[14]があるように活発な状況[15]を維持することは難しい．参加意欲を持続させるためには，オープンな科学コミュニケーションを通じた研究への貢献を評価することが考えられる．ニールセン（2013）は，オープンサイエンス化が成功するために必要なこととして，「科学知識の共有が，今日論文制度が享受しているのと同程度の高い地位を確保できるようにすること」(309)をあげている．ケース1では，オープンな科学コミュニケーションの成果が学術発表につながり，主な参加者は評価を得たが，発表のベースとなる議論に参加した他の人の貢献も評価できるようになれば，参加する動機になるかもしれない．

　知識生産や評価段階におけるオープンな科学コミュニケーションは，萌芽的な状況にある．オープンなコミュニケーションの場を，論文などの既存のコミュニケーションの場と同じ基準（例：誤情報の数など）で評価すれば，その可能性の芽を摘む可能性がある．一方で，収集される声の多様性や，稀なセレンディピティを生起させる可能性などを評価基準にすれば，オープンな科学コミュニケーションの場の方が高く評価される可能性もある．

　さらに，それぞれのコミュニケーションの場を別々に考えるのではなく，本稿で示したオープンなコミュニケーションの場が直接的／間接的に研究公正に資する役割などを考慮し，科学コミュニケーション全体をシステムとして俯瞰しながら組み立てていく必要がある．本稿が科学コミュニケーション，オープンサイエンス，研究公正研究の相互作用を促す一助となることを期待する．

　　■注

　1）ニールセン（2013）は，「eバード」におけるデータの収集(233-4)や「ギャラクシー・ズー」におけるデータの解析(202-21)に市民が参加する例を示している．
　2）文献の Table 1 を著者が訳出した．なお，本稿の議論のベースとしたニールセンは，実用に位置づけられている．ただし，ニールセン自身は市民科学などにも言及している．またニールセンは，日本語訳された数少ないオープンサイエンスと銘打った本の著者であり，しばしばオープンサイエンスの提唱者と紹介される．
　3）佐藤・吉田(2016)を参考のこと．
　4）総合科学技術・イノベーション会議「国際的動向を踏まえたオープンサイエンスに関する検討会」(http://www8.cao.go.jp/cstp/sonota/openscience/)（2017 年 8 月 4 日閲覧）や，科学技術振興機構の「オープンサイエンス方針」(http://www.jst.go.jp/pr/intro/openscience/)（2017 年 8 月 4 日閲覧）を見ると，日本国内では，民主，実用，設備学派が議論を牽引しているように見える．もちろん，そうした議論も研究公正と関連しており，情報のオープン化がもたらす研究公正への効果については，林(2016)を参考のこと．

5）出版後査読の全体像の把握については，白楽ロックビルのWEBサイト等が参考になる．
http://haklak.com/page_PPPR.html（2017年8月4日閲覧）

6）本稿は，筆者が2005年に執筆した博士論文のうち，学術論文として未公表だった部分について，新たな視点から議論を加えたものである．

7）本稿の中で遺跡と呼ばれているものの中には，議論が行われた当時は検証中だったため遺跡と呼ばれていたが，2017年では考古学資料として認められていない，「ねつ造された遺跡」も含まれている．

8）インターネット上の議論をまとめたサイトの例としては，以下があげられる．
http://www.asahi-net.or.jp/〜XN9H-HYSK/godhand/aomori/mokuzi.htm（2017年8月4日閲覧）

9）http://www.skao.net/kissa/data1/1102.res（2017年8月4日閲覧）

10）http://www.asahi-net.or.jp/˜XN9H-HYSK/godhand/aomori/log4.htm（【336】発言）（2017年8月4日閲覧）

11）http://www.skao.net/kissa/data1/1119.res（2017年8月4日閲覧）

12）http://www.skao.net/kissa/data1/308.msg（2017年8月4日閲覧）

13）http://www.skao.net/kissa/data1/225.res（2017年8月4日閲覧）

14）http://www.asahi-net.or.jp/˜XN9H-HYSK/godhand/bbslog/syuukei.htm（2017年8月4日閲覧）

15）どの程度の発言数が活発な状況として適切なのかは，別途検討が必要である．

■文献

Fecher, B. and Friesike, S. 2013：“Open Science: One Term, Five Schools of Thought,” http://book. openingscience.org/basics_background/open_science_one_term_five_schools_of_thought.html （2017年8月4日閲覧）

ガーベイ，D.W. 1981：津田良成監訳『コミュニケーション：科学の本質と図書館員の役割』敬文堂；Garvey, D.W. *Communication: The Essence of Science*, Pergamon Press, 1979.

春成秀爾編 2001：「海外の反応」『検証日本の前期旧石器』学生社，86-91（資料編）．

林和弘 2016：「オープンサイエンス時代の研究公正」『情報の科学と技術』66巻3号，98-102．

早傘 2001：「ネットで読む "神の手" 事件」『SCIENCE of HUMANITY BENSEI』34巻，55-9．

難波紘二，岡安光彦，角張淳一 2001：「考古学的脂肪酸分析の問題点」『日本考古学協会第67回総会研究発表要旨』，138-41．

ニールセン，M. 2013：高橋洋訳『オープンサイエンス革命』紀伊國屋書店；Nielsen, M. *Reinventing Discovery: The New Era of Network Science*, Princeton University Press. 2012.

小田静夫 2001：「日本の旧石器と前期旧石器の問題」『検証日本の前期旧石器』学生社，13-28（資料編）．

岡村道雄 2001：「日本列島の前期. 中期旧石器研究の展望」『検証日本の前期旧石器』学生社，45-55（資料編）．

佐藤翔，吉田光男 2016：「オルトメトリクスは論文評価を変えるか：ソーシャルメディアで算出する新たな指標」『科学』71巻2号，23-28．

山口昌美 2002：「考古学の残存脂肪酸分析と食の問題（前編）旧石器にナウマン象の脂肪はあったのか？」『食の科学』295巻，37-45．

山内保典，岡田猛 2006：「電子掲示板における科学コミュニケーションの可能性：発言者と発言内容に関する基礎的分析」『科学技術社会論研究』4巻，101-17．

前・中期旧石器問題調査研究特別委員会編 2003：『前. 中期旧石器問題の検証』日本考古学協会．

Research Note　　　　■Journal of Science and Technology Studies, No. 14（2017）■

The Roles of Open Scientific Communication for

Research Integrity

YAMANOUCHI Yasunori *

Abstract

In order to conduct research with integrity, researchers need to fulfill various responsibilities. The purpose of this paper is to clarify the role of open scientific communication in fulfilling its responsibilities by scientists. For that purpose, case studies of online discussions after the revelation of data fabrication in archeology were conducted. Case study 1 focused on the responsibility of assuring the quality of the specialized knowledge and skills. For that responsibility, open science communication enables the collaboration among discussants with various expertise and fills up the deficiency in knowledge. Case study 2 focused on the responsibility of scientific autonomy. For that responsibility, open science communication monitors derogations from common practices in science. Case study 3 focused on the responsibility of understanding the relationships between science, technology and society. For that responsibility, open science communication supports mutual understanding with reality and finding problems in the bud.

Keywords: Open science, Science communication, Research integrity

Received: April 5, 2017; Accepted in final form: August 18, 2017
* Institute for Excellence in Higher Education, Tohoku University. y.yamanouchi89@gmail.com

短報

誰をオーサーにするべきか？

「オリジナリティー」の分野特性を考慮した
自律的オーサーシップの提案

菅原　裕輝[*1]，松井　健志[*2]

要　旨

　共同で研究を行い共同で成果を発表することの多い現代科学の現場において，「誰をオーサーにするべきか？」という問いはしばしば実際的な議論の対象になる．国際医学雑誌編集者委員会（International Committee of Medical Journal Editors; ICMJE）が推奨する倫理および編集に関する基準が，大半の医学系雑誌および多くの科学系雑誌において採用されており，アカデミア内の制度を構成している重要な基準であるが，ICMJE オーサーシップ要件に対しては学術的貢献の正当な評価を巡って多くの批判があり（Matheson 2016），オーサーシップの制度的・概念的基盤は未だ固まっていないのが現状である．本稿では，オーサーの本来的意味やオーサーが負うべき責任の観点から学術的貢献の内容を見直し，「誰をオーサーにするべきか？」という問題について，オリジナリティーの分野特性と研究者の自律性を考慮した観点からの解決策を提示する．

1．導入

　公正なオーサーシップを実現させることは，学術的貢献を適切に評価する体制の整備に繋がるとともに，延いては搾取や不適切な優遇といったアカデミア内における不公正の構造の解消にも繋がることから，現代科学の健全な発展にとって重要な問題である．信頼の置ける研究者と協力して研究を行い，共同で成果を発表することの多い現代科学の現場において，「誰をオーサー（論文著者）にするべきか？」はしばしば実際的な議論の的にもなっている．日頃お世話になっている研究者をオーサーに入れることで感謝を形に表したり，研究に対して実質的な貢献を果たしていない学生を筆頭著者にして業績を稼がせる，といった「ギフト・オーサーシップ」が見受けられることも少なくなく，問題視される一方で，そうした実践が一部のアカデミア内において暗黙裡に推奨される文化として受容されているのも実状である（Sismondo 2007）．その一方で，研究チーム内で弱い立場にあることや，同じチーム内において「研究者」としては認知されていないがゆえに，重要な貢献を果たしたにも関わらずオーサーに入ることができない者も少なからず存在する（Matheson

2017 年 7 月 23 日受付　2017 年 8 月 18 日掲載決定
[*1] 大阪大学 CO デザインセンター，特任助教（常勤），sugawara@cscd.osaka-u.ac.jp
[*2] 国立循環器病研究センター医学倫理研究部，部長，kjmatsui@ncvc.go.jp

2008).

　海外動向に目を向けると，国際医学雑誌編集者委員会(International Committee of Medical Journal Editors; ICMJE)が推奨する医学研究の実施，報告，編集及び発表に関する基準(ICMJE 1988; 2016)は，大半の医学系雑誌や多くの科学系雑誌において採用され，実質的に現在の学術制度における重要な基準の一つとなっている．近年，このICMJE基準が示すオーサーシップ要件に大きな変更が加わり，オーサーに名を連ねる研究者には，個別の論文のみならず，それを含めた研究それ自体の正確性と公正性(integrity：「誠実性」とも呼ばれる)について，すべての説明責任を負うことなどが求められている．ICMJEのこれらオーサーシップ要件は，自然科学分野に留まることなく，近年は社会科学分野(例えば，American Psychological Association)においても自分野のガイドラインに取り込まれるようになっている．

　しかし，わが国では，STAP細胞事件等を契機として日本学術振興会が編集した『科学の健全な発展のために――誠実な科学者の心得――』(日本学術振興会「科学の健全な発展のために」編集委員会 2015)においても，ICMJEのオーサーシップ要件が人文・社会科学を含む全分野に当てはまるものとして(あるいは少なくとも医科学研究のみに当てはまるという言及のない形で)採用されることとなった．こうした国内外の現状や潮流の変化を踏まえると，ICMJEのオーサーシップ要件の変更は，日本を含めた世界の学術研究全体に対して大きな影響を与え得るものということができるだろう．しかし，後で触れるとおり，現在のICMJEのオーサーシップ要件に対しては，例えば研究に貢献したにも関わらずオーサーに加えない者がいたり，貢献者の間での公正性が担保されないといった問題が生じる等の批判があることを考えると，オーサーシップ要件の在り方については，慎重な議論と検証が未だ必要であると思われる．

　以上を踏まえ，本稿の目的は，オーサーの本来的意味やオーサーが本来負うべき責任の観点から学術的貢献の内容を見直し，「誰をオーサーにするべきか？」という問題に対して，一つの解決案を提示することにある．本稿では先ず，オーサーシップを巡る近年の制度的展開について概観し，その中で特にICMJEのオーサーシップ要件を手掛かりとして，それに批判的検討を加えて問題を抽出・整理する(第2節)．次に，オーサーの本来的意味やオーサーが本来負うべき責任を再考することを通して，オーサーシップのより善い在り方を検討する(第3節)．具体的には，「オリジナリティー」の分野特性を踏まえたうえでの，「各共著者を選んだ理由と貢献内容を説明できる限りにおいて筆頭著者と研究代表者が自由に共著者を選べる」といった〈自由に伴う責任を負う〉形の「自律的なオーサーシップ」を提案する．

2．概観：オーサーシップを巡る近年の制度的展開

　現在多くの研究分野において，単一の研究者によって研究が遂行されることは珍しくなっている．とりわけ医学領域で行われる臨床研究では殆ど常に共同研究の形を採る．プロジェクト参加者全員で論文を執筆することはほぼ無く，プロジェクトにおける役割は分担されている．そうした分業と協働が進む中で，オーサーシップは必ずしも「書く」行為のみに限定されることがなくなり，書く行為から離れた役割にまで適用されるようになっている．そうした中で，「どのような役割を担えばオーサーに加わることが可能か」が議論されるようになっている．

　その一方で，1980年代辺りから，アカデミアでは純粋にオーサーシップを巡る議論よりも，研究不正を巡る問題がより深刻な社会的課題として立ち現れ始めた(Claxton 2005a)．例えば，1980年にはElias Alsabti(イラク人医学生)による盗用(plagiarism)，1982年にはJohn Darsee(ハーバー

ド大学心臓病学)によるデータ捏造(fabrication),1988年にはStephen Breuning(ピッツバーグ大学精神医学)の改ざん(falsification)等による逮捕などの研究不正事件が起きている(Broad & Wade 1982; Lock et al. 2001).これら相次ぐ研究不正事件へ政策的に対処するために,米国科学技術政策局(Office of Science and Technology Policy in the Executive Office of the President: OSTP)は研究不正に関する連邦ポリシーを2000年に規定している.同ポリシーによれば,「研究の不正行為」は「研究の提案,実行,査読,又は研究結果の報告における,捏造,改ざん,又は盗用」と定義される(OSTP 2000).これら捏造,改ざん,盗用の3つの行為は,しばしばそれぞれの頭文字を取ってFFPと呼ばれ,捏造は「データや結果をでっちあげて,それらを記録又は報告すること」,改ざんは「研究資料,設備,又はプロセスを操作する,あるいはデータや結果に変更を加えたり除外することによって,当該研究が研究記録の中に正確に表現されていないこと」,盗用は「他者のアイデア,プロセス,結果,又は言葉を,適切なクレジットを与えることなく流用すること」とされる.

　オーサーシップの問題は,FFPの問題が注目を集めるようになる以前から存在する別の独立した問題である.しかしその一方で,特に近年のオーサーシップ問題は,上述のOSTPの例にあるように研究不正に対する規制の在り方をも実質的に規定している面があり,また逆に,研究不正をめぐる議論がオーサーシップの在り方についても影響を及ぼし,それを規定するような構造となっている.例えば,実際に行われた研究の内実をオーサーシップに公正に反映させるために,自機関が定める不正行為規律の中にオーサーシップの問題を含めて規定している機関も少なくないことが報告されている(Steneck 2007).

　現在,オーサーシップに関するガイドラインは多く存在するが(例えば,American Chemical Society(2015)による "Ethical guidelines to publication of chemical research" や,American Statistical Association(2016)による "Ethical guidelines for statistical practice",Committee on Publication Ethics(2011)による "Code of Conduct and Best Practice Guidelines for Journal Editors",Danish Committees on Scientific Dishonesty(2009)による "Guidelines for good scientific practice",NIH Committee on Science Conduct and Ethics(2016)による "Guidelines for the conduct of research in the intramural research programs at NIH" など),その殆どは雑誌編集者グループによって作成されたものである.また,生物医学系雑誌234誌を対象としたある調査によれば,41%の雑誌がオーサーシップについてのガイダンスを与えておらず,29%はICMJEの基準に,14%は他のガイドラインに従うよう指示を出し,14%はオーサーが原稿に承認を与えることだけを求めている,とされる(Wager 2007).しかしいずれにしても,これらガイドラインの多くにおいては,オーサーシップを与えるか否かの判断に関しては,実務的で技術的な貢献よりもむしろ,知的で創造的な貢献に対してより大きな価値が置かれているといえる.例えば,2003年以前のICMJE基準では,研究のデザインや,分析や解釈に重要な貢献をした者のみがオーサーに加えられるとし,「データ取得への寄与」についてはオーサーシップ付与のための要素として認知されていなかった(松井2016).この点については2004年改訂の際に修正が加えられたが,しかしそれでもなお,原稿の内容への知的な寄与がなければオーサーにはなれないとされている.

2.1 ICMJEのオーサーシップ要件

　ICMJEがオーサーシップについての規定を最初に設けたのは,「生物医学雑誌への統一投稿規定(Uniform Requirements for Manuscripts Submitted to Biomedical Journals)」の1988年改訂版においてであり,当初提示されたオーサーの要件とは以下の三点をいずれも満たすことであった:
【第一要件】基本構想及びデザインへの十分な寄与,もしくは,データの解析及び解釈への十分な

寄与；及び，【第二要件】当該論文の原稿執筆，もしくは，当該論文の重要な知的内容についての批判的校閲への十分な寄与；及び，【第三要件】公表版論文について最終的な承認を与えること．その後，2004年改訂の際に，第一要件に関して「データ取得」への寄与という要素が加えられ，さらに以下に述べるように2013年に大きな改訂が行われた．また，その際にタイトルも「統一投稿規定」から「推奨」（Recommendations for the Conduct, Reporting, Editing, and Publication of Scholarly Work in Medical Journals）に変更され，その後も小さな改訂を経て現在の2016年版に至っている（ICMJE 2016）．

ICMJEオーサーシップ要件には，2013年改訂の際に，特に重要な変更が二点加えられた（松井2016）．第一点目は「論文（the article）」から「研究（the work）」への変更である．この変更に伴って，各オーサーシップ要件には本質的な変化が生じることとなった．すなわち，従来オーサーは個別の論文のみに責任を負うに留まっていたのに対して，2013年改訂以降は，個別の論文を含めた研究全体に対してもオーサーは責任を負うことが求められるようになっている．さらに変更の第二点目として，新たに第四要件となる「論文の任意の箇所の正確性や誠実さについて疑義が指摘された際，調査が適正に行われ疑義が解決されることを保証するため，研究のあらゆる側面について説明できることに同意していること」が追加された．こうした対応の背後には，研究不正の問題を，本来それとは異なる問題であるオーサーシップ要件を厳格化することによって抑止し，規制しようとする狙いがあった（Stephenson 2013）．

また，このICMJEオーサーシップ要件は，現在では，医科学研究のみならず他の自然科学および一部の人文・社会科学へも拡張的に適用されており，国内外における各学会の倫理規定や投稿規定において参照されるものになっている．特にわが国では，日本学術振興会が編集した『科学の健全な発展のために——誠実な科学者の心得——』において，このICMJE基準2013年改訂版が示す四要件がそのまま採用されており，分野を問わずオーサーとなる者は以下の全ての要件を満たすことが求められている．

【第一要件】　研究の構想・デザインや，データの取得・分析・解釈に実質的に寄与していること
【第二要件】　論文の草稿執筆や重要な専門的内容について重要な校閲を行っていること
【第三要件】　出版原稿の最終版を承認していること
【第四要件】　論文の任意の箇所の正確性や誠実さについて疑義が指摘された際，調査が適正に行われ疑義が解決されることを保証するため，研究のあらゆる側面について説明できることに同意していること

ICMJE基準では，オーサーとして名前を挙げられる全ての者は，上記四要件の全てを満たすべきであり，逆に，四要件全てを満たす者はオーサーとして同定されるべきである，とされる．その一方で，ICMJEは，四要件のいずれか一つでも欠けている者は，「貢献者」（contributors）として「謝辞」（acknowledgement）のなかで名前を挙げられるまでに留めるべきとし，オーサーに相当しない貢献の例として，資金獲得，研究グループの監督や運営支援，論文執筆の補助，技術的な編集作業，言語的な編集作業，校正を挙げている．

ICMJE基準を簡単に整理すると，現在のICMJEオーサーシップ要件のもとでは，オーサーは研究に参加し（第一要件「研究参加」），原稿の内容に関与し（第二要件「原稿の執筆」），出版される原稿を承認し（第三要件「原稿の承認」），研究のあらゆる面について説明責任を負う者（第四要件「説明責任」）でなくてはならない．

これら要件はいずれも，クレジットするに値する者に対してオーサーの身分を与えることを意図しており，したがってその身分を与えられた者は，研究全体に責任を持つことになる（ICMJE 2016）．またICMJEは，これら四要件に加えて，研究を統括する研究者は誰がオーサーシップ要件を満たすかについて責任を持つ必要があり，理想的には研究計画の段階で誰がオーサーシップ要件を満たすかを決めておかなければならない，と述べている（Ibid.）．さらに，オーサーとなった者は，自分自身の行った役割と内容について説明出来ることに加えて，各共著者がそれぞれ責任を持つ部分について特定可能であることが求められるとともに，各共著者が行った貢献の公正性（integrity）についてもオーサーは確信をもつ必要があるとしている（Ibid.）．

2.2 ICMJEオーサーシップ要件への批判

ICMJEのオーサーシップ要件に対しては，これまでに多くの批判がある．第一に，研究組織の中で立場の弱い者が，オーサーシップの認定に際して不当な扱いを受けやすいという問題がある．例えば製薬会社の社員は，通常，医学研究者に比べると弱い立場にあるため，どれほど研究に貢献していたとしても「非著者の貢献者」（non-author contributor）としての身分しか与えられない場合があり得る（Gøtzsche, Hróbjartsson, Johansen, Haahr, Altman, Chan 2007）．これは言い換えれば，ICMJEオーサーシップ要件では，実際になされた貢献を適切に扱えないばかりでなく，「ゴースト・オーサーシップ」の助長に繋がるおそれがある，ということである（Matheson 2008; Sismondo 2007; Matheson 2011）．

第二に，実際に草稿を書いただけでは，オーサーに加えられないというのは不当ではないか，という批判がある（Jacobs, Carpenter, Donnelly, Klapproth, Gertel, Hall et al. 2005）．この批判の焦点は，書くことそれ自体はそもそも知的な営みであり，書くことによって内容に対して知的貢献がなされるのではないか，という点にあり（DeBakey and DeBakey 1995），書くことの貢献をどのように評価するかという，ICMJEの第二要件「原稿作成」と深く関係する問題を提起している．

第三に，ICMJEのオーサーシップ要件は，特に若手研究者などの短期雇用の研究者にとって不利であり，不適当であるという批判がある（Newman and Jones 2006；松井 2016）．例えば長期にわたるコホート疫学研究では，契約期間中に研究が終了しないことも多いが，そうした短期雇用の研究者は研究の最終承認が出来ず，したがってオーサーになれない場合が生じるだろう．また，そうした長期にわたる研究や，あるいは大規模な研究の場合に，その研究過程の一部にある期間だけ携わった研究者が当該研究のあらゆる面について説明責任を負うことは実際上極めて困難である．これらは，ICMJEの第三要件「原稿の承認」や第四要件「説明責任」と複雑に関係する問題であり，研究者における雇用契約の在り方等を含めた検討が必要になってくる問題である．

第四の批判として，ICMJEのオーサーシップ要件は，オーサーの順序を考慮していない，すなわち，「アカデミック・フロントローディング」（重要なオーサーを「前に並べる」こと）に関する指示がないために，貢献の度合いを表すことができない，という基準の不備を指摘するものがある（Matheson 2011; Ross, Hill, Egilman, and Krumholz 2008）．

その他にも，オーサーシップそのものに対する代案提示として，オーサーシップからコントリビューションシップへと置き換えていくべきである，という主張もある（Rennie, Yank and Emanuel 1997; Smith 1997; Smith 2012; Fotion and Conrad 1984; Resnick 1997）．ただし，ICMJEは，謝辞に貢献者の貢献内容を載せることを推奨する形で，不十分ながらもこの提案を緩やかに受容していると解釈することもできる．また，ICMJEのオーサーシップ要件はアカデミア内で研究公正の重要性が認識されるようになったことの影響でオーサーシップを制限するために使われてお

誰をオーサーにするべきか？ 81

り，重要な貢献者がオーサーになれないのではないかという批判もある（Matheson 2016）.

　以上，ICMJE のオーサーシップ要件に対するこれら数々の批判の根底には，程度の差はあれ，学術的貢献を正当かつ公正に評価することを可能とするような評価体制や，その基盤となる概念構造が依然存在していないことに原因があるといえるだろう.

3. 考察：「オリジナリティー」の分野特性を踏まえた自律的オーサーシップの提案

　第 3 節では，学術的貢献を正当かつ公正に評価するための基盤となる概念構造とはどのようなものであるかについて考察する. 本稿の主張を先取りして述べると，「オリジナリティー」についての分野特性を踏まえたうえでの自律的なオーサーシップの付与，という在り方が，学術的貢献を正当かつ公正に評価可能とする，ということになる.

　そもそも「オーサー」（author）が本来的に何を意味するかについて再考するところから議論を始めたい. オーサーという言葉は，「創造者」（creator）や「創始者」（originator）を意味するラテン語 “auctor” から古期フランス語を経て現在の形になったとされている（Claxton 2005b）. さらに遡ると，“auctor” は「創始すること」（to originate）を意味する “augere” に由来しているとされることから，オーサーとは，新しいものを創り出す者を指す言葉であった. 文学やジャーナリズムの仕事は，もともとその殆どが一人で行う仕事であるため，オーサーは書く行為と創造性が本質的に不可分のものとして直接結びついていた概念と言える（Wager 2009）. 一方で，“authority” という言葉も “augere” に起源を持つ言葉であるとされている（Claxton 2005b）. したがって，オーサーは，(a)「創始者」（originators），(b)「権利を持つ者」（authorities）の両方の意味を元来持っていると理解することが出来る.

3.1　「創始者」（originator）概念の解釈：オリジナリティーの分野特性

　「オーサー」という概念が持つ (a)「創始者」（originator）の意味は，学術的貢献という文脈において再解釈するならば，「オリジナリティー」（originality）を生み出す者と捉えることが出来るだろう. 作家のオリヴァー・サックスは文学におけるオリジナルな創造性を以下のように定義している（サックス 2001，304）.

> 創造性にはきわめて個人的なものという特徴があり，強固なアイデンティティ，個人的スタイルがあって，それが才能に反映され，溶けあって，個人的な身体とかたちになる. この意味で，創造性とは創りだすこと，既存のものの見方を打ち破り，想像の領域で自由に羽ばたき，心のなかで完全な世界を何度も創りかえ，しかもそれをつねに批判的な内なる目で監視することをさす.

　作家・翻訳家の村上春樹は，オリバー・サックスのオリジナルな創造性の定義を引用したうえで，特定の表現者を「オリジナルである」と呼ぶためには以下のような条件が満たされなくてはいけないとしている（村上 2014，99–100）.

（1）　ほかの表現者とは明らかに異なる，独自のスタイル（サウンドなり文体なりフォルムなり色彩なり）を有している. ちょっと見れば（聴けば）その人の表現だと（おおむね）瞬時に理解できなくてはならない.

（2） そのスタイルを，自らの力でヴァージョン・アップできなくてはならない．時間の経過とともにそのスタイルは成長していく．いつまでも同じ場所に留まっていることはできない．そういう自発的・内在的な自己革新力を有している．

（3） その独自なスタイルは時間の経過とともにスタンダード化し，人々のサイキに吸収され，価値判断基準の一部として取り込まれていかなくてはならない．あるいは後世の表現者の豊かな引用源とならなくてはならない．

　サックスの定義と村上の定義を整理すると，村上の定義の第一要件と第二要件がサックスの見解に対応し，第三要件が加えられている点で，村上の見解の方がより豊かであると言える．村上によるオリジナリティーの定義の第三要件に関しては，村上自身が「何がオリジナルで，何がオリジナルでないか，その判断は，作品を受け取る人々＝読者と，『然るべく経過された時間』との共同作業に一任するしかありません」（Ibid. 102）と述べるように，読者からの評価といった作品の外在的性質によるものであり，近年の文学理論における読者論（読者が作品を構成する）などの考えとも親和性があるだろう．他方で，第一要件および第二要件からは，芸術・文学・音楽における表現のオリジナリティーが，表現そのものに内包され立ち現れる種類のものであると解釈される．より踏み込んだ解釈を行うならば，芸術・文学・音楽における表現のオリジナリティーは，作者自身の魂やアイデンティティに深く関わるような内在的（internal）なものであると表すことも出来るだろう．そのため，そこでの剽窃等の行為は，作者が作品に込めた内在的価値を損なうという意味で「不正」と見なされることになるといえよう．

　一方，医科学研究を含む自然科学系論文におけるオリジナリティーは，芸術・文学・音楽のように作者個人と不可分な表現それ自体に内在するというよりはむしろ，先行研究と照らしたときの研究方法や研究結果の新規性に置かれている．あるいは，引用数やその研究が持つ学術的・社会経済的インパクトといった外在的性質によって研究のオリジナリティーが評価される．すなわち，自然科学におけるオリジナリティーは，「先行研究にはない新規性」を有し，かつ，「時間の経過とともにスタンダード化し，後世の研究者の豊かな引用源となる」ことに見いだされると言うことができるだろう．そのため，自然科学においてオーサーの身分が与えられる者は，論文作成にあたってその文章表現に貢献した者だけでなく，先行研究と照らしたときの研究方法や研究結果の新規性を生み出すことに寄与をした者ということになる．

　しかしながら，自然科学研究においても内在的価値はしばしば重要である．例えば，山中伸弥などのiPS細胞に関する研究者にとってiPS細胞研究は研究者自身のアイデンティティの一部になっており（山中 2012），また，それぞれのラボで行われる一連の研究にストーリー性が見られることが人類学や社会学などの分野において重要視されていることを踏まえると（Suzuki 2015），自然科学研究が持つストーリー性は内在的価値を持つことになる．

　このように，芸術・文学・音楽といった人文系作品におけるオリジナリティーと自然科学系論文におけるオリジナリティーは，同じ「オリジナリティー」という語を用いつつも，それぞれが内在的価値と外在的価値のどちらをどれほど重視するかという点において大きな違いがある．つまり，芸術・文学・音楽といった人文系作品は内在的価値をより重視し，一方，自然科学研究は外在的価値をより重視するといえる（表1）．

表1　オリジナリティーの分野特性の整理

	人文系作品におけるオリジナリティー	自然科学研究におけるオリジナリティー
内在的価値	作者自身の魂，作者のアイデンティティ	研究者のアイデンティティ
		研究のストーリー性
外在的価値	読者・鑑賞者からの評価	先行研究と照らしたときの研究方法や研究結果の新規性
		引用数やその研究が持つ学術的・社会経済的インパクト

3.2　「権利を持つ者」（authorities）概念の解釈：自律的なオーサーシップ

「オーサー」概念が含む二つ目の意味である(b)「権利を持つ者」（authorities）を学術的貢献の文脈において解釈するならば，「クレジット」（credit）されている者，功績が認められている者，と言い換えることが出来るだろう．例えば映画においてもエンド・クレジットで名前が挙げられることを通して，それぞれの貢献内容における功績が認められ称えられる．しかし同時に，エンド・クレジットに名前が挙げられるということは，各貢献部分について一定の責任を担っていることが表明されるということでもある．それと同様に，研究においてオーサーに名を連ねることは，功績を認められると同時に，責任を一定担う主体であることを自ら受け入れることを意味する（Claxton 2005a）．

このオーサーが担うべき責任に関して，ICMJEのオーサーシップ第四要件「説明責任」は，クレジットと責任が表裏一体の関係にあることを非常に強く求めており，クレジットされる者全てに対して「研究のあらゆる側面」についての説明責任を個々に負わせようとする．確かに，この非常に厳格な基準を採用することは，研究不正の抑止という観点からは有効であるかもしれない（山崎 2007）．しかしその一方で，実際に貢献したにも関わらず全ての仕事に説明責任を負えない者はオーサーに入ることができないというような「オーサーシップを巡る搾取」を招くことになり，そのことによって，研究者のやる気や自律性（autonomy）が削がれるに留まらず，「責任ある研究」という健全な営みがかえって阻害される危険性がある（なお，ここでいう「自律性」とは，「意図的に，理解を持って，行為を決定する支配的影響なしに行為すること」（Beauchamp and Childress 1989）を指すものとする）．

さらに言えば，ICMJEの第四要件が加えられた際の動機にあったような，研究不正の問題を，本来それとは異なる問題であるオーサーシップ要件を厳格化することによって抑止し，規制しようとする試みは，結局のところ，米国研究公正局が90年代に行った「規制強化」が失敗に終わったのと同じ轍を踏むことになることが危惧される[1]．したがって，その時に広く言われたことと同様に，現代科学におけるオーサーシップの在り方を考えるうえで必要なのは，要件の厳格化や規制の強化ではなく，「責任ある研究者」となるよう環境を整え，責任ある研究者に求められる心構えや価値観について教育・啓発していくことしかないのではないだろうか（科学倫理検討委員会 2007）．他者や規制当局などの外部から命ぜられるからといって単純にそれらに従うのではなく，自由に自己選択するといった自律性を尊重する体制を整える必要がある．現在のICMJE基準の第四要件は，研究者を単に手段としてのみ扱い，研究不正防止という目的に従属させて扱うことを含意している．しかし，「誰をオーサーにするべきか」についての判断において最も重要な役割を果たすものは，研究責任者をはじめとする研究グループ全体であり，オーサーシップの判断自体はそ

の裁量に任せる（自律性を尊重する）ほかないことであろう．現在のICMJEのオーサーシップ要件は，そうした研究者全体の自律性を考慮しておらず，少なくともその点で不十分であると思われる．

　以上の考察から，われわれは，「各共著者を選んだ理由と研究への貢献内容を説明できる限りにおいて，研究責任者をはじめとする研究者自らの意思によって自由に共著者を選ぶことができる」という，〈自由に伴う責任を負う〉形の自律的なオーサーシップの在り方を提案したい．すなわち，筆頭著者と研究責任者が，それぞれの共著者の貢献内容について適切に説明できる限りにおいて，誰が共著者であるのかを決めてよい，ということになる．但しその場合の条件としては，潜在的に共著者となりうる人々が集まり，それぞれが自分自身の貢献を正当に主張し，その上で，それぞれが互いを共著者として相互に承認し合うことが求められる．こうした在り方においては，研究全体の説明責任を負う者は筆頭著者と研究責任者であり，筆頭著者と研究責任者から選ばれる他の共著者一人一人がそれを負うことまでは要求されない．こうした在り方を採用した場合，科学領域の別にかかわらず，場合によっては研究に直接関与していないが間接的に一定の貢献をした者がオーサーに入る余地が残され，実際に貢献した者を正当に評価することが出来るだろう．とりわけ多数の研究者の協働によってはじめて成立する自然科学研究においては，外在的性質から成るオリジナリティーを生み出す過程に寄与した全ての者が，門前払いを受けることなく，正当に「オーサー」の身分を付与され得る潜在的地位を与えられることは，科学の自由で健全な発展にとって重要な前提となる．

　さらに，本提案では，責任ある研究者としての「自律性」に信頼を置くと同時に責任を持たせるという基準を設けており，それによって，ICMJEのオーサーシップ基準を定めた一部の者によってトップダウン的に与えられた制度やルールを無批判に遵守するだけで，思考停止に陥っている研究者の現状を見直すことにも繋がるだろう．無論，この方法に基づくオーサーシップ付与の判断では研究不正自体を抑止することはできないかもしれず，かつての状態に回帰するだけであるとの批判もあるかもしれない．また，オーサーシップの認定が研究者の恣意に任せられることになるという懸念も引き起こすだろう．しかし，これらの問題については，筆頭著者と研究責任者に対して，オーサーとして認められている共同研究者が研究に対して具体的にどのような貢献をしたのかを明らかにし，またその貢献事項に対して，すべての共同研究者が承認を与えていることを説明する責任を負わせることで解決可能でもあるように思われる．

　社会が本来求めているのは研究不正の抑止ではなく「責任ある研究者」であって，倫理的な観点に立ちそれぞれの状況においてどのような配慮が可能か／最善かを自ら熟慮し実行に移すことが出来るような，自律的な研究者の育成である．自律的な研究者が増えることは，制度やルールを無批判に遵守するだけで思考停止に陥っている研究者に対して，ロールモデルが増えるという点でも良い影響を与え得るものとなるだろう．個人研究であれ，共同研究であれ，研究は，それぞれの研究者にとって，「作品」としての内在的価値をもつ．作品としての研究がもつ内在的価値は，その研究を行なった研究グループと不可分であり，また，それぞれの研究者にとってのその作品の価値は，研究者が果たした実質的貢献に対応することになる．このような研究への貢献を通じて，各研究者と研究は，不可分な仕方で結びつく．したがって，ICMJE基準のように，ある研究者が，研究において自分が貢献したわけではない側面に対しても同等の説明責任を負わない限り，オーサーとしての研究への貢献が承認されない，というオーサーシップ規定の在り方は不当なものであるといえよう．ある研究がもつ内在的価値の創造に，誰がどのように貢献したのかは，あくまでもその研究に参加した者同士が相互にその貢献内容を承認することによって初めて規定し得るものである．なお，最後に，以上の議論を簡単に整理しておきたい（表2）．

誰をオーサーにするべきか？　85

表2　オーサーシップの在り方の整理

	ICMJEオーサーシップ規定 （ICMJE 2016）	自律的オーサーシップ認定 （菅原・松井　2017）
内　　容	【第一要件】　研究の構想・デザインや，データの取得・分析・解釈に実質的に寄与していること 【第二要件】　論文の草稿執筆や重要な専門的内容について重要な校閲を行っていること 【第三要件】　出版原稿の最終版を承認していること 【第四要件】　論文の任意の箇所の正確性や誠実さについて疑義が指摘された際，調査が適正に行われ疑義が解決されることを保証するため，研究のあらゆる側面について説明できることに同意していること	筆頭著者と研究責任者が，それぞれの共著者の貢献内容について適切に説明できる限りにおいて，誰が共著者であるのかを決めてよい．他方で，潜在的には共著者となりうる人々が集まり，それぞれが自分自身の貢献を正当に主張し，その上で，それぞれが互いを共著者として相互承認できる限りにおいて，その人たちが自分たちをオーサーと決めてよい．
メリット	ギフト・オーサーシップの防止	分野特性の考慮，研究者の自律性の獲得，学術的貢献を正当かつ公正に評価することを可能とするような評価体制と，その基盤となる概念構造が存在すること
デメリット	分野特性への無配慮，研究者の自律性の喪失，学術的貢献を正当かつ公正に評価することを可能とするような評価体制や，その基盤となる概念構造が存在していないこと	規制を緩め，研究者の自律性に委ねるため，研究不正を防止する構造を持たない
配慮する不公正	ギフト・オーサーシップ	「オーサーシップを巡る搾取」（ゴースト・オーサーシップなど）

4．結論

　本稿では，オーサーの本来的意味やオーサーが負うべき責任を再考することを通して，「オリジナリティー」の分野特性を考慮した自律的なオーサーシップの在り方こそが学術的貢献を正当に評価するうえで重要であり，科学の自由で健全な発展にとって必要であると主張した．とりわけ，現在多くの学術雑誌が参照しているICMJEオーサーシップ要件では「オーサーシップを巡る搾取」（ゴースト・オーサーシップなど）を招くこと，また，研究不正の防止にも繋がらないことを指摘した．そのうえで，責任ある研究の遂行を実現させるためには「各共著者を選んだ理由と研究への貢献内容を説明できる限りにおいて，研究責任者をはじめとする研究者自らの意思によって自由に共著者を選ぶことができる」といった〈自由に伴う責任を負う〉形の自律的なオーサーシップの在り方を提案した．「責任ある研究者」となるよう環境を整え，責任ある研究者に求められる心構えや価値観について教育・啓発していくことが重要である．なお，本提案は概念的な議論に止まっており，ここで提案したオーサーシップの在り方が具体的にどのような形で実際の制度の中で実現されるかの検討や，より具体的な分野別のオーサーシップの検討（数学系／物理系／化学系／生物系／心理系／情報系／工学系／社会学系／言語系／哲学系など）については，今後の検討課題としたい．

謝辞

　本研究は平成二七年度科学研究費補助金（基盤研究（A）「研究倫理の質向上，機能強化，支援促進のための共有・共通基盤の整備に関する研究」（15H2518，研究代表者：松井健志）），及び循環器病研究開発費（H25-5-1）の支援のもとで行われた．また，閲読者二名からは論文の内容を改良するうえで大変重要なコメントを数多く頂いた．

■注

　1）ORIは取り締まりを強化し，各機関に対しても厳格な対応を課したが，研究不正の数はかえって増加した．さらに，研究不正に対する事後的対応ではコスト・ベネフィットの観点からも効率が悪いことが明らかとなったこと等をうけて，ORIはそれまでの取り締まりの役割から，教育をマネージする役割へとシフトすることになった（Steneck and Bulger 2007; Kumar. 2010）

■文献

American Chemical Society. 2015: "Ethical Guidelines to Publication of Chemical Research."

American Statistical Association. 2016: "Ethical Guidelines for Statistical Practice."

Beauchamp, T.L. and Childress, J.F. 1989: *Principles of Biomedical Ethics*, Oxford University Press.

Broad, W. and Wade, N. 1982: *Betrayers of the Truth – Fraud and Deceit in the Halls of Science*. A TOUCHSTONE Book

Claxton, L.D. 2005a: "Scientific Authorship: Part 1. A Window into Scientific Fraud?," *Mutation Research*, 589, 17-30.

Claxton, L.D. 2005b: "Scientific Authorship: Part 2. History, Recurring Issues, Practices, and Guidelines," *Mutation Research*, 589, 31-45.

Committee on Publication Ethics. 2011. "Code of Conduct and Best Practice Guidelines for Journal Editors."

Danish Committees on Scientific Dishonesty. 2009: "Guidelines for Good Scientific Practice."

DeBakey, L. and DeBakey, S. 1995: "Ghostwriters: Not Always What They Appear," *JAMA*, 274, 870-1.

Fotion, N. and Conrad, C.C. 1984: "Authorship and Other Credits," *Annals of Internal Medicine*, 100, 592-4.

Gøtzsche, P.C., Hróbjartsson, A., Johansen, H.K., Haahr, M.T., Altman, D.G., Chan, A. W. 2007: "Ghost Authorship in Industry-Initiated Randomised Trials," *PLoS Medicine*, 4(1), e19.

International Committee of Medical Journal Editors. 1988: "Uniform Requirements for Manuscripts Submitted to Biomedical Journals," *BMJ*, 296, 401-5.

International Committee of Medical Journal Editors. 2016: "Recommendations for the Conduct, Reporting, Editing, and Publication of Scholarly Work in Medical Journals."

Jacobs, A., Carpenter, J., Donnelly, J., Klapproth, J. F., Gertel, A., Hall, G. et al. 2005: "The Involvement of Professional Medical Writers in Medical Publications: Results of a Delphi Study," *Current Medical Research and Opinion*, 21, 311-16.

Kumar, M.N. 2010: "A Theoretical Comparison of the Models of Prevention of Research Misconduct," *Accountability in Research*, 17(2), 51-66.

Lock, S., Wells, F., and Farthing, M., eds. 2001: *Fraud and Misconduct in Biomedical Research*, Third Edition. BMJ Books.

Matheson, A. 2008: "Corporate Science and the Husbandry of Scientific and Medical Knowledge by the Pharmaceutical Industry," *BioSocieties*, 3, 355-82.

Matheson, A. 2011: How Industry Uses the ICMJE Guidelines to Manipulate Authorship—And How They Should be Revised. *PLoS Medicine*, 8, p.e1001072.

Matheson, A. 2016: "The ICMJE Recommendations and Pharmaceutical Marketing—Strengths, Weaknesses and the Unsolved Problem of Attribution in Publication Ethics," *BMC Medical Ethics*, 17 (20), 1–10.

NIH Committee on Science Conduct and Ethics. 2016: "Guidelines for the Conduct of Research in the Intramural Research Programs at NIH."

Newman, A. and Jones, R. 2006: "Authorship of Research Papers: Ethical and Professional Issues for Short Term Researchers," *Journal of Medical Ethics*, 32, 420–3.

Nicholas H. Steneck, N.H. and Bulger, R.E. 2007: "The History, Purpose, and Future of Instruction in the Responsible Conduct of Research," *Academic Medicine*, 82(9), 824–34.

Office of Science and Technology Policy in the Executive Office of the President. 2000: "Federal Policy on Research Misconduct."

Rennie, D. 2010: "Integrity in Scientific Publishing," *Health Services Research*, 45: 885–96.

Rennie, D., Yank, V. and Emanuel, L. 1997: "When Authorship Fails. A Proposal to Make Contributors Accountable," *JAMA*, 278, 579–85.

Resnick, D.B. 1997: "A Proposal for a New System of Credit Allocation in Science," *Science and Engineering Ethics*, 3, 237–43.

Ross, J.S., Hill, K.P., Egilman, D.S., and Krumholz, H.M. 2008: "Guest Authorship and Ghostwriting in Publications Related to Rofecoxib: A Case Study of Industry Documents from Rofecoxib Litigation," *JAMA*, 299, 1800–12.

Sismondo, S. 2007. "Ghost Management: How Much of the Medical Literature is Shaped Behind the Scenes by the Pharmaceutical Industry?," *PLoS Medicine*, 4, e286.

Sacks, O. 1995: *An Anthropologist on Mars*, Alfred A. Knopf; 吉田利子訳『火星の人類学者』ハヤカワ文庫, 2001.

Smith, R. 1997: "Authorship: Time for a Paradigm Shift?," *BMJ*, 313, 992.

Smith, R. 2012: "Let's Simply Scrap Authorship and Move to Contributorship," *BMJ*, 344, e157

Steneck, N.H. 2007: *ORI: Introduction to the Responsible Conduct of Research*. U.S. Department of Health and Human Services.

Suzuki, W. 2015: "The Care of the Cell: Onomatopoeia and Embodiment in the Stem Cell Laboratory," *NatureCulture*, 3, 87–105.

Stephenson, J. 2013: "ICMJE: All Authors of Medical Journal Articles Have 'Responsibility to Stand by the Integrity of the Entire Work'," *JAMA*, 310(12), 1216.

Wager, E. 2009: "Recognition, Reward and Responsibility: Why the Authorship of Scientific Papers Matters," *Maturitas*, 62, 109–12.

科学倫理検討委員会編 2007：『科学を志す人々へ：不正を起こさないために』　化学同人．

日本学術振興会「科学の健全な発展のために」編集委員会 2015：『科学の健全な発展のために――誠実な科学者の心得――』．丸善出版．

松井健志 2016：「多施設共同コホート研究のために特に検討が必要な事項」．『新学術領域研究（研究領域提案型）計画研究 2010 ～ 15 年度「がん研究分野の特性等を踏まえた支援活動〈コホート研究ELSI研究班〉報告書」』．

村上春樹 2014：『職業としての小説家』　新潮文庫．

山崎茂明 2007：『パブリッシュ・オア・ペリッシュ：科学者の発表倫理』　みすず書房．

山中伸弥 2012：『山中伸弥先生に，人生とiPS細胞について聞いてみた』　講談社．

Research Note ■Journal of Science and Technology Studies, No. 14 (2017)■

Who Should be an Author?: A Proposal of an Autonomy-based Authorship Standard Considering Varied Disciplinary Features for Originality

SUGAWARA, Yuki [*1], MATSUI, Kenji [*2]

Abstract

"Who should be an author?" is controversial in the scenes of scientific practices where many scientists collaborate and publish articles together. The International Committee of Medical Journal Editors (ICMJE) publishes recommendations that set ethical and editorial standards for academic publication including authorship, and those ICMJE's authorship standards are now adopted in most leading medical journals as well as many scientific journals of other disciplines. Against those standards, however, there are also many criticisms such that they do not consider fair evaluation of academic contribution, and they make fragile the institutional and conceptional basis of authorship. We therefore examine the original meaning of author and responsibility of author, and then propose another authorship standard relying upon autonomy of researchers that takes into consideration varied disciplinary features for originality.

Keywords: Authorship, ICMJE, Originality, Autonomy, Responsible conduct of research

---

Received: July 23, 2017; Accepted in final form: August 18, 2017

[*1] Specially Appointed Assistant Professor; Center for the Study of Co* Design, Osaka University, sugawara@cscd.osaka-u.ac.jp

[*2] Head; Department of Research Ethics and Bioethics, National Cerebral and Cardiovascular Center; kjmatsui@ncvc.go.jp

短報

研究公正のための利益相反対応へ向けて

尾内　隆之[*]

要　旨

　研究公正を確かなものとするために利益相反マネジメントは欠かせない．ところが，日本ではルール整備等の具体的な対応が始まってまだ間もなく，研究者の利益相反に対する理解も十分に浸透していないように見える．製薬企業との利害関係の影響が疑われる研究不正問題や，それに対する社会の不信感を受けて，産学連携研究においては利益相反マネジメントが進んできたが，ほかに科学的助言における利益相反も重要な論点であり，対応が課題となっている．本稿では，研究をめぐる利益相反が軽視されてきた原因について，利益相反に関する言説および実際の問題事例をもとに考察し，私的利益と公的利益とがしばしば混同され，融解してきた実態を明らかにする．その上で，適切な利益相反マネジメントのためには，情報開示と個人の倫理観に依拠するだけでは不十分であり，研究に関わる組織や制度など，構造的な面から対策を構築していくことが不可欠であると指摘する．

1．はじめに：利益相反問題への「感度」

　「利益相反」は今日，研究倫理の教科書等で必ず取り上げられる．ただし補足的な論点として扱われることが多いようだ．研究そのものではなく研究と社会との関わりで生じる問題であるため，それも不当な扱いではないが，利益相反が実際に研究自体の不正につながりうるのは事実である．何よりも，研究者がいかなる利害関係を抱えているかは，社会から見ればむしろ入り口にある問題ではないか[1]．非専門家が専門家を評価する場合，専門性以外の要素も鍵になるからこそ，両者の関係は信用や信頼によって語られる．利益相反とは元々，専門性に依拠した職務を遂行する者と，彼らを信頼して利益を託す者との間に生じる問題を言うから，研究者が利益相反を問われる時代の到来は必然と言ってよい．

　利益相反は，弁護士や投資コンサルタントのように顧客の利害そのものを代理する専門職において，古くから問われてきた[2]．それに比べて，科学研究では1990年代からの産学連携の展開を受けて対応が始まったばかりだが，日本でも本稿で見るいくつかの「事件」を機に，特に臨床医学研

2017年7月3日受付　2017年8月18日掲載決定
[*]流通経済大学法学部，准教授，taka.onai@gmail.com

究では徐々に本格化している．さらに"3.11"以降，公共政策等への科学的助言についても利益相反が問われるようになった．日本学術会議は「科学者の行動規範」を2013年1月25日付で改訂し，利益相反に留意しつつ対応すべき科学者の行為に「科学的助言」を加えた（「Ⅳ 法令の遵守など，（利益相反）16」）[3]．これは，福島第一原発事故の一つの要因に，原発の安全対策を担ってきた専門家の利益相反があるとの認識に基づくものであろう．

とはいえ，科学研究に関する利益相反の議論には，いまだ検討の余地が少なくない．教科書的には，科学研究を進める上で利益相反は排除できないものであり，適切な情報開示と研究者の高い倫理観によって対応していかねばならないと説明される．筆者もその主張を誤りとは言わないが，それで十分であろうか．例えば，原子力安全委員会の委員が事業者からの寄付や研究助成の形で利害関係を持つことが福島第一原発事故後に報道された際，彼らは「寄付は受けたが便宜はいっさい図っていない」，「専門の立場から中立な意見を述べてきた」と弁明し，そこには利益相反への認識の欠如が伺えた[4]．報道も彼らの言い分を伝えるにとどまり，社会的議論の広がりも見られない[5]．研究者のみならず社会も含めて，科学研究における利益相反への「感度」を高め，問題への理解を広げることが求められる．

そこで本稿では，利益相反のそもそもの定義から，研究者の認識の実態，それを踏まえて考えうる対応について，根本から検討したい．その際，産学連携研究のみならず，科学的助言における利益相反も重視する．一見すると利害関係が希薄そうに見える科学的助言も，公共政策を左右して社会全体に影響を及ぼす点でより深刻な問題になりうるし，両者は共通する課題も抱えており，双方を視野に入れて考えることが「研究公正」を見通す上でも有益と思われる．

2. 「科学者であること」と利益相反

「利益相反」の概念は，イギリスの封建社会に始まる「信託法」で用いられ，発展して来た歴史を持つ．「信託」とは，典型的には遺産管理や後見制度のように，自らの財産を信頼できる他者に託し，保存・運用を任せるものである．財産を預けられた「受託者」はそれを流用，横領することも可能であり，その誘惑が生じるため，信託法は一般の契約関係に比べて格段に厳しい義務を受託者に課す．「委託者」の利益に反するような利害関係を持つこと自体の一定の禁止さえ含まれ，それが「利益相反行為禁止のルール」と呼ばれる．こうした厳しさの理由は，両者の関係が対等な契約ではなく，ある特殊な地位と能力を有する者への「信認」によって成り立つからである（以上，三瀬 2007: 25-7）．

Merriam-Webster's Collegiate Dictionary も利益相反を「信任に基づく地位にある者の職務上の責務と，私的な諸利益との衝突（a conflict between the private interests and the official responsibilities of a person in a position of trust）」と説明しており，やはり「信認・信託 trust」にともなう「地位 position」が，利益相反状態の根本にあるとわかる．この点を科学者と結びつけるために，やや迂遠な議論を試みたい．

ある地位への就任が生む利益相反状態と言えば，ドナルド・トランプ氏の例が想起される．トランプ氏は米国で指折りのビジネスマンであり，それゆえ彼が連邦政府の行政権を握ることが利益相反に当たると指摘された．国民全体の代表である大統領が，自分のビジネスに好都合な方向へ公共政策を歪めるのではないか，との懸念である．大統領がもっぱらそのように政策決定するなら，確かに重大な問題である．しかし，政策で彼のビジネスが潤ったとしても，それは結果論であり，国民全体の利益を考えたものだと彼は主張するだろう．

大統領の決定は全体の利益の実現なのか，それとも私益への誘導なのか．これは結局のところ明確に線引きできない．それでも，彼は民主政治の手続きを通して選ばれ，かつ問題を起こせば地位を（いずれ）失うことを前提に，裁量の正当性を与えられる．そこで全体の利益と私的利益との衝突をある程度は許容せざるをえないのは，代表制民主政治の宿命である．ただし，そこには「信託法」の構造との違いもある．アメリカ信託法は，委託者が認めれば利益相反を一切問わないとする免責を可能としているが（三瀬 2007: 329），大統領の「委託者」は国民という複数の多様な存在であり，そうした「免責」は現実的には認め難い[6]．少なくとも情報開示や兼職禁止などの外形的な対応は必須となる．

さて，科学者についてはどうだろうか．科学者は，地位そのものを左右されるという意味での民主的統制の対象ではないから，地位のみに拠る正当性というものはない．むしろ，自主・自立・独立の存在であることをあえて保障されるところに，学問の自由と発展が生まれる．ゆえに科学者の正当性の源泉は，地位それ自体というより科学の営為における客観性や手続きを遵守することにあり，利益相反状態において科学者が守るべき責務responsibilityが広義には「マートンの規範」をも含むとするマックーン（MacCoun 2007: 235）の指摘は，正鵠を射ている．

科学者は，地位に伴う重要な責務を負いつつ，社会の信託に応えてさまざまな活動を担っているが，これまで当の科学者自身のみならず社会も，利益相反への意識が欠けていたと筆者は考えている．その原因も，科学者の社会的地位に由来しているだろう．市民と科学者との「信認関係」は間接的で，結びつきは双方にとって希薄である．また，産学連携研究や科学的助言に関して，「受益者」はともかく「委託者」を自覚する市民は少ないだろう．委託者は社会全体なのか，資金を提供する企業なのか，それとも政府当局か．そうした状況に，科学は社会全体の利益に資するという素朴な肯定感が加われば，「科学者の責務違背」という発想が希薄になっても不思議はないからである．

3. 利益相反の定義を問いなおす：日本の現状から

3.1 利益相反はどう説明されているか

現在では日本でも，省庁や学協会が利益相反に関する指針を定め，周知に当たっており，教科書やハンドブックも充実してきた．初めに，それらの指針や議論において，利益相反がどのように定義され，説明されているかを見てみたい．

利益相反概念の伝統的な理解を踏まえると，米国アカデミー（2010: 73）の示す下記の説明がそれに最も近く，かつ最もコンパクトなものであろう．

利益相反という言葉は，研究者の利害が専門的判断と抵触するような状況のことを意味する．これは，研究者が「専門的判断」において科学の手続きの公正さと客観性を守ることを「責務」とする，という前提に立っている．同様の例としては，「厚生労働科学研究における利益相反（Conflict of Interest：COI）の管理に関する指針」[7]が挙げられる．

COIとは，具体的には，外部との経済的な利益関係等によって，公的研究で必要とされる公正かつ適正な判断が損なわれる，又は損なわれるのではないかと第三者から懸念が表明されかねない事態をいう．

公正かつ適正な判断が妨げられた状態としては，データの改ざん，特定企業の優遇，研究を中止すべきであるのに継続する等の状態が考えられる．

文中の「外部との経済的な利益関係」について同指針は，

研究者が，自分が所属し研究を実施する機関以外の機関との間で給与等を受け取るなどの関係

を持つことをいう.「給与等」には,(中略)何らかの金銭的価値を持つものはこれに含まれる.
と解説しており,それが研究者の私的利益を意味していることがわかる.

　「研究者の利害（私的利益）と責務との衝突」という形での利益相反の定義が,前節で確認した伝統的な定義と同じ構造で問題を捉えている一方で,それとは異なるタイプの説明も多く目にされる.日本医学会の利益相反ポリシーを見ると,以下のように厚労省指針とは異なる形で定義している.すなわち研究者にとっては,

　　一方において（中略）資金及び利益提供者である製薬企業などに対する義務が発生し,（中略）他
　　方においては被験者の生命の安全,人権擁護をはかる職業上の義務が存在します.同一人にお
　　けるこのような2つの義務の存在は,単に形式的のみならず,時には実質的にも相反し,対立
　　する場面が生じます.1人の研究者をめぐって発生するこのような義務の衝突,利害関係の対
　　立・抵触関係がいわゆるConflicts Of Interest（COI：利益相反と和訳されている）と呼ばれる
　　状態です[8].

と述べ,私的利益とは別に存在する「複数の利益の間の相反」という構図をとる.上の部分には研究者の私的利益が含まれていないが,つづけて,

　　資金提供者の利益のために,またさらに自分の利益維持のために研究の方法,データの解析,
　　結果の解釈を歪めるようなことが,絶対あってはならないし,社会的にも許されない行為と言
　　えます[9].

として,私的利益が科学的判断を損ねる（可能性がある）ことに言及し,研究者の行為の何が問題となるかを明確にしている.同様に「利益」どうしの衝突という定義をしつつ,やや異なる説明となっている例として,日本ウィルス学会の「利益相反指針」を見てみると,

　　医学研究を進めるにあたって,社会に還元するべき研究成果等の公的な利益と産学連携活動に
　　より得られる個人の利益が,同時に生ずることを意味しており,医学研究を進める以上,利益
　　相反状態はなんらかの形で存在する.利益相反状態が存在することそのものに問題はないが,
　　産学連携活動により得られる個人の利益が,研究の質や学会活動に影響を及ぼし,結果,患者
　　や社会に還元すべき公的な利益が損なわれることが万一あれば大きな問題である[10].

としており,「個人の利益」を明示しつつ,私的利益と「公的な利益」との衝突として利益相反を定義する.同指針では,利益相反管理の不徹底から「研究データの信頼性に深刻な疑義が生じる事例が近年報告され」たと指摘しており,明らかに「バルサルタン事件」を念頭に,専門的判断における責務を強調している.

　このように見てくると,利益相反の定義の仕方には,大きく二つの方向性があると言えそうである（もちろん両者を取り入れた説明もありうる）.すなわち,

① 　先述した「信託」と同様に,conflictを当該主体における（本来守るべき利益に対する）責務と
　　私的利益の衝突として定義するもの.
② 　研究者が関わる複数の利益どうしの間にconflictがある,とする形で説明するもの.このタイ
　　プの説明は,「相反」という訳語（の理解）を重視しているように思われる[11].

　さまざまな指針類における説明の違いは,念頭におく研究の性格と研究倫理上の重点の違い,対象研究者の違いを反映しているに過ぎず,同じことを述べていると見ることもできる.しかし本稿では,発信者の意図よりも,読み手がどのように理解するかという観点から考察したい.既に述べたように,研究者や社会の「感度」をいかに涵養するかが重要と考えるからである.

3.2 「利益」と「責務」

利益相反への対応が産学連携とともに進んできたことを踏まえて，まず上記の②のタイプから検討してみよう．臨床医学研究を例に利益相反のあり様を俯瞰してみると，研究者をめぐって典型的には三つの義務（ないし利益）が発生する．すなわち「資金提供者に対する義務」，「患者の利益を守る義務」，「科学的客観性を確保しつつ研究を進める義務」であり，それらどうしの衝突もありうるし，また利益相反の本来的定義からすれば，それらと研究者の私的利益との関係にも目を向ける必要がある．

この複雑な構造を見通しよく理解するのは容易ではなく，より概括的に「主たる利益に関する専門的判断が二次的な利益によって影響を受けかねない状況」（井上 2015: 166）と整理することも珍しくない．しかし，わかりやすくシンプルな定義はそれはそれで好ましいものの，直面する現実を捉える際には課題も生じる．例えば，複数の利益の間で何が「主たる利益」であり，何が「二次的な利益」であるかは，任意に決めて良いものではないし，すべての利益が対等の関係にあるのでもない．特に患者の利益はそもそも医学的判断と衝突する可能性があるため，専門家に対して弱い立場にある患者の権利と自己決定の確保という責務との兼ね合いが（産学連携研究でなくとも）問題となる．現代医療の流れでは，患者の利益はいかなるケースでも最優先となることを疑う余地はなさそうである[12]．

そこに企業の資金提供による「義務」が加わるとどうか．井上（2015: 164）は，「研究資金の提供元に配慮するあまり，患者・研究対象者への配慮や研究の誠実な実施がおろそかにされたり，不当にゆがめられたりした事例」を踏まえて，利益相反への対応の重要性を訴える．では，その「配慮」によって「主たる利益」を損なう場合，研究者に働いている動機は何かと問うと，「資金提供者への義務」が研究者自身の業績上の利益と重なっていることに気づく．利益相反の定義において「義務の対立」を強調することは，それが存在しなければ利益相反もないとの誤読を招くのではないか．

例として「バルサルタン事件」の経緯を見てみよう．この事例では，直接的には製薬企業元社員によるデータの不正操作が中心的問題であったが，それを許した研究者にも利益相反上のさまざまな問題があった．大学の研究責任者はいずれも新たに主任教授として着任したばかりで，この研究を通して新設講座の「結束を強化したい」と考え，奨学寄付金については「自由に使える研究費が欲しかった」という[13]．傘下の病院で治験データの収集に当たった医師の証言では，データの提出数が少ないと主任教授から厳しく叱責され，その医師自身も，医局人事で厚遇を得たいとの思惑からデータを不正に書き換えていた[14]．ここに見られるのは，いわゆる「医局制度」の弊害としてしばしば指摘される状態でもある．

研究グループを構成するメンバーには，立場に応じてそれぞれに私的利益を追求することがありうるし，動機が金銭的利益とは限らないことも見て取れる．しかもその「研究成果」は，資金を提供した製薬企業が市場競争に勝つため切望していたものである．私的利益は，研究者が属する組織や人間関係とも関わりながら，利益相反の構成要素となっている．

したがって，やはり前述①のように「責務」に基づく利益相反の定義を示し，私的利益を明確に位置づけるべきである．利益相反が倫理問題である以上，主体としての研究者の振る舞いについて規範を示すことは不可欠であり，「マートンの規範」に言及するマックーンの指摘も，そのことを意味している[15]．実質的な利益相反マネジメントとは，研究者が責務上，私的利益の追求を断念すべき場面では，断念させる力を働かせるものでなければならないからである．

3.3 「公／私」区分の融解

ところが，私的利益を組み込んでいない説明は他にも見受けられる．黒木（2016: 176-8）は利益相反を，「公益に貢献するという医師としての社会的な責務と，製薬企業のために何らかの貢献が期待されている立場とが並存している」状態と説明する．これも（研究者自身の外部にある）複数の利益の衝突という形の定義だが，同書の説明は私的利益の要素に一切触れていない点が特徴であり，簡明さを指向した新書とはいえやや疑問が残る．

一つの解釈としては，「公益」を強調して利益相反を考えることに落とし穴があると考えられる．同書の定義は産学連携研究を念頭に置いているので，ここで思考実験として，産学連携研究の理想形を思い描いてみよう．そこでは，研究計画で設定されたスケジュールや手順どおりに研究が順調に進展し，目標が達成されることが研究者にとって最善の姿となる．その場合，研究者は自身の業績，地位，名誉なども手に入れ，同時に資金提供者の目的も実現され，他方で，その成果により社会的・公的な貢献を成し遂げる．こうして三つの「利益」が期待通りに確保されることこそ，産学連携研究の理想形である．だが実際には，望ましいデータがそろわない，計画通りに進行しないなど，試行錯誤が伴うものであろう．そうした過程で研究者の意識に焦りが生じ，目標とする成果の「理想的」な実現が無意識のうちに前提されたりすると，さまざまな判断の歪みが生じるのではなかろうか．

例えば，米国の臨床研究レビュー結果の分析に，企業が資金提供していない臨床試験の成果報告ではポジティブデータが全体の5割であったのに対し，企業が資金提供した臨床試験の場合，約9割が試験対象（医薬品など）に関するポジティブなデータになっていたという報告がある（Bourgeoisほか 2010）．他方で，先述の厚労省薬事・食品衛生審議会の利益相反対応に関連して実施された研究調査によると，製薬会社から奨学寄付等を受けると各種判断に「バイアスが生じる」と回答した研究者は，全体の2割であった[16]．日米の違いを超えてこの二つの結果を短絡はできないものの，両者の割合の乖離は非常に興味深い．

そこには，通例指摘される「無自覚なバイアス」に加え，自分の判断は客観的で中立であるいう思い込みが伺える．加えて言えば，こうした思い込みは，目標の実現という成果から逆算してデータを見るという転倒が起きていることの一つの証左として解釈できないだろうか．「異なる義務」はいつのまにか両立していることになり，達成されるはずの公的成果を前に私的利益を不問に付すことになれば，それは外部から見ると公／私の区分が融解してしまった状態である．

すでに触れた原発の安全規制における利益相反においても，同様の問題が存在する．福島第一原発事故時の原子力安全委員会に参画していた89人のうち，委員長を含む24人が原子力関連の企業・団体から寄付（奨学寄附金）を受け取っており，その中立性を疑問視する報道が出たのは2012年であった[17]．事故を受けて開かれていた原子力委員会の新大綱策定会議でも，3人の委員が同様の寄附金を受けており，「原発事故後も安全を強調」といった見出しとともに報じられた．取材を受けた研究者らは一様に，「便宜はいっさい図っていない」「安全審査にはまったく影響しない」「中立な意見を述べてきた」等の弁明をしており，彼らの認識には私的利益というものへの自覚が伺えない．

確かに，奨学寄附金は（形式上は）大学等で公的に管理され，リスク評価や規制指針の策定は「公」に仕える任務であり，両者をつなぐ彼らの研究も，政策の円滑な推進という公共の利益のためのものと見ることは可能である．しかも，ここでは私的利益との衝突が想定される「受益者の信託に応える責務」の理解も難しい．「受益者」が「国民」なのか，それとも政府として理解するかによって，公的利益の解釈は分かれることになる．

有本・佐藤・松尾（2015: 46）は科学的助言をめぐる利益相反を，「公正に判断するという公的な利益と（略）金銭的な支援を受けるという個人的な利益とが相反してしまい，適切に責任を果たすこ

とができなくなる，あるいはそのように関係者から受け止められてしまう状況」と定義するが，研究者があらかじめ自らを「公益」の側にいると前提してしまうと自己省察は働かなくなり，実際には利害関係のハブであるはずの研究者が，無色透明な存在にされる．こうして，科学的助言における利益相反では「公益」がマジックワードとして機能してきたと考えられる．つまり，本来あるはずの「公共の利益とは何か」との問いが不在になることで，やはり公／私区分の融解が起きている．

　　実際，問題となった奨学寄附金は，「バルサルタン事件」を機に臨床医学研究では厳しい管理の対象となったが[18]，そうした動向も原子力の分野には反映されていない．公的利益が大きいから私的利益が免責される，あるいは，公的利益が損なわれさえしなければよいと関係者が考えているのだろうか．しかし，そうした論理は，「公的利益」の中身が一義的に自明な場合でしか成り立たない．福島第一原発事故を通じて広がった「公共の利益」を問う声を無視して，事業者や政府とゴールを同じくする研究者が，公的に委嘱されているから自分の評価は客観的だと立論しても，それは同語反復であり実質的意味をなさない[19]．

　　こうした事態を見ると，金森（2014）が，「マートンの規範」における「公有性communalism」が「公益性」とは微妙に異なる点に注意を促していることは重要である．マートンの「公有性」とは，知識は科学者共同体全員のものだという意味だが，それがそのまま「公益性」すなわち社会全体のものを意味するかどうかは，実はその「公益性」という異なる規範が付け加わって初めて判断できる．科学的知識が公益性を持つと自明視してしまうことが，両者の差異を見えなくしているのであり（金森 2014: 58），利益相反を問うことは，その差異を可視化し，何が公益かをあらためて社会の議題とすることなのである．

4.　私益が公益を乗っ取る？——公的組織の利益相反

　　公／私の区分は実際のところ一義的には線引きできないが，公私を区分する意識の欠如は，公的利益に対する私的利益の優越をももたらすようである．

　　製薬企業と医療現場との関係には欧米では厳しい目が向けられており，学会や臨床現場に影響力を持つ医師，すなわち「キー・オピニオン・リーダー」は「独立した専門家なのか，それとも変装した製薬企業担当者なのか」と問われている（Moynihan 2008: 1402）．他方，日本では製薬企業のMR（Medical Representative；医薬情報担当者）による医師への営業は常識とされており[20]，企業主催の講演会で医師がその企業の医薬品について話すことも日常的である（前川 2015）．「バルサルタン事件」では，そうした医師と製薬企業の関係も疑問視された．バルサルタンの臨床研究に疑問が指摘されたことを受けて製造元企業が出した新聞広告では，日本高血圧学会の幹部が座談会という形で研究の不備を否定し，有効性をあらためて訴えていたからである．専門的評価と「宣伝」のグレーゾーンにあるこうした行為は，科学的助言における利益相反の一種として注意すべきである．仮に金銭的利益相反がなかったとしても，科学的論争が起きた商品の広告に専門家が登場するのは，社会から疑惑を持たれても当然であろう．しかも，この医師らは学会名を背負って発言しており，公共の組織としての学協会による利益相反とも見られかねない．

　　それでも上記の例は「宣伝」という私的行為にとどまっており，より深刻なのは，学協会が公的な法規制等に影響を及ぼす場合である[21]．例えば，原発の津波対策に重大な欠陥をもたらして福島第一原発事故後に批判の的となった，土木学会の下部組織がそれに当たる．

　　土木学会原子力土木委員会に専門調査委員会の一つとして設置された津波評価部会は，1999年から2001年に「原子力発電所の津波評価技術」をとりまとめた．その津波高の想定は，補正係数

（安全率）を低く抑え，想定地震の範囲や規模も小さくしており，その結果，電力会社の負担は非常に軽くなった．問題はこの部会の費用を電力会社が負担し，メンバーの過半が電力会社とその関連組織に所属していたことであり，民間技術基準を取り入れる際の原子力安全・保安院の要件も満たしていなかった．にもかかわらず，その提言は原子力安全・保安院も承認する形で原発の津波評価の事実上の基準として利用されてきた[22]．他方で学会は，福島第一原発事故後，この評価は単に最新の知見動向をまとめたものであり，事業者に使用を義務付けたものではないとコメントした．学会という公共性の高い組織でありながら，実際には電力会社が審議を仕切り，「学会の顔」と学術的知見の特性をうまく使いながら責任の所在を曖昧にしている（添田 2014: 39-40）[23]．

民間機関の策定した規格を行政規制に活用する方式は，2000年代以降，事業者の要望もあって原子力安全・保安院が積極的に進めてきた．現在の「新規制基準」も，民間規格や学協会規格を活用するとしている[24]．確かにこの手法は，専門性の高い問題では一概に不適当とは言えず，最新の知見を機動的に反映することを可能する点などを長所として評価することはできる．しかし，原子力規制委員会の審議でも，学協会規格の策定に原子力事業関係者が多く参加している点が懸念されていたように，民間規格を「用いることの正当化と法律上の位置づけが明確ではないため，その民主的正統性も合わせて問われる」（下山 2016: 16）．内容の合理性をより確かなものとするためにも，「少なくとも外形上の公平性と透明性や参加などを通じてそれを担保すること」（同前: 17）が必要であり，ここには当然に利益相反マネジメントも含まれる．その点への配慮なしに民間規格を法規制に結びつけることは，いわば「私益が公益を乗っ取る」ことになりかねず，現実に津波対策ではそうした結果を招いたのである．

5. 不確実性と価値選択の影響

日本疫学会は2017年3月に，学会ジャーナルの論文受理ルールとして，たばこ産業の資金で行われた研究を排除するという「新しい方針」を決定した．同学会は，たばこ産業が「科学的証拠が蓄積する過程において」「組織的かつ戦略的な干渉，不正，歪曲をしてきたこと」を指摘し，「科学的態度に反することを認めた上であえて，たばこ産業から資金提供を受けた投稿論文を受理しない決定をした根拠」は，「たばこ産業が（中略）科学や学術活動を装ってその健康被害に関する誤った認識を広めてきた」からだと厳しく批判した[25]．たばこ産業は，科学の不確実性を逆手にとって自己に不利な研究に疑義を突きつけ，覆すことを絶えず試みてきたのである（コリンズ 2017: 13）．

ここでは，専門的な知見や判断の歪みをもたらす原因として，前項までで見たような組織・制度上の問題のほかに，科学的知見の不確実性を検討しておきたい．これは科学的知見の利用を考える上でより根本的な課題であるし，それゆえに，たばこ産業のような意図的行為に限らずに影響をもたらしうるからである．例えば，2008年に起きたインフルエンザ治療薬「タミフル」の安全性評価をめぐる利益相反問題も，不確実性が関わっている例である．

周知のように，タミフル服用後の異常行動による患者の死亡等が薬剤の副作用との関連が問題とされたこの事例では，その因果関係の検討に参加していた研究者らに，タミフルの販売元企業から多額の奨学寄附金が支払われており，因果関係に否定的な意見を出したそれらの研究者に疑問の目が向けられた．国会審議でも取り上げられてスキャンダルとなったため，これを機に，厚労省薬事・食品衛生審議会薬事分科会では利益相反状態にある研究者の参加を制限するなどのルールづくりが進んだ[26]．とはいえ，肝心のタミフルについては，一定のリスクがあることを踏まえて，より注意深く投与・観察するという対応に落ち着いたことから見ても，利益相反問題を生み出したのがそ

の不確実性にあったことは間違いない.

　言い換えれば, 不確実性の存在が, 意図的なものであるか否かに関わらず生じうる専門的判断のバイアスを, 正当化するための余地を提供しているということである. 反対に, 原子力安全規制では不確実性の問題を封じるために, 利益相反が生じてきたと言える[27].

　もっとも, 原子力規制委員会の発足後は利益相反ルールの運用と情報開示も行われている. ただし, その変化の中で新しい事態が生じたことが重要である. 原子力規制委員会のリスク評価は, 旧体制に比べれば透明性・客観性が向上しているが, そこで起きているのが「科学対科学」とも言える論争状況である. 顕著な事例としては, 科学的評価の難しい「活断層評価」を挙げられる. 規制委員会による時間をかけた慎重な断層評価に対して, 事業者や関係団体から「非科学的」「規制委員会の暴走」などという批判が出ており, 科学的根拠とは何かをめぐる争いになっているのである (尾内 2014).

　根本には, 扱っている問題の不確実性と多義性の高さがあり, 安全性評価に何らかの価値選択が入り込まざるをえないという事情があるが, この点はむしろ利益相反マネジメントの重要性を高めることになろう. 判断対象が不確実で多様な性格を強く持っているほど, それを扱う専門家を社会が見る際に, 利益相反のような専門性以外の要素に頼る面が強くなる. しかも原子力規制委員会では, 専門家の選任プロセスが旧体制に比べて特に改善されたとも言えない[28]. 専門家の人選も不確実性を前にした価値選択の一つとなる以上, その利益相反マネジメントには依然として改善の余地がある.

　産学連携研究も, 不確実性の中での価値選択という問題と無縁ではない. また, 産学連携研究では利益相反関係を「避けられない」ことは確かだが, そのこと自体が, 産学連携の推進という政策選択の帰結である点も忘れてはならない. もちろんそれは個々の研究者による選択ではないが, 少なからぬ研究者に間違いなく利益を提供する. いったん選択された政策は, 公的利益を実現するものとして自明視されがちとなる. 産学連携研究は確かに社会に有益な成果も生むだろう. しかし同時に, リスクをはじめとする社会的課題をも新たに生み出しており, その評価や検討にさらなる専門的判断が求められ, さらなる問題の不確実性や多様性が発生しうるから, 利益相反対応を「副産物」扱いして軽視すると, 科学研究への信頼を著しく損なうことになりかねないのである.

6. 利益相反への対応を再考する

6.1 利益相反の根本課題

　ここまでの検討を踏まえて, 利益相反への対応をあらためて考えたい. 現在広く見られる対応策では, 各機関等の策定した指針等をもとに, 研究者個人の情報の自発的な申告・開示と, 機関による審査・管理が求められ, あわせて高い倫理観の保持を呼びかけるのが一般的である. ただし, 本稿の検討から見えてきた課題は, そうした教科書的対応の有効性を改めて問うことである.

　例えば, 日本疫学会の「新しい方針」が, 「たばこ産業による科学への干渉, 歪曲, 不正が, COIの開示や通常の査読プロセスでは検出できない形で行われている」ことへの対応である点は重大である. この事例を例外的と見る向きもあろうが, 形式的な利益相反開示では不正を排除できない可能性を示すものには違いない. また, 特許制度により科学的データが企業秘密となる医薬品開発に関して, 利益相反は「唯一生き残った批判」の手段となるものの, 表面的な利益相反批判は, 問題の原因がもっぱら研究者にある印象を与えてしまい, 「ずっと根の深い事実を見過ごさせ」るという指摘もある (ヒーリー 2015: 407).

クリムスキー(2006: 238)は，「利益相反は禁止・防止されるものではなく微妙に管理されるべきものだという前提を受け入れること」は危険であり，政府の資金によって中立的な研究活動を確保すべきだと訴える．リスク評価など公共政策への科学的助言でも，利益相反を持たない研究者の関与が可能であればそれが理想的であり，日本疫学会のように(特定の)利益相反の排除に踏み込むことも一つの選択肢であろう．「助成金，受託研究，委員会による任命の誘因体系が，いろいろな利益を持つ企業家的科学者に報酬を与えないようにして，利益相反の人物が委員になることが日常的でなく例外的になるようにするときに初めて，この悪循環を断ち切ることができる」(クリムスキー2006: 236)．

　他方で，ボック(Derek Bok, Bok 2004: 143-5)のように，「この団体との関係は良くて，この関係は好ましくない」という規則は「言論の自由」に反するとして，利益相反関係の開示で十分とする主張もある．確かに，利益相反を排除した上でなお研究活動や科学的助言が適切に成立するかは難しい課題であり，通例は「利益相反をすべて排除しようとすることは現実的に困難であるだけでなく，また有益でもない」と説かれる(有本ほか2016: 46)．特定の問題について深い知見を有する研究者は，最も通じているからこそ企業と金銭的に結びついているというわけである(同前)．あるいは，「原子力コミュニティは小さい．寄付があれば委員になれないなら，なり手がいなくなる」[29]といった具合に，専門分野が細分化した今日，利益相反の排除は有用な科学的知見の入手に支障が出かねないという意見も強い．

　それゆえ一般に，「利益相反に関わる判断にもバランスを求められる」(同前)という結論へと至る．だが，「バランスがとれている」のはどのような状態を言うのか．「バランス」をとるにはどのような方法を用いるのか．そもそも適切な人材を確保できないならば，当該技術や政策を「モラトリアム」とするのが筋ではないのか．こうした疑問に，利益相反を抱えながら(繰り返すがそれがあらかじめ「悪」なのではない)，科学的助言等の活動に参画している研究者は，どう答えるのだろうか．

　「バランスをとる」とは，多様な立場や知見の存在を前提とする．他方，原子力工学のように研究予算を国の政策に依存し，それを学んだ人材は関連企業へと就職するといった「密接な産学官連携状態で，市民に対して中立な意見が得られるかは極めて疑問である」(宮田2013: 229)．それゆえ社会に提示された知見や成果は，関与する研究者の多様性，多元性を確保することによって相対化される必要がある．すなわち，バイアスを取り除く効果を期待できるようなプロセスが，的確な知見の統合に最も肝要であり，同時に利益相反マネジメントにも寄与すると思われる．産学連携研究においても科学的助言においても，利益相反対応の最重要目的とは(意図せざるものも含めた)バイアスのコントロールだからである．

　その意味では，先述のクリムスキー(2006)のように公的資金による研究の中立性に期待を寄せることは，同書の訳者である宮田由紀夫が「訳者あとがき」で指摘するとおり楽観的すぎるだろう．政府の政策そのものが研究成果の評価にとって決して小さくないバイアスとなるのは，ここまで見た事例からも明白である．一方で，民間の領域にはより深刻な問題もあり，企業自身が自ら非営利財団や研究所，学会など，一見すると企業とは無関係に見える組織をつくり，科学的知見にバイアスをかけようとする．それらの活動を吟味し，相対化できる社会的しくみも不可欠である．

　さらに，よりマクロな視点からも同様の方向性が導かれる．先述の土木学会津波評価部会の利益相反について，新谷(2015: 22-5)は組織風土や組織への忠誠心といった日本人と日本社会に特有の意識の影響を指摘し，その論証に数々の「日本人論」を引いている．新谷の指摘は頷けるし，それが根幹的な問題である可能性は否定しない．だが，その因果関係の実証は困難であるし，組織風土や日本人の意識に変革を求めるならば，実現性という点でも難を抱えるように思われる．利益相反

行為が社会文化的要因によるものであるなら，（新谷自身がそうしているように）情報開示とマネジメント・ルールの徹底を説いても，むしろまだ足りないであろう．

　かくして，研究体制の編成ルールや意思決定プロセス，第三者による種々の審査のあり方，組織と政府・社会との関係を見直すことが，より実効的な課題として浮かび上がる．また，社会の目に応える意味でも一層の透明性が求められる．それは利益相反問題を，個々の研究者や所属機関の責任にとどめずに，多くの当事者の多元的な関わりの中でとらえることでもある．

6.2　利益相反への構造的対応

　前項で見えてきた方向性についてさらに考えるために，ペルキー（Pielke 2007）による科学的助言者の機能の類型化を参照してみたい[30]．

　ペルキーは科学的助言者の性格を，「民主主義観」と「科学観」の二つの軸を用いて4つの類型に分類した．民主主義観の軸では「マディソン型」と「シャットシュナイダー型」に，科学観の軸では「リニア・モデル」と「ステークホルダー・モデル」に分けられる．このうち，単純に優れた科学的知見が優れた政策を導くと考えるリニア・モデルは，科学の不確実性を適切に扱いえないため本稿の関心から外れる．原子力安全規制における利益相反は，「リニア・モデル」に基づく公益の独占の典型例であろう．そこで，幅広い関係者の参加を通した知見の形成を想定する「ステークホルダー・モデル」に優位性を認められ，民主主義観の軸から生じるその二類型を評価することになる．その際，ペルキーがマディソン[31]とシャットシュナイダー[32]の思想に依拠している点は，重要な意味を持っている．

　マディソンは，社会に存在する多様に分化した利益を衝突させる中で，妥協と調整が図られ，望ましい選択がなされるという民主政治観を提示した．そうした分化こそが一部の派閥による専制を防ぎ，諸個人の自由と権利が守られると考えたのである．これはのちに，多様な利益団体が公共政策をめぐって争い，政府の調停のもとで均衡すると考える多元主義の民主政治論へと展開し，そこでは自発的組織による公平な競争という自由民主主義の原理が強調された．

　しかしながら，その政治の実質は「圧力政治」であり，そこに疑問を呈したのがシャットシュナイダーであった．彼によれば，利益団体による政治とは「組織化された少数者が公衆を説得することなく公共政策を支配」し，「非民主的なものでありかつ危険なものである」（シャットシュナイダー，1962: 229）．彼は自由主義社会に生じる影響力の偏在と，公／私区分の融解を懸念し，圧力政治に対してプロフェッショナル（ここでは政党）の果たすべき役割を再評価した．ゆえにペルキーが意図したのは，社会の生の利害関係から一定の距離をもつプロフェッショナリズムの価値を，科学的助言の性格に取り入れることであろう．

　ペルキーは，シャットシュナイダー的民主主義観とステークホルダー・モデルの科学観を持つ科学的助言者の類型を，「誠実な幹旋者honest broker」と呼んで期待を寄せる．利益相反が問題となるのは，主に科学の不確実性を抱えたイシューであり，また，自由民主主義の社会において利害関係の不当な影響力を避けつつ公共的利益を守ることがそこでの課題だから，「誠実な幹旋者」は目指すべき一つの有力なモデルとなる．他方，マディソン的モデルでは，社会の諸利害をそれぞれ背負った科学者が対抗することとなり，利益相反をむしろ蔓延させる危険性をもっている．ボックが「表現の自由」のもとに重視した自由な活動も，その自由の看板のもとに実際には影響力の強い団体の意向ばかりが優先されるという事態につながることは容易に想定される．

　ただし「誠実な幹旋者」も，「ステーク（利益）」とバイアスから自由ではない．それゆえ幹旋者の「誠実」さとは，バイアスの可能性や価値観の影響を自覚しつつ知見を提供することであり，「誠

実な斡旋者」の科学的助言は，より良きコンセンサスにたどり着くための一つの材料となる．そうした「誠実な斡旋者」による集合行為が意味するのは，専門家による熟議であり，それをいかに制度的に実現するか，また熟議のために「誠実な斡旋者」が社会で活躍できる環境をいかに整えるかといった点が，次なる具体的な課題となろう[33]．言い換えれば，利益に支えられた影響力に対して「誠実な斡旋者」をいかに擁護するか，という観点を社会が具えることでもある．

　具体的な方策は今後の課題としたいが，方向性のみを簡単にスケッチしておくと，科学的助言機関における専門家の人選手続きの透明化や，審議機関の位置付けと性格の明確化，あるいは専門家によるコンセンサス会議のような取り組みも挙げられる[34]．これらがそのまま利益相反マネジメントの意味を持つことは明らかであろう．

　またこうした発想は，産学連携研究にも意義があると思われる．「バルサルタン事件」では，研究者個人の利益相反の他に，企業側の利益相反意識の欠如や，研究計画自体の不備，大学の倫理委員会の機能不全など多くの課題が指摘されているが，統計解析やデータ管理の専門家を欠くなど「インフラが未整備のまま臨床研究を走らせてしまった」（桑島 2016: 184-5）ことや，各大学の利益相反委員会で「本当に利益相反に関する審議が行われたのか疑念を抱かざるをえない」（新谷 2015: 67）ことなど，研究組織や第三者の審査体制などに抜本的な改善が求められている．関与する研究者の多様性，多元性を十分に取り入れた組織・体制によって，研究全体の状況が改善されれば，製薬企業社員が身分を隠して論文著者に名を連ねた「オーサーシップ」違反など，「バルサルタン事件」で起きたような実際的問題をも防ぐことができよう．利益相反への真摯な目配りは，研究公正に関わるさまざまな論点の手掛かりとなるのである．

7.　結びにかえて

　利益相反の議論はやはり難しい．例えばリスクに関する意思決定理論と似て，その「理論を習得しても，良い決定を生み出す万能薬を手にしたことにはならない」が，であればこそ，問題への向き合い方を表現する「言語」を手にすることが重要である（フィッシュホフ，カドヴァニー 2015: 7）．利益相反への決定的処方箋を示すことは筆者の能力を超えるが，まずは問題への理解を豊かにすることが解決策への細道に通じるとの思いから，あえて原理論的な考察にこだわった．本稿で検討した事例を極端なものと見る読者もいるかもしれないが，利益相反問題は「科学が多少なりとも〈金絡み〉のものとなった」時代の「構造悪」（金森 2015: 91）を映しており，研究者の誰しもの隣に存在すると考えるべきである．

　ところで，利益相反への厳しいチェックを「学問の自由」への侵害と捉えるならば，それは的を射ていない．利益相反への対応では，社会からのアプローチと，学問内部における自己規制との分担および協働が前提となるから，むしろ学問の自立を確保するためにもこの問題を直視し，適切な対応をたえず積み重ねることが重要である．それが引いては，研究不正対策のルールが「学問の自由」を損ねかねないほどに過剰となることを防ぎ，同時に，公共の利益に資する研究活動と科学的助言を実現することにつながるのである．

（付記）　本研究はJSPS科研費 25245014 の助成による成果の一部です．

■注

1）日本学術振興会「科学の健全な発展のために」編集委員会(2015)は,利益相反を「研究計画を立てる」(Section Ⅱ)の段階で解説しており,ひとつの見識を示すものと言えよう.

2）試みに国立国会図書館データベースで「利益相反」をキーワードに雑誌記事を検索すると,1980年代以前は科学研究に関する記事は見られない.なお,新谷(2015)にデータがまとめられている.

3）改訂版で「科学的助言」に関する規範が取り入れられたことに伴い,利益相反の項にも「科学的助言」が含められた.

4）原子力安全委員会の記事は,朝日新聞2012年1月1日付.原子力委員会の記事は,朝日新聞2012年2月6日付.

5）こうした報道だけでは,利益相反関係があるにもかかわらず,政府が選任した専門家の判断として批判的に吟味されない可能性があり,他方で,科学的助言の内容が的確であっても,利害関係者による不当な誘導があるとの憶測を招くことになりかねない.いずれにしても公共政策への科学的助言にゆがみや不信をもたらす懸念がある.

6）そもそもその「複数性」を乗り越えるための制度が選挙であり,「国民代表」という擬制であるという点は,筆者も承知の上で論じている.

7）平成20年3月31日科発第0331001号厚生科学課長決定.

8）日本医学会臨床部会利益相反委員会「日本医学会 医学研究のCOIマネージメントに関するガイドライン」Q＆A(平成23年8月現在). http://jams.med.or.jp/guideline/coi-management_qa01.html(2017年7月1日アクセス確認)

9）同前.

10）「日本ウィルス学会利益相反指針」2014年11月9日版.

11）ただし,2つの利益の場合に片方が「私的利益」を指していれば,結果的に①と大差はない.

12）アメリカの判例では,臨床研究ではないインフォームドコンセント一般においても,患者への利益相反開示を求める例が出ているという(三瀬2005)

13）高血圧症治療薬の臨床研究事案に関する検討委員会「高血圧症治療薬の臨床研究事案を踏まえた対応及び再発防止策について(報告書)（平成26年4月11日）

14）裁判での証人尋問記録にもとづく桑島(2016：125-6)の記述による.

15）米国アカデミー(2010)は,利益相反を金銭的関係のみで説明しているが,それは「契約社会」としてのアメリカの特質を反映しているか,マネジメントの限界を踏まえて意図的に限定していると思われる.一方,日本学術振興会のハンドブック(前掲注1)では,利益相反の中心が「経済的な利益」にあることを述べつつ,それ以外にも重要な「私的利益」の影響が指摘されている.例えば「研究活動に係る利益相反」として,「査読を依頼された論文が(中略)自らの研究と非常に近い競争関係にあるような内容であることが分かった場合」,「辞退すべき」と勧告しており,重要な指摘である.

16）「薬事・食品衛生審議会における「審議参加に関する遵守事項」の運用上の課題に関する研究,平成20年度総括研究報告書」(研究代表：長谷川隆一氏)による. http://mhlw-grants.niph.go.jp/niph/search/NIDD00.do?resrchNum=200838080A(厚生労働科学研究データベース)

17）前掲注4を参照.

18）「日本医学会利益相反ガイドライン」では「奨学寄付金」の申告基準を,総額200万円から100万円へ,また機関収入ベースでの申告から,研究者への実際の割り当て金額ベースへと,段階的に厳格にしてきている.

19）もちろん,政府の政策過程(専門家の人選と知見集約)のバイアスにも起因しているため,研究者だけの責任でないことは事実だが,それが研究者の利益相反を免責するのでもない.

20）米国では,製薬企業の営業活動が薬の処方を違法に誘導したと見なされれば,巨額の罰金を求められるという(朝日新聞「耕論：信頼される薬のために」2015年6月17日付).

21）放射線防護の国内規制における対応にも,利益相反を疑われる事例がある.日本の放射線防護策の科学的根拠として民間組織である国際放射線防護委員会(ICRP)の勧告があるが,福島第一原発事故の

のち，ICRP委員と日本の放射線審議会委員とを兼務する専門家が，電気事業者の資金援助によりICRP会合に参加していたことが明らかになった．日本の放射線防護策は，むしろICRP勧告の反映すら遅らせる形で緩く留められており，そこには事業者の意向が影響している（調2016）．それゆえ上記の専門家らの行為は，放射線防護策への社会の信頼を損なう可能性を含むものである．

22）原子力安全・保安院は2002年の「原子力発電施設の技術基準との性能規定化と民間規格の活用に向けて」によって，事業者による安全対策への「自主的取り組み」の意義を強調している．

23）添田（2014）によれば，この津波評価に関して「電力会社としては『標準的な津波評価手法とし定着』と言い，学会の顔をして『事業者に対する仕様を義務付けているものではない』」と主張して，責任の所在を曖昧なものにしている．

24）原子炉等規制法に基づく規制基準は多くの規則および内規からなるが，それらは求める性能水準を抽象的に定めた性能規定となっており，具体的な仕様としては民間規格や学協会規格を用いることが予定されている．

25）日本疫学会「日本疫学会機関誌*Journal of Epidemiology*のタバコ産業との関係についての新しい方針」（2017年3月25日）

26）薬事・食品衛生審議会薬事分科会は2008年3月に「審議参加に関する遵守事項」を作成し，翌2009年にはこれを受け継いだ「薬事分科会審議参加規程」を施行し，審議委員の利益相反ルールを設けている．

27）原子力安全委員の利益相反報道がタミフル問題の後である点を考えると，原子力分野における利益相反対応の甘さが際立つ．

28）川内原発周辺のカルデラ火山リスクを扱う原子力規制委員会の評価部会に火山学者らが任命された際も，2人の委員が奨学寄附金や受託研究の形で九州電力との継続的な利害関係を持つことが報じられた（東京新聞2016年3月4日付など）．研究者らは「関係は意識しない」「九電に不利なことであっても発言する」と言うが，むしろ任命手続きに疑問が持たれる．利益相反情報の開示は，委員会での正式承認の後であり，公開で行われる会合に資料が出されていない．

29）朝日新聞2012年1月1日朝刊（「寄付金 強いパイプ」）に掲載された原子力安全委員の匿名コメント．

30）日本語文献による紹介としては，佐藤ほか2015を参照．

31）マディソン（James Madison, 1751-1836）はアメリカ合衆国第4代大統領．独立後の連邦制樹立を導くマニフェストとなった『フェデラリスト』の執筆者の一人である．

32）シャットシュナイダー（Elmer E. Schattschneider, 1892-1971）はアメリカの政治学者．政党制や圧力団体の研究で知られ，アメリカ政治学会会長もつとめた．

33）公共政策の検討における専門家の熟議については，すでに各国で様々な仕組みが試みられているが，熟議モデルの有効性については必ずしも実証されていない（ナトリーほか2015）．だがここでは，利益相反マネジメントにおいては結果と同時に，あるいはそれ以上に手続きが重要となることを再確認しておく．

34）まずは政府内の科学的助言組織の人選について一層の透明化を図ることが不可欠であり，日本の場合その余地はかなり大きい．利益相反開示手続きの改善のみならず，法規制に関わる委員の人選に学会推薦や公募を取り入れることも一案である．実際，イギリスではそうした手続きが実施されており，政府から独立した任用機関（「公職任用コミッショナー」）が審議会や諮問機関の主要人事を監督している（青山・日隅2013）．

　また，審議会等のあり方も再検討できる．日本の審議会等の多くは，当事者・利害関係者の交渉の場なのか，科学的・専門的知見を統合する場なのかが混同されている．両者を単純に分割できないとしても，機能分化を意識した制度設計を図ることは利益相反マネジメントに資するだけではなく，政策への社会の納得を得ることにも有益と考えられる．

■文献

青山貞一，日隅一雄2009：『審議会革命：英国の公職任命コミッショナー制度に学ぶ』現代書館.

有本建男，佐藤靖，松尾敬子2016：『科学的助言：21世紀の科学技術と政策形成』東京大学出版会.

米国科学アカデミー 2010：池内了訳『科学者をめざす君たちへ：研究者の責任ある行動とは　第3版』化学同人，Committee on Science, Engineering, and Public Policy,National Academy of Sciences, National Academy of Engineering, and Institute of Medicine 2009：*ON BEING A SCIENTIST: A GUIDE TO RESPONSIBLE CONDUCT IN RESEARCH: Third Edition*, The National Academic Press.

ボック，デレック 2004：宮田由紀夫訳『商業化する大学』玉川大学出版部；Bok, Curtis Derek 2003: *Universities In The Marketplace: The Commercialization Of Higher Education*, Princeton University Press.

Bourgeois, Florence T., Srinivas Murthy, Kenneth D. Mandl 2010: "Outcome Reporting Among Drug Trials Registered in ClinicalTrials.gov", *Annals of Internal Medicine*, 153(3)：158-166

コリンズ，ハリー 2017：鈴木俊洋訳『我々みんなが科学の専門家なのか？』法政大学出版局；Collins, Harry 2014: *Are we all scientific experts?*, Polity.

フィッシュホフ，バルーク，ジョン・カドヴァニー 2015：中谷内一也訳『リスク：不確実性の中での意思決定』丸善出版；Fischhoff B., J. Kadvany 2011: *Risk: A Very Short Introduction*, Oxford.

ヒーリー，デイヴィッド 2015：田島治監訳，中里京子訳『ファルマゲドン：背信の医薬』みすず書房；David Healy 2012: *PHARMAGEDDON*, University of California Press.

井上悠輔 2015：「医学研究の信頼性と利益相反」神里彩子，武藤香織（編）『医学・生命科学の研究倫理ハンドブック』東京大学出版会.

金森修 2015：『科学の危機』集英社.

黒木登志夫 2016：『研究不正』中央公論新社.

桑島巌 2016：『赤い罠：ディオバン臨床研究不正事件』日本医事新報社.

クリムスキー，シェルドン 2006：宮田由紀夫訳『産学連携と科学の堕落』海鳴社；Krimsky, Sheldon 2003: *Science in Private Interest: Has the Lure of Profits Corrupted Biomedical Research?*, The Rowman & Littlefield Publishers. Inc.

MacCoun, Robert J. 2005: "Conflicts of Interest in Public Policy Research". In Don A. Moore, Daylian M.Cain, George Loewenstein, and Max H.Bazerman, *Conflicts of Interest: Challenges and Solutions in Business, Law, Medicine, and Public Policy*, Cambridge University Press.

前川平 2015：「研究倫理と利益相反」『臨床血液』56(2015)：10

三瀬朋子 2007：『医学と利益相反：アメリカから学ぶ』弘文堂.

宮田由紀夫 2013：『アメリカの産学連携と学問的誠実性』玉川大学出版部.

Moynihan R, 2008: "Key Opinion Leaders: independent experts or drug representatives in disguise?" *BMJ* 336: 1402-1403.

日本学術振興会「科学の健全な発展のために」編集委員会 2015：『科学の健全な発展のために：誠実な科学者の心得』丸善出版.

ナトリー，サンドラ・M.，イザベル・ウォルター，ヒュー・T.O.デイヴィス 2015：惣脇宏，豊浩子，籾井圭子，岩崎久美子，大槻達也訳『研究活用の政策学：社会研究とエビデンス』明石書店；Nutley, Sandra M., Isabel Walter, Huw T. O. Davies 2007: *Using Evidence: How Research Can Inform Public Services*, Policy Press.

尾内隆之 2014：「『科学的助言』の政治学」『科学』84(2)185-90，岩波書店.

Pielke, Roger A., 2007: *The Honest Broker: Making Sense of Science in Policy and Politics*, Cambridge.

シャットシュナイダー，エルマー・E.，1962：間登志夫訳『政党政治論』法律文化社；E. E. Schattschneider 1942: *Party Government*, Rinehart and Winston.

下山憲治 2016：「原子力規制の変革と課題」『環境法研究』5：1-25，信山社.

新谷由紀子 2015：『利益相反とは何か：どうすれば科学研究に対する信頼を取り戻せるのか』筑波大学出版会.

調麻佐志 2016：「ICRP勧告における放射線防護基準の変遷と我が国の対応」『科学』86(12) 1264-71，岩波書店.

添田孝史 2014：『原発と大津波：警告を葬った人々』岩波書店.

Research Note

Rethinking on the Foundation of COI Management

ONAI Takayuki *

Abstract

Management for the Conflict of Interest (COI) should be required to ensure the justice of studies. In Japan, however, the actual procedure such as creating the rules has just started, and the researchers seem not to have sufficiently understood what the COI is. On one hand, the management for the COI on industry-university joint researches has been promoted due to the research misconduct issues with suspicions raised about the impact by the interests of drug companies, and public distrust of such parties concerned. On the other hand, the COI having impact on scientific advice has also been a significant issue and its management has become a challenge. In this document, the opinions influenced by the COI and actual cases are examined, clarifying the real situation in which the private and public interests have often been confused and melt-mixed. On that basis, the insufficient measure by relying on the information disclosure and individual sense of ethics and the necessity of constructing the countermeasure on the structural aspects such as organizations and legislations regarding researches will be suggested for adequate COI management.

Keywords: Conflict of interests, University-industry collaboration, Scientific advice, Honest broker, Deliberation

Received: July 3, 2017; Accepted in final form: August 18, 2017
* Associate Professor; Faculty of Law, Ryutsu Keizai University. taka.onai@gmail.com

短報　　　　　　　　　　　　　　　　　　　　■科学技術社会論研究　第14号（2017）■

研究公正・倫理教育におけるオンライン教材の
利点と課題

東島　仁*

要　旨

　国内の研究公正・倫理教育をめぐる状況は変化の渦中にある．とりわけ顕著な動きは，「研究活動における不正行為への対応等に関するガイドライン」（文部科学省）等が発表された2014年以降，研究・教育現場における研究公正・倫理教材の需要が大きく高まったことであろう．本稿では，研究公正・倫理を扱う代表的なオンライン教材であるCITI日本版に着目し，日本の研究公正・倫理教育におけるオンライン教材の効果と課題を考察する．内容面の品質が保証されている場合，オンライン教材には，学習者側にとっては時間や場所を選ばずに受講できる点で，提供者側にとっては，多数の学習者に向けて，廉価にかつ比較的更新度合いの高い教材を提供できる点等で強みがある．ただし，研究公正・倫理教育に実効性を持たせるためには対面型の講義やメンタリング等の併用が必要があり，教育を提供する組織側による十分な教育設計や支援，そして国内における実践事例の蓄積が望まれる．さらに，研究公正・倫理教育自体の内容や教育のあり方自体に関する研究者コミュニティ内の検討と提案も重要だろう．

1．問題の所在

　研究公正・倫理教育をめぐる国内状況は，近年，大きく変わりつつある．その一因は，2014年8月に文部科学大臣によって決定された「研究活動における不正行為への対応等に関するガイドライン」（以降，新ガイドライン）等によって，大学等の教育・研究機関が，広く研究活動に携わる人々に研究公正・倫理教育を受講させるよう義務づけられたことであろう．これにより，国内の教育・研究機関等の多くは，研究支援人材や若手研究者，学部学生，大学院生等並びに指導的立場の研究者に対して研究公正・倫理教育を提供することを求められるようになり（文部科学省 2014），汎用性が高く，講師の専門性に依存せずに使用可能な研究公正・倫理教材への需要が著しく高まった．ただし研究公正・倫理は，研究分野や所属する組織，国内外の法律や規定に大きな影響を受ける．新ガイドラインの発表と前後して，利益相反マネジメントや人を対象とする医学系研究の進め方等などに関する影響力の強い指針やガイドライン等が次々と公表・改訂される等，研究公正・倫理を

2017年5月25日受付　2017年8月18日掲載決定
*山口大学国際総合科学部，jin.higashi@gmail.com

巡る国内の状況は，この数年，大きな変化に曝されている[1]．それらを適切に反映した研究公正・倫理教材は，既に研究倫理教育が義務づけられていた臨床研究等の領域を除けば，新ガイドライン出現当時，ごくわずかであった．それどころか，日本の研究公正・倫理教育はどうあるべきか，そして，どのような内容を教育に組み込むことが望ましいのかに関する合意自体が十分にできていない状況だったと考えてよいだろう（羽田・立石 2015）．このような状況に出現したのが，CITI日本版という研究公正・倫理を扱うオンライン教材である．本稿では，新ガイドラインの決定と同時期に国内における普及率を大きく伸ばし，2017年2月時点で国内の登録機関が約640機関，累積受講登録者数が47万人に上るCITI日本版（野内・東島 2017）を中心に，日本の研究公正・倫理教育におけるオンライン教材の効果と課題を考察する．

なお本稿ではオンライン教材という語でウェブを介して提供される教材を示し，オンライン教材等を活用したインタラクティブ性の高い学習環境を提供する場合をeラーニングと称す（Garrison 2017, 1–6; Mooea, Dickson-Deaneb and Galyenb 2011）．CITI日本版の作成・提供機関の公式ウェブサイトではeラーニングという記載が随所に用いられているが，後述のように1クリックで文章部分からクイズ部分に移ることが可能なCITI日本版の場合，読解にかける労力や時間，学習方法が原則として読み手に一任される点から，本稿ではオンライン教材と位置づける．

以下では，まずCITI日本版の概要を記述した後に，日本の研究公正・倫理教育におけるオンライン教材の効果と課題とを検討する．なお著者は，特定雇用教員（2013–14年度）並びに無償の外部協力教員（2015–16年度）としてCITI日本版教材の開発に関わったが，本稿中の記載は個人としての見解であり，数値等は公開資料・発表に基づいたものである．

2. CITI Japan教材とは

CITI日本版とは，研究公正・倫理に関わる内容を幅広く扱うオンライン教材である．インターネットに接続されたパーソナルコンピュータやスマートフォンなどの端末があれば，時や場所を選ばずに単純な手順で受講できる．受講者は教材部分を読了した後に，4, 5問程度のクイズへの回答を求められ，80%以上正解すれば当該教材を修了したと見なされる．

2.1 教材の使用方法

CITI日本版の使用法は極めて簡潔である．所属機関が運営機関に利用登録していれば，受講者は，インターネットにアクセス可能なパーソナルコンピュータやスマートフォンなど，自らが希望する端末からウェブサイトにアクセスし，個人IDとパスワードを入力することでログインできる．ログイン後，それぞれの所属機関等が設定した必修科目並びに自由に受講可能なオプション科目の中から，受講を希望する科目にアクセスする．表示された科目の教材画面には文章が表示されており，文章画面を下向きにスクロールしていくと，最下部にクイズ部分へのリンクボタンがある．教材部分を読了していることが前提ではあるが，リンクボタンを1クリックすると，教材の内容に対応した4, 5問程度の選択式のクイズが表示される．文章部分の下にクイズ部分が付いた2部構成は，全ての教材において共通である．クイズへの正答率が80%を超えると当該科目を修了したと見なされ，定められた科目群への正答率が80%を超えた場合に修了証が発行される．受講者の所属する組織内で管理者権限を持つ人々は，当該受講者の修了状況を管理画面等から確認することが可能である．

研究公正・倫理教育におけるオンライン教材の利点と課題　107

2.2 教材の内容

CITI日本版は，研究公正・倫理に関わる様々な教材群から構成される．代表的な教材は，研究活動に携わるすべての人を対象とする「責任ある研究行為」領域や，人間を対象とする研究に関わる人向けの「人間を対象とした研究」領域であり，2017年3月までに全8領域の教材が提供されている(野内・東島 2017)．それぞれの領域は「オーサーシップ」「インフォームド・コンセント」等，複数の個別科目から成っており，領域毎の個別科目数は領域によって異なる．

想定される受講者層は，それぞれの教材群並びに教材群を構成する個別科目の内容に応じて異なるが，「2.4 作成・提供元の組織」で述べるように，プロジェクトとしてのCITI日本版は受講者層として大学院生を設定していた(CITI Japanプロジェクト運営委員会 2016)．ただし受講した大学院生等が日々の研究活動の中で学習内容を実践していくためには，指導的立場にある教員や研究を支援する人々，共同研究先の人々や研究室の構成員等が同様の内容を理解し，実践していることが不可欠である．さらに，当該大学院生らに研究公正・倫理に関する教育を提供する人々の側が教材内容を理解していることも不可欠であることから，CITI日本版が受講者として想定する層は，基本的には，大学院生等を含む，研究実践に関わるすべての人々であったと考えて良いだろう．

2.3 米国版との関係

CITI日本版は，「2.4 作成・提供元の組織」に示すように，米国のコラボラティブ・インスティテューショナル・トレーニング・イニシアチブCollaborative Institutional Training Initiative(以降米国CITI)の教材を日本の法令や指針，文化や制度等を踏まえて国内状況に適した形に加筆修正を行ったものであり，文章と挿絵とで構成されている(CITI Japanプロジェクト運営委員会 2016)．加筆修正の程度は米国CITI版の記載内容が日本国内にどの程度当てはまるかによって異なる．つまり，日本国内の状況に特化したCITI日本版の独自科目もあれば，米国CITI版には存在するがCITI日本版では作成されていない科目も存在する．

なお米国CITIとは，教育研究機関並びに企業等の研究者等が作成した研究公正・研究倫理領域のオンライン教材を作成・提供する団体で，2016年からバイオメディカル・リサーチ・アライアンス・オブ・ニューヨーク(The Biomedical Research Alliance of New York)の一員である[2]．2000年に人を用いた研究を巡る研究倫理教材の提供元として発足した後，受講者層並びに教材の対象範囲を大幅に広げ，現在では米国外の組織を含む大学・研究機関，病院に向けて，責任ある研究行為や治験，動物実験等，多様な研究公正・研究倫理教材を提供している[3]．

2.4 作成・提供元の組織

CITI日本版は，2012年秋に発足した文部科学省 大学間連携共同教育推進事業「研究者育成の為の行動規範教育の標準化と教育システムの全国展開(以降CITI Japanプロジェクト)」という組織体による教材開発と普及，そしてNPO法人日米医学教育コンソーシアムの運営業務に基づいて提供されてきた(CITI Japanプロジェクト運営委員会 2016)．CITI Japanプロジェクトは，信州大学を代表校とする6大学による連携事業として発足した組織体である．ただし「2.5 作成・改訂の仕組みと品質保証」で述べるように，教材の作成・改訂の過程には当該プロジェクト外の研究者等の関わりも大きい．当該プロジェクトは「大学院生の教育」を主目標としており，当該目的に合致する大学等の教育研究機関は無料で受講登録が可能であり，当該機関に所属する受講者の受講は無料であった(2017年4月より有償化)．2013年3月31日以前に845人であったCITI Japanプロジェクトの受講登録者数は，2014年3月31日には1万人を，2015年3月31日には6万5千人を超え，

2016年3月31日には32万5千人以上になっている（CITI Japanプロジェクト事務局 2016）．この数値にはCITI Japanプロジェクトの対象外となる，つまり大学院生への教育等を第一目的としないCITI日本版の利用登録者数は含まれない．

教材の開発・普及を担うCITI Japanプロジェクトは2017年3月で終了した．それを受け，教材の作成・提供等を行う機関が一元化され，2017年4月以降の運営機関は，前年度に結成された公正研究推進協会となり[4]，全ての教材の受講が有償化された．本稿では2012年秋のCITI Japanプロジェクト発足から2017年3月末日までに提供された教材群をCITI日本版教材と称す．

2.5　作成・改訂の仕組みと品質保証

CITI日本版は国内状況に合致し，かつ国際標準を踏まえた教材を目指して，米国で査読を経たCITI米国版に対して国内の査読者による加筆修正と合意を受けて作成されている．教材の作成・改訂の過程では，大まかには，少なくとも3回以上，日本の国内状況や文化，制度や法律並びに指針等を反映するために加筆修正が行われる機会がある（CITI Japanプロジェクト運営委員会 2016）．具体的には，1)CITI Japanプロジェクト内部における草稿・改訂草案の作成，2)外部機関に所属する3名程度の査読者による加筆修正を受けた原稿作成，そして3)広く一般社会から教材への意見を募る意見募集手続き過程である．加筆修正の程度は，米国版が日本国内にどの程度当てはまるかどうかに依存する．なお2)の査読者とは，CITI Japanプロジェクト独自の用語であり，通常の査読とは意味合いが異なるので注意が必要である．CITI日本版の作成・改訂過程における査読者は，当該領域の専門家として，1)を経た草稿への大幅な加筆修正等を通じた原稿作成を担っている．担当科目をめぐる国内状況によっては，執筆者と同等の役割を果たすこともある．査読者等は，原則として対面式の話し合いの場（合議）で意見が分かれる点等を議論し，それらの内容に基づいて原稿の内容を決定する．そのため査読者は，当該領域における高い専門性を有し十分な研究実績を持つと運営委員会等によって判断された研究者等が担当する．査読者による加筆修正を受けた原稿は，CITI Japanプロジェクトのウェブサイト上で，原則として2週間の間，広く一般からの意見募集を受けた上で（意見聴取手続き），その結果を踏まえて運営委員会並びに査読者間の合意の下に最終版原稿として完成される．これらの手続きを経たCITI日本版は英訳され，米国CITIによる査読を受ける．A)米国独自の査読システムを経て作成された米国CITI版が元であること，そして，B)作成された日本版の英訳版が米国CITIによる査読を受けているという意味で，国際標準に達した教材と見なされる．教材の改訂過程も基本的には同様の流れで行われる．既に26教材が改訂されているが（野内・東島 2017），これは当該CITI日本版の開発・普及を担ったCITI Japanプロジェクトの運営期間が，研究公正・倫理をめぐる国内状況が大幅に変化する時期だったことを反映している．

3.　教育面におけるCITI日本版の利点と課題

これまでみてきたように，CITI日本版は新ガイドラインとほぼ同時期に作成され普及した研究公正・倫理を扱う国内向けのオンライン教材である．2017年4月の組織体制の変化に伴う有料化を受けた受講登録機関数の減少が予想されるが，少なくとも2017年2月時点では国内の研究・教育機関にもっとも広く普及している研究公正・倫理教材であったと考えてよいだろう．ただし，当該領域に馴染みのない層に向けた教育としてはオンライン教材では不十分であり，ケーススタディ等のディスカッションをはじめとする対面型授業，そして研究実践の場におけるメンタリング

を組み合わせる必要があることは繰り返し指摘されてきた(The National Academies of Sciences, Engineering, and Medicine 2017, 169–73). 例えば米国国立衛生研究所では, 研究公正・倫理教育にオンライン教材等を使用する場合には, 講義や少人数グループでのケーススタディ等を用いたディスカッションを組み合わせるよう求めており, ディスカッションに際しては研究実践において指導的立場にある研究者を交えることが望ましいとされている(National Institutes of Health 2009). このようにオンライン教材に対面型学習やメンタリングを組み合わせる理由は, 研究公正・倫理教育の目的が単なる知識の習得ではなく, 受講者の所属する組織や研究分野, アカデミックキャリアや研究実践における役割等を踏まえ, 日々の大小様々な意思決定や問題解決を高品質な研究実践につなげることであるためだろう. 以下では, これらの点について詳述する.

まずオンライン教材としてのCITI日本版の長所を整理したい. CITI米国版の公式サイトには, 当該教材の強みとして「費用対効果」「(組織や個人の教育目的に応じた)カスタマイズ性の高いコンテンツ」「多言語対応」「学習状況の管理」が挙げられている[5]. これらは, CITI日本版の場合にも基本的に当てはまるだろう(ただしCITI日本版は, 現時点では英語版と日本語版の2言語のみの対応である). この場合のカスタマイズ性とは, 各機関が自組織の受講者層に合わせて必修科目やオプション科目を自由に設定・提供できることである. また, eラーニングを「パソコンとインターネットを中心とするIT技術を活用した教育システム」と定義し, eラーニングの普及促進を目指して2001年から活動するNPO法人日本イーラーニングコンソシアムでは, 1)時と場所を選ばずに学べること, 2)講師の質の違いに学習者が影響されないこと, 3)個々の学習進捗状況に合わせて, 何度でも繰り返し学習できること, 4)理解度に合ったきめ細かな学習の設定ができること, 5)最新の内容を早く, 安価に配信できること, 6)多数の学習者に同一の教材を一律に提供できること, 7)集合研修よりも時間・間接コストが削減できることの7点をeラーニングの長所とする[6]. このうちCITI日本版に該当するのは, 2)を除く1), 3)～7)である. 2)については, CITI日本版は講義型教材ではないため, 講師不在と見なす方が適切であろう. 4)については, 参考文献等の記載が充実している, または発展版教材や関連教材が豊富な一部科目のみが該当する. 5)については, 2017年3月のプロジェクト終了前までに26種類の日本語教材が改訂される等, 国内外の状況変化に対して比較的迅速な対応が行われていたこと, そして大学院生の教育が主目的の利用であれば受講料が無料であったことや, 個別の大学・研究機関で教材を開発するよりも受講費用は安価であろうことから合致するだろう. なお今後の改定・教材作成の速度や頻度については2017年3月のプロジェクト終了後の管理・運営業務を引き継いだ公正研究推進協会次第である.

このように, 単体で用いた場合のCITI日本版の強みは, 実践場面への応用や理解を深めることではない. その点を補うものとして期待されているのが, 対面型で行うケーススタディ等のディスカッションやロールプレイ, ラボミーティング等を通した集団メンタリング等の手法である. これらを通じて, 必要な情報や選択肢を入手して倫理的な問題解決を行う力, 複雑な問題状況に適切に対応する力, 自分が置かれている環境を適切に把握して必要があれば外部に助力を求める力, 自分達の判断を唯一解とせずにより良い選択肢や解決方法を探る力, 自分の行動がもたらしうる結果を予測する力, 自分や周囲の動機を適切に判断する力, そして自分達の行動が他者に及ぼす影響を考慮する力等が身につくという[7]. 例えばメンタリングの場合, 方法面に関する議論は多いが, オンライン版教材を用いるかどうかにかかわらず, 高品質な研究実践を目指す研究公正・倫理教育の重要な1要素と見なされている(InterAcademy Council and the Global Network of Science Academies 2012, 1–6). 質の高い研究実践を行う具体的な手順や方法には, 教育課程に組み込まれていない, または明示的でないものも多い(National Institutes of Health 2009). その上, 得られ

た知識を適用すべき実践場面は多岐にわたる(日本学術振興会「科学の健全な発展のために」編集委員会 2015).研究計画の立て方や手順,データや記録の管理と保存,結果の解釈や発表方法,あるいは,それらをめぐる意思決定やリスク判断,メンターや共同研究者との良好な関係の維持等,研究実践や研究環境,そして日々の生活そのもののあり方に関わる至るところに研究公正・倫理教育から得られた知識を反映することが,高品質な研究実践の実現には欠かせない.そのため大学院生や若手研究者等は,メンター的立場の研究者から指導や助言を受け,また研究に関わる日々の交流において彼らの実践活動を目にする中で,研究実践を進める術を学んでいくという(Shamoo and Resnik 2009, 68-80).その際,指導的立場の研究者側が,研究公正・倫理教育における自らの役割を意識してふるまうことも重要である.公正かつ倫理的に妥当な研究実践を進める上で必要な知識や技能等を伝えることを念頭に,明示的かつ正確に行われることで,研究公正・倫理教育の効果が高まるとされるためである(The National Academies of Sciences, Engineering, and Medicine 2017).

なおケーススタディ等を用いたディスカッションやロールプレイ等の副次的な利点としては,次のような事柄も考えられる.例えば講義内でのディスカッション機会を通じて,研究分野や所属研究室等の壁を越えて,他の学生や研究者等と意見交換や相談が可能な関係が構築されるかもしれない.インタラクティブな学習システムを用いた学習の成否には,学習者のモチベーションや態度,学習を支援する者との関わりが大きく影響するとされており(Ardito and Costabile 2006),メンタリングやディスカッションがオンライン教材に組み合わされることによって,オンライン教材にインタラクティブな要素がもたらされ,研究公正・研究倫理に関わる学習の成果が研究実践に反映されやすくなる可能性もある.

研究公正・倫理教育へのオンライン教材の導入・使用には,組織側の支援も極めて重要である.研究不正への対応を主眼とする新ガイドラインが,適切な体制整備を研究機関等の責任と位置づけていることは周知の通りである(文部科学省 2014).オンライン教材の使用自体に関しても,例えば日本学術会議「回答-科学研究における健全性の向上について」では,対象者一人一人が自らに適した研究倫理教育を受けられるよう研究機関の責任の下にオンライン教材を積極的に活用すること,そしてオンライン教材に双方向型の教育プログラムを組み合わせるなど教育効果を高める工夫を行うこと等を挙げている(日本学術会議 2015).仮に双方向型の教育プログラム等を通じた教育効果の向上等を目指すことが難しい場合であっても,オンライン教材の導入に関し,それぞれの組織には少なくとも次のような組織的対応が望まれるだろう.極めて基本的な事柄であるが,まず,当該機関における研究・教育活動と研究公正・倫理教育全体の整合性を図り,自組織の目的に沿った教育カリキュラムを設定すること,そして導入した教材内容に対応した環境整備等を進めることである.CITI日本版のようなオンライン教材の活用に際しては,後者も非常に重要である.例えばCITI日本版は,教材の随所において,組織内の規程の内容や最新の法令指針等を受けた組織内の対応に関して所属組織等の窓口に確認することを推奨している.CITI日本版が想定する受講者の所属機関が多岐にわたること,そして,研究公正・倫理に関わる領域には,公的機関・組織等の法令や指針等が大きく影響する場合が多く,組織毎の解釈や対応が必ずしも一致しないこと,そして法令や指針等は随時変化しており,教材内に反映されているとは限らないことが理由である.このような状況は,CITI日本版のように多領域の受講者を想定する教材であれば多少なりとも一致すると思われる.教育を提供する機関等には,問い合わせ窓口等の整備や周知,研究公正・倫理の教材に登場する事項に関する規程等の明文化や情報の整備・公開が必要とされる.例えば,自機関のウェブサイト等に機関内の受講者等が必要とすることが予想される情報を分かりやすく整理して

おくこと，関連規定等を整備・翻訳しておくこと等を通じて，受講者が情報を必要とした時に容易に入手並びに利用できる状態が望まれる．特に留学生等，日本語ではなく英語や他言語に頼った情報収集を行う人々や，アカデミアにおける経験が少ない人々が手軽に情報を得，また相談先を得られる状態の整備は重要だろう．

さらに，世代や個人間の認識差に対応する仕組みの整備も必要である．例えば不適切な研究行為の代表例として挙がることの多いギフトオーサーシップ概念やゴーストオーサーシップ概念は，著者の責任や業績評価に関する議論を経て，近年，大きく注目を集めている（中村 2016; Shamoo and Resnik 2009, 68-80）[8]．CITI日本版や，同じく国内に普及していると予想されるオンライン教材「科学の健全な発展のために：誠実な科学者の心得」（https://www.netlearning.co.jp/clients/jsps/top.aspx）における扱いも大きく，国内の研究者にも急速に浸透していると考えてよいだろう．その結果，ゴーストオーサーシップやギフトオーサーシップを慣習的に行ってきた世代や分野の研究者と，アカデミックなキャリアが浅い研究者や学生の間において，ゴーストオーサーシップやギフトオーサーシップの不適切さへの認識にずれが生じ，論文を書く際などに齟齬を生む可能性がある．研究公正・倫理教育の方法やメンタリング制度等の設計を通し，指導者的立場の研究者や共同研究者となる人々とアカデミックキャリアの浅い人々，あるいは昨今の動向を取り入れる人々とそうでない人々の間で研究の実践過程で軋轢が生まれづらい仕組み構築等の組織的対応が極めて重要だろう．

4. 今後の展望

新ガイドラインによって研究公正・倫理教育が義務づけられてから3年が過ぎようとしている．国内の教育・研究機関において数多くの教育実践が生まれ（文部科学省科学技術・学術政策局人材政策課研究公正推進室 2016），教育を担う人々や教材も増加している[9]．日本の研究公正・倫理教育は，単に教育や教材を提供する段階から，実効力を見据える段階に入っていると考えるべきだろう．これまで見てきたように，研究公正・倫理教育はオンライン教材のみを用いた形では十分な効果を発揮しない．それぞれの組織内の対応・支援と合わせて，オンライン教材の使用と合わせて何をどのように行うかに関する国内における知見の蓄積と活用が強く望まれる状況であろう．それだけではない．国内の大半の研究者等に研究公正・倫理教育の受講義務が生じていることを考慮すれば，問題は山積みである．国内で必要かつ有効な研究公正・倫理教育とはどのようなものであり，どのような内容やカリキュラムをオンライン教材が担うことが適切なのだろうか．どのようなオンライン教材を，どういった双方向型教育と相補的に用いることが，どのような人々に対して有効であり，かつ実現可能なのだろうか．そのような知見は，誰がどのように蓄積し，提供していくことが望ましいのだろうか．そして誰がどのような研究公正・倫理教育のオンライン教材を作成して提供していくことが，そして，どのような人々が教育を担っていくことが適切であり，可能なのだろうか．

CITI日本版は2012年秋のプロジェクト開始以降に作成され，新ガイドライン等の国内状況の変化を受けて改訂されてきた．教材作成・改定の過程では，少なくとも3名以上の国内専門家の合意の下に作業が行われ，パブリックコメントの機能も備えていた．これらの過程は，国内の研究公正・倫理に関する合意形成や議論の場とも見なすことができる．完成した教材は，国内への急激な普及を通じ，研究公正・倫理教育に関する共通認識，少なくとも共通のたたき台を提供したと考えて良いだろう．当該教材が広く普及した現在，それらを土台に，多様な分野で研究実践に携わる研究者

等並びに研究公正・倫理教育を専門とする人々による一層の議論と改善が望まれる．社会的要請を受けて，短期間で爆発的に広まったCITI日本版の作成・普及の過程は，国内の研究コミュニティ内における高品質な研究実践を生み出し不正を発生させないシステム改善の一過程と捉えられる．例えば再現可能性の扱いのように(Begley and Ellis 2012; Open Science Collaboration 2015)，研究公正・倫理に関わる合意事項は常に変容を続けている．そのような国内外の動向を踏まえ，国内，あるいは分野や組織内においてより良い研究実践が生まれるシステムを構築するためには，研究者一人一人の立場に応じた貢献が求められるのではないだろうか．

謝辞

　本稿は，日本学術振興会　課題設定による先導的人文学・社会科学研究推進事業　領域開拓プログラム「責任ある研究・イノベーションのための組織と社会」並びに科研費(課題番号 15H05913)の研究成果を受けて作成した．

■注

1 ）関連ガイドライン等については，「科学技術振興機構の研究公正ポータル」等を参照
　　http://www.jst.go.jp/kousei_p/outline_guidelines.html（2017 年 4 月 10 日閲覧）
2 ）https://about.citiprogram.org/en/news/citi-program-joins-brany/（2017 年 4 月 10 日閲覧）
3 ）https://about.citiprogram.org/en/mission-and-history/（2017 年 4 月 10 日閲覧）
4 ）https://www.aprin.or.jp/（2017 年 4 月 10 日閲覧）
5 ）https://about.citiprogram.org/en/homepage/（2017 年 4 月 10 日閲覧）
6 ）http://www.elc.or.jp/keyword/detail/id=18（2017 年 4 月 10 日閲覧）
7 ）DuBois, J.M. *"ORI Casebook: Stories about researchers worth discussing: Instructor's Manual,"* DuBois, J.M. (ed.) 1–5.
　　https://ori.hhs.gov/images/ddblock/Instructor%27s%20Manual_Final_edited.pdf（2017 年 4 月 10 日閲覧）
8 ）Offord, C. 2017: "Coming to Grips with Coauthor Responsibility," *The Scientist.* http://www.the-scientist.com/?articles.view/articleNo/49233/title/Coming-to-Grips-with-Coauthor-Responsibility/（2017 年 4 月 10 日閲覧）
9 ）現時点の国内において代表的なオンライン教材は，包括的な研究公正・倫理教材である日本学術振興会「科学の健全な発展のために」編集委員会による「科学の健全な発展のために：誠実な科学者の心得」であろう．書籍版も存在する為に利便性は高いが，情報の更新性が今後の課題となるだろう．研究公正に特化した映像型教材で，実験系向き教材としては，米国保健福祉省研究公正局が作成した教材の邦訳ザ・ラボ(The lab)日本語版(http://lab.jst.go.jp/)がある．特に対策が重視されやすい「盗用」を扱う教材では，英国を本拠地とするエピジエム(Epigeum)の日本版教材「盗用を回避するには」(https://www.epigeum.com/downloads/translations/japanese.html)も使いやすい．学生を受講者として想定しているため，学習資源等の補足情報も充実しており，当該領域の学生向けの講義を初めて行う教員にも使い勝手が良さそうである．人を対象とする研究を行う場合には，ICR臨床研究入門(https://www.icrweb.jp/icr_index.php)や臨床試験のためのeTrainingCenter(https://etrain.jmacct.med.or.jp/)等があり，交流機能や講演動画，設問の豊富さなどを指標として目的に応じた使い分けが可能である．

■文献

Ardito, C.Costabile, M.F. De Marsico, M. Lanzilotti, R. Levialdi, S. Roselli, T. and Rossano, V. 2006: "An approach to usability evaluation of e-learning applications," *The Information Society* 4(3), 270–83.

Begley, C.G. and Ellis, L.M. 2012: "Drug development: Raise standards for preclinical cancer research," *Nature* 483, 531–33.

CITI Japan プロジェクト運営委員会　2016：『大学間連携共同教育推進事業「研究者育成の為の行動規範教育の標準化と教育システム」の全国展開CITI Japan プロジェクト 平成27年度年次報告書』http://www.shinshu-u.ac.jp/project/cjp/news/docs/2015_report.pdf（2017年4月10日閲覧）

Garrison, D.R. 2017: "Introduction," *E-learning in the 21st century: A Community of Inquiry Framework for Research and Practice 3rd edition*, Routledge (New York and London). 1–6.

InterAcademy Council and the Global Network of Science Academies. 2012: "Introduction," *Responsible Conduct in the Global Research Enterprise: A Policy Report*. 1–6. http://www.oeawi.at/downloads/Responsible%20Conduct%20in%20the%20Global%20Res%20Enterprise_IAC.pdf（2017年4月10日閲覧）

羽田貴史，立石慎治　2015：「全国調査から見る日本の学問的誠実性」『研究倫理の確立を目指して：国際動向と日本の課題』東北大学出版会 東北大学高度教養教育・学生支援機構．153–75.

文部科学省　2014：「研究活動における不正行為への対応等に関するガイドライン」http://www.mext.go.jp/b_menu/houdou/26/08/__icsFiles/afieldfile/2014/08/26/1351568_02_1.pdf（2017年4月10日閲覧）

文部科学省科学技術・学術政策局人材政策課研究公正推進室　2016：「研究活動における不正行為への対応等に関するガイドラインに基づく平成27年度履行状況調査の結果について」http://www.mext.go.jp/a_menu/jinzai/fusei/1368869.htm（2017年4月10日閲覧）

Mooea, J.L. Dickson-Deaneb, C. and Galyenb, K. 2011: "e-Learning, online learning, and distance learning environments: Are they the same?," *The Internet and Higher Education*, 14(2), 129–35.

中村征樹　2016：「研究不正問題をどう考えるか：研究公正と『責任』の問題」『哲学』67，61–79.

National Institutes of Health. 2009: "Update on the requirement for instruction in the responsible conduct of research." http://grants.nih.gov/grants/guide/notice-files/NOT-OD-10-019.html（2017年4月10日閲覧）

日本学術会議　2015：「回答：科学研究における健全性の向上について」http://www.scj.go.jp/ja/info/kohyo/pdf/kohyo-23-k150306.pdf（2017年4月10日閲覧）

日本学術振興会「科学の健全な発展のために」編集委員会　2015：「目次」『科学の健全な発展のために：誠実な科学者の心得』丸善出版株式会社，iii–vii.

野内玲，東島仁　2017：「高品質な研究倫理・公正教材の作成・普及に向けたCITI Japan プロジェクトにおける取組」『第二回研究倫理を語る会』東京医科歯科大学鈴木章夫記念講堂.

Open Science Collaboration 2015: "Estimating the reproducibility of psychological science," *Science*, 349(6251), aac4716.（2017年4月10日閲覧）

Shamoo, A.E. and Resnik, D.B. 2009: "Mentoring and Collaboration," *Responsible Conduct of Research 2nd edition*, Oxford University Press. 68–80.

The National Academies of Sciences, Engineering, and Medicine 2017: "Fostering Integrity in Research." The National Academies Press (Washington, DC). https://doi.org/10.17226/21896（2017年4月10日閲覧）

Research Note

■Journal of Science and Technology Studies, No. 14 (2017)■

Online Learning Materials for Responsible Conduct of Research Education in Japan: Advantages and Limitations

HIGASHIJIMA Jin *

Abstract

Education in the Responsible Conduct of Research (RCR) is in the midst of a change in Japan. One trigger of the change was the publication of the Guidelines for Responding to Misconduct in Research by the Ministry of Education, Culture, Sports, Science and Technology in 2014. Since the announcement of the guidelines, the demand for suitable materials for use in RCR education has raised dramatically. In this paper, I have focused on the effectiveness and limitations of the Japanese version of CITI online educational resources, one of the major online sources of material in Japan when it comes to RCR education in universities. If the quality assurance of a given educational content is reliable, from the learners' perspective, the online material has advantages in the sense that users can learn anytime, anywhere. From the perspective of the provider, the advantages are that the online platform is cost effective and the content is easy to update. However, online RCR education is not sufficiently effective without supplementary face-to-face group discussions, lectures, mentoring, and adequate organizational support from each learner's organization. Moreover, active discussion is needed within the research community about the content and methods of RCR education in the context of Japan.

Keywords: Research integrity, Research ethics, Responsible conduct of research

---

Received: May 25, 2017; Accepted in final form: August 18, 2017
* Faculty of Global and Science Studies, Yamaguchi University. jin.higashi@gmail.com

研究公正・倫理教育におけるオンライン教材の利点と課題　115

短報　　　　　　　　　　　　　　　　　　　　■科学技術社会論研究　第14号（2017）■

私はテラスにいます

責任ある研究・イノベーションの実践における憂慮と希望

吉澤　剛[*]

要　旨

　日本における責任ある研究・イノベーション（RRI）の実践について，研究やイノベーションのプロセスにおける多様性や包摂，公開性，透明性を重視するオープンアクセスや男女平等，市民関与といった取り組みは比較的見えやすいものの，専門家と市民との非対称的関係性や，過剰包摂による反動のおそれは見えにくい．倫理や科学教育ではアクターの認識や行動における応答性や適応的変化を促すために，自律的な規範形成や模倣戦略が必要となる．研究とイノベーション，教育，地域貢献との接続や，そのための人材育成や制度設計，コミュニティ構築を展望するような先見的で省察的なガバナンスによって，公共圏における RRI の実践そのものも，新たな組織や社会像とともに位置づけ直していかなければならない．

1. 世界の RRI と RRI の世界

　3月のパリは生暖かい風が並木通りの粉塵を巻き上げ，空と街とを一様に灰色に染めていた．RRI-Practice プロジェクトのコンソーシアム会合が開かれたのは，17世紀初頭に設立された病院内．閑静な中庭を取り囲む石造りの建物の一角に，とある研究機関が間借りする会議室があった．RRI-Practice とは，欧州に限らず，世界各国での責任ある研究・イノベーション（RRI）を実践する研究機関や研究助成機関における現状と課題を比較し，より良い RRI の運用や実施を探るという EU のプロジェクトである．オブザーバーながら，日本での取り組みについて簡単に紹介する機会を得た[1]．遡って，2016年11月．バンコクは国王の服喪と，人々の気分を構わない快晴のせいか，普段よりは通りの喧騒と肌にまとわる湿気が控えめであった．国際大学協会（IAU）第15回総会の参加者は暗色の礼服に身を包みながらも，途上国・先進国を問わず世界各地から集結した大学関係者の交流は，眩暈がするほど街に降り注ぐ陽光と同じぐらいの熱気を感じさせた．その一つのセッションで，HEIRRI（高等教育機関と RRI）プロジェクトと IAU の両方のメンバーであるカタルーニャ公立大学協会（ACUP）の招待により，それとなくアジア代表の看板を背負わされながら，日本における大学と RRI との関係性について話すこととなった．

2017年4月28日受付　2017年8月18日掲載決定
[*]大阪大学大学院医学系研究科，go@eth.med.osaka-u.ac.jp

こうして世界をRRIが駆け巡り，ますますグローバルな活動やネットワーク，文脈に配されていく．RRIとは研究・イノベーションのプロセスの非常に早い段階で，その成果と社会の価値とを擦り合わせることであり，研究・イノベーションと社会との関係の様々な側面をつなぐ大きな傘である．またこれは，研究・イノベーションを促進するためのEUのフレームワークプログラム（FP）Horizon 2020（2014–20）における領域横断的な課題とされ，市民関与，オープンアクセス，男女平等，科学教育，倫理，ガバナンスといった6つの政策議題を抱える．鍵となる概念は今なお議論を呼び，常に揺れ動いているが，RRI-ToolsプロジェクトではRRIのプロセスをひとまず次の4つの柱にまとめた（Klaassen et al. 2014）．

① 多様性と包摂（diversity and inclusiveness）
  民主的な理由と専門性や見方を広げる意味で，科学技術の発展の早い段階で幅広いステークホルダーを巻き込む
② 先見と省察（anticipation and reflectiveness）
  研究・イノベーションの営みがどのように未来を形作り，未来を予見するかについて理解し，変化に対応する
③ 公開性と透明性（openness and transparency）
  市民が科学や政治を信頼するために重要であり，情報はステークホルダーのニーズに合わせることが必要となる
④ 応答性と適応的変化（responsiveness and adaptive change）
  新しい知識や見方，規範に対応し，思考や行動様式，組織的構造・システムを変える能力が求められる

2011年のFP7–SiS（Science in Society）プログラムの下で2013年から開始された4つのRRIプロジェクト（GREAT, Res-Agora, Responsibility, ProGReSS）はGo4プロジェクトと総称され，2016年1月にブリュッセルで共同の最終会合で幕を閉じた．Horizon 2020のフレームワークに移行してからも，上述のRRI-Tools, HEIRRI, RRI-Practiceを含め，数多くのRRIプロジェクトが立ち上がっている．

翻って日本ではRRIはどのように実践されてきたのだろうか．文部科学省（2015）にこの用語が取り上げられると，第5期科学技術基本計画（2016–20）に向けて「共創的科学技術イノベーション」と翻訳され，政策文書に流通するようになった．その中身は，ステークホルダーによる対話・協働・共創から，政策形成への科学的助言，倫理的・制度的・社会的取り組みまでを含み，研究の公正性の確保がそれらの前提とされる．ただし，欧州ほど明確な傘によってプログラム化されていないため，各所で行われている，RRIと見なしうる活動を寄せ集めてみるしかない．次章からは上記4つの柱と6つの政策議題に照らして日本での実践を概観するが，単なるカタログとならぬよう，批判的な視点を織り込みつつ，日本という文脈を踏まえた将来展望につなげたい．

2. 責任を分配する

2.1 開かれた研究環境に向けて

RRIの4つの柱のうち，まず，①多様性と包摂，③公開性と透明性から見ていこう．EUのプロジェクトでは，研究プロセスの公開性や透明性，多様性や包摂を高めることに注力している．これらに

関して日本で最も動きが活発な政策議題として，オープンアクセスが挙げられる．第5期科学技術基本計画では，オープンサイエンスをオープンアクセスと研究データのオープン化を含む概念として捉え，世界的に急速な広がりにあって日本でも推進体制を構築するとしている．文部科学省ではこれを受け，「公的研究資金による研究成果のうち，論文及び論文のエビデンスとしての研究データは原則公開とすべき」（文部科学省 2016a, 3）と方針を明確化．同時に，資金配分機関や国立情報学研究所，大学・学協会等での取り組みを推進している．オープンアクセスが広まった背景には，雑誌価格高騰への対抗，研究成果の迅速・自由な共有の実現，発展途上国における学術情報流通の改善，新たなビジネスチャンスの獲得などがある（佐藤 2013）．文献の言語や分野，形態といった多様性を確保し，著名な論文が引用されやすくなる「マタイ効果」を減衰させる手段としても期待される（Dacos 2014）．ただし，こうして一意に進められるオープン化に疑義がないわけではない．自国でオープンアクセス雑誌から発表されている論文では，ほとんど英語を使用としていることから（福澤 2016），結局のところオープン化は論文に用いられる言語の多様性を喪失させうる．特に人文社会科学研究はその対象となる地域の文脈に埋め込まれていることが多く，言語への依存度が高い（福田 2013）．これは単に英語を母語とする研究者を有利にするばかりでなく，人文社会科学における研究の質を損ない，価値・文化の多様性の尊重や市民とのコミュニケーションといった社会的役割（文部科学省 2009）を失わせるおそれもある．オープンアクセス化を機に研究者コミュニティにとっての学術誌の意義を再考し，将来の変化に対応するための能動的な活動が求められている（林 2016）．

研究人材の多様性や包摂はどうだろうか．RRIの6つの政策議題でいえば，男女平等と市民関与が最も近しい取り組みにあたる．科学技術分野における女性の過少代表性は世界的な課題であり，日本でも2006年の文部科学省「女性研究者支援モデル育成事業」以降に支援政策が活発になった．そこでは自然科学系全体で女性研究者の比率25%を採用割合の目標に掲げたものの，2006年当時で11.9%，2016年でも15.3%にとどまり，伸びは緩やかである（総務省 2016）．そのようななかにあって，2002年に設立された男女共同参画学協会連絡会が，理工系学協会の連携組織として，研究当事者側から日本学術会議などを介して政府の政策に影響を与えたことは特筆されるべきであろう（横山ら 2016）．国ではこのほか，外国人研究者や若手研究者，研究支援者など人材やキャリアパスの多様化を支援してきている（文部科学省 2016b）．

2.2 市民関与から市民科学まで

研究という営為は職業的な専門家ばかりでなく，非専門家の参加にも開かれるようになっている[2]．とりわけ，機能的，政治的，文化的動機によって市民関与への高まる期待が起こり，科学技術ガバナンスにおける「参加的転回」（Jasanoff 2003）が見られるようになった．市民関与には政策形成から，プログラム開発，プロジェクトデザイン，そして研究・イノベーションプロジェクトの実施まで異なるレベルがあり，市民社会組織や消費者，患者，被雇用者，ユーザーなどの市民が次のような役割を果たしている（Hennen 2015）．

- 研究推進（サイエンスショップや患者団体）
- 研究助成（クラウドファンディング）
- 研究・イノベーションの議題設定
- 研究・イノベーションの監視（審議会，研究倫理委員会）
- 研究・イノベーションの形成
- データの収集（市民科学）

- 研究・イノベーションの成果の普及

　日本でも，日本 IDDM ネットワークなど，患者会が中心となって研究基金を設立し，医学研究を推進するような活動がある．研究助成では，本邦初のクラウドファンディングのプラットフォームとして，2013 年に立ち上げられたアカデミストが知られている．ながはま健康づくり 0 次クラブは，滋賀県長浜市で行われている疫学研究を支援する市民団体であるが，研究への実務的協力，研究の倫理的・法的・社会的側面に対する市民からの積極的な意見表明のほか，地域における心と身体の健康づくりのために，医療健康データの公共的活用を行いながら，より自律的で持続可能な活動に向けた新たな展開を模索している．このほか，科学技術と社会との関係において幅広い主体の関与を促す市民社会組織として，市民科学研究室や，デモクラシーデザインラボ，社会対話技術研究所，ASrid などがある．

　科学コミュニケーションも，研究成果の普及を通じた国民理解から始まり，科学への信頼の危機を迎えて，2000 年以降に介入型のコミュニケーションの広まりから市民関与が位置づけられた（Mohr, Raman and Gibbs 2013）．日本では 10 年以上にわたり国策として科学コミュニケーションを振興してきており，2011 年の東日本大震災とその後の福島第一原子力発電所の事故を受け，リスクコミュニケーションの重要性も指摘されるようになった．ところが多くの研究者は，科学コミュニケーションの意義を理解しつつも，事務的な手間や，元手と時間のなさからアウトリーチ活動への参加に消極的である（Koizumi, Morita and Kawamoto 2013）．

　オープンサイエンスは，公的な研究データへのアクセスを増大させるような研究のアプローチであり，情報通信技術のツールやプラットフォームでそれを可能にするとともに，非科学者の参加など科学における幅広い協働を促し，研究結果を広めるためにクリエイティブ・コモンズ[3]といった新たなライセンス（利用許諾）ツールを利用したりする（OECD 2015）．大きく言えば，研究にかかるデータ収集，分析，研究成果の普及のいずれかで，多様な研究者，関係者や市民の関与を促すものとなっているのが，オープンサイエンスである．生命医科学や地球科学，宇宙科学など，様々な分野で広まるデータ共有は，研究にかかるデータ収集の部分である．特に医科学研究では患者・市民参画（PPI: patient and public involvement）と呼ばれ，研究対象者からデータ取得を行う研究に対し，どのように協力的に関わってもらうかという課題がある（武藤 2014; 森田 2014）．

　市民関与にもオープン化の罠がある．医療・健康分野を例にしよう．患者や市民などの多様性の包摂を尊重した利用者本位の医療・健康データ共有といったオープンアクセスシステムの整備と，メディアやネットワークを媒介した自己と他者の健康状態の可視化は，個人の健康化・正常化に向けた競争を煽動し，伝統的なコミュニティの解体を加速させるおそれもある．これは，個人の相対的剥奪感と存在論的不安を助長する過剰包摂社会そのものである．経済や文化のグローバル化は標準的な医療や物質的な幸福を人類普遍的なものとして喧伝しながら，その配分は実際にはひどく不公平で不平等であるため，常に他者に比べて何かを奪われているという感覚を拭えない．市場社会の個人主義も個人のアイデンティティを動揺させ，包摂されつつも周縁化された多様な人々は自らの存在が承認も尊重もされていないと感じる（ヤング 2008）．配分を適正化し，個人を承認・尊重することは，開かれたシステムだけではなしえない．システムへの潜在的関与者を前景化し，それら関与者の緩やかな媒介を通じてほどほどに自分の健康状態や生活の質を知ることの可能性や，システム上でデータ共有すべきでないローカルな土着的情報を保持することの意義は，今後もっと検討されてよい．

　いずれにせよ，市民関与は研究・イノベーションのプロセスや成果に対する所有，関与，責任の

程度や可視性において，科学者と市民との間に依然として横たわる非対称な関係を際立たせる．この非対称性を解消すべく，社会における情報や知識の格差を埋める活動として期待されているのが市民科学である．市民科学は市民によって発展され活動される科学の一形態であり，市民の有志が様々な種類のデータを収集し分析する（Irwin 1995）．日本では戦後からアクティビズムの形で宇井純や高木仁三郎といった著名な市民科学者を輩出してきたように，市民科学の歴史は長い．古くはチェルノブイリを契機に活動を開始した原子力資料情報室や「たんぽぽ舎」（現たんぽぽ社）をはじめ，最近でも，こどもみらい測定所など，住民が食品や環境中の放射能を測定し，潜在的な健康・環境リスクについてコミュニケーションを行うような活動が知られている．なかでも，セーフキャストはオープンソースの市民科学的な取り組みによって放射線マッピングを行っており，参加や科学，倫理といった概念に再定義を迫る（Brown et al. 2016）．このほか，使用者自身による個人的なものづくりとして，その場やその人に合うように技術を再編集するための実践拠点であるファブラボはMITを発祥とし，日本でも幅広い展開を見せている（田中・門田 2013）．現在，日本では20ほどのファブラボ施設が稼働しており，ファブラボ日本ネットワークのもとでコミュニケーションや協働を図っている．個人のものづくりやスタートアップを製造・流通面から支援するDMM.make も大きく成長を遂げた．バイオテクノロジーの分野でも，アマチュアがインターネット上を中心に協力し合って進めるオープンな研究活動が世界的に広まり，DIYバイオやバイオハッキングなどと呼ばれている．たとえばバイオクラブは，渋谷を中心にオープンイノベーションを促進する実験的なプロジェクトを展開している．

3. 研究と教育をつなげる

3.1 倫理は教育できるか

　4つの柱のうち，④応答性と適応的変化は，①や③ほど外形的に分かりやすくない[4]．男女共同参画であれ研究公正であれ，大学や研究機関では関連法規に従い，内部組織を立ち上げるなどして，公式的には責任ある行動を取っているが，主体的に独自の対応をとっているところは多くない．これまでの取り組みだけでは研究における倫理観や責任感を育むことができないのではないかという問題意識のもと，2015 年に研究者や研究者を目指す学生を対象に，研究の社会的意義に対する認識変化を探る調査を実施したことがある[5]．やる気が向上した，理念の追及を継続するようになった，社会的意義の偏重に抑制的になった，そもそも社会的意義とは何かと内省するようになった，などと答えた回答者に対しては，それぞれに応じた教育機会の提供が効果を生むと考えられる[6]．その一方で，「社会的意義」を建前として理解するようになったという回答もあり，法律やガイドラインなどの強制，社会規範による規制空間の構築は，かえって，研究者の倫理的意識の建前感を増幅させるおそれがある．コンプライアンスが法令遵守という訳語を充てられ骨抜きになっていくように，個々の研究者ばかりか組織も思考停止を起こしているのではないだろうか（郷原 2013）．応答性や適応的変化とは，科学技術や社会の進展に応じて規制を朝令暮改することではない．研究・イノベーションのコミュニティが自律的な規範を発展させていくとともに（中村 2016），実験室や企業における責任ある活動をモデルにした模倣戦略を普及させる代替的なガバナンスを目指す必要がある（Lentzos 2008; 井上 2012）．つまり，応答や変化をすべきは，制度よりもむしろ，アクターの認識であり，行動である．

　アクターの認識や行動を変える重要な手段の一つは教育である．RRI-Toolsによると，RRIにおける科学教育は，欧州委員会が掲げる「責任あるシチズンシップのための科学教育」（European

Commission 2015)という標語のもと，社会や経済，倫理の問題に対し，様々な関与者を交えた学際的なアプローチによって，問題解決や批判的思考の力を涵養するとともに，多様な主体と責任を共有し，科学政策形成への幅広い参加を促すために市民をエンパワーする狙いがある[7]．

3.2 持続可能な開発のための教育

バンコクでのIAU総会では，RRIと持続可能な教育をテーマにしたセッションに登壇した．議論がパネリストとフロアに開かれると，RRIとESD（持続可能な開発のための教育）との関係が取り沙汰される．IAUはUNESCOの後援で設立された組織ということもあり，必然的に国連で進めるESDやSDGs（持続可能な開発目標）が中心的な議題である．そこでは，RRIという言葉すら耳にしたことのない参加者が大半で，互いの問題意識や取り組みが似ていながら，そのつながりのなさが衝撃だった．使命，学問的源泉の相違はもとより，持続可能な開発という自明な目標から出発したESDに対して，責任主体すら不明確なRRIは，自ずと探究的なアプローチにならざるをえない．いきおいESDは実務的な政策を求める国連諸機関や大学経営者の覚えがよくなり，RRIは大学研究者や，彼らの研究開発を促進するHorizon 2020といったプログラムを有するEUが旗を振っていく（表1）[8]．そもそもESDは，1992年の地球サミットで出された行動計画をきっかけに，国連が持続可能な社会を主体的に担う人づくりを進めたことに発し，2002年のサミットで日本のNGOと政府による「持続可能な開発のための教育の10年」（DESD）の提唱によって国際的に広まってきた活動である（佐藤・阿部 2012）．日本ではDESDを越え，環境教育・開発教育を地域での実践に根差して統一させようという動きも続いており（鈴木・佐藤・田中 2014），ESDの社会的な関心や認知，成果はRRIを遥かに凌ぐ．ところが，日本のみならず世界を見渡しても，ESDとRRIとの近接性に言及している者はほとんど見当たらない．上記セッションでのIAU幹部の驚きは，われわれRRI研究者にとっても驚きであり，井の中の蛙であることを反省する好機でもあった．幸いというべきか，日本では文部科学省「科学技術イノベーション政策における『政策のための科学』」（SciREX）事業の一環として，総合政策大学院大学（GRIPS）SciREXセンターや，大阪大学‒京都大学「公共圏における科学技術・教育研究拠点」（STiPS）など，RRIに関する研究と教育を一体化した基盤的拠点がいくつかある[9]．そこではESDとの明示的な連携は言明されていないものの，いずれ大学の全学教育研究機関の再編に際して議論が深められていくだろう[10]．

表1　ESDとRRI

	ESD（持続可能な開発のための教育）	RRI（責任ある研究・イノベーション）
使命	教育，コミュニティサービス（社会貢献）	研究，イノベーション
学問的源泉	環境教育学，開発学	科学技術社会論，科学技術政策学
目標の適切さ	自明（SDGs）	適応的に変化
アプローチ	手続的・実務的	理論的・探究的
大学関係者	経営者，教員	研究者，産学連携・技術移転担当者
主導機関	国連（UNESCO）	EU（Horizon 2020）

4. 中文字の社会を描く

　RRIの鍵となる要素のうち，日本でおそらく最も取り組むことが難しいと考えられるのは，②先見と省察である．潮流に乗ることを長らく社会規範としてきたこの国では，応答性と適応的な変化はどんな機関や個人であれ，それなりに達成しうる．むしろ，応答や適応をしすぎて，自己の理念やアイデンティティを確立できない，という問題のほうが目につくくらいだ．大学や公的研究機関が所轄官庁の意向を汲むあまり，独自の中期目標を設定することすら困難に陥っている現状では，機関として，あるいはそれを越えた社会として10年のビジョンを描くという行為自体が空しい．むしろ科学技術振興機構・社会技術研究開発センター（RISTEX）や新エネルギー・産業技術総合開発機構（NEDO）といった資金配分機関のほうが，担当者の目まぐるしいローテーションという難儀に遭いながらも，着実にマネジメントを通じて研究の社会的影響に関する組織知や組織文化を醸成しつつあるといえる（福島 2010; 安藤 2013, 2016; 藤本・吉澤 2016）．プログラム，あるいはプロジェクトという単位で実験ができるということもあるだろうし，そのような単位ごとに見ることで，投資に対する成果がどれだけ社会にインパクトを及ぼしたかについてわかりやすく把握できるということもあるだろう．もちろん，欧米では研究助成に対する幅広い社会的なインパクトの重視が政策的に要請されているという流れと日本も無縁でいられない（標葉 2017; Davis and Laas 2014）．この点で，学部ごとの業績すら集約・整理が難しく，学術的成果に偏ったランキングに右往左往される大学とは異なる．

　TA（technology assessment）やフォーサイトを含むRRIの制度的活動は国家やEUに規定され，政策や社会的意思決定への貢献を期待されるあまり，地域内での将来の多様な社会像を描くことを必ずしも得意としない．また，そうした専門家が裏で糸を引くようなビジョニングへの不信と反動がブレグジットやトランプ政権を実現せしめたことに鑑みれば，必然，市民社会に多数の分断が生じ，それぞれが近視眼的な欲望の追求に陥るのもやむなしと見る．特にインターネットの検索エンジンのアルゴリズムがユーザーの選好に合わせた情報を選択的に提示することで，得られる情報は必然的に自らの文化的・思想的フィルターがかかりやすくなる（パリサー 2012）．このフィルターバブルは社会的ネットワーキングサービス（SNS）によって加速され，コミュニティ内での自己参照という囲まれた世界で互いの承認欲求を満たすだけの人々が量産されている．RRIがエリートの言葉遊びだと指弾されないためにも，上から糸を垂らすような「市民関与」ばかりでなく，市民科学[11]やグラスルーツ・イノベーション[12]を通じて，下から引っ張り込む「専門家関与」が並列に語られなければならない．

　大震災後にもてはやされたレジリエンスは，かつての安定的なシステムへの回帰を目指す工学的概念に落ち着き，それがそのまま政府の進めるフォーサイトによって「安全・安心な」社会が公式の未来とされる．レジリエンスにせよ，フォーサイトにせよ，その構成要素やアクター，活動における多様性や分散性（松尾 2013）を欠いたまま，抽象的で国家的な共同体幻想を掻き立てる大文字の社会を志向しがちである．逆に，持続可能な社会的発展に向けた具体的な政策である適応管理（adaptive management）や移行管理（transition management）はミクロな問題と解決策に着目しており，規制や構造，相互作用やプロセスといった次元への視線は薄い．これらは政治を含む外生的な要因が排除されており，説明的なポテンシャルを持っていないとされる（吉澤・山口 2013）．これはいわばニッチに生きる小文字の社会でしかなく，スマートな概念化と実践は自己完結的な共同体の林立に終わる．大文字と小文字の社会それぞれへの誘引と分断を脱し，どのように各人が中文

字の社会を描き，その多様なビジョンを携えたまま進むのか[13]．とかく大文字の社会像が虚しいのは，人間存在を脅かす環境・生態系の破壊や先進技術の進展，社会生活の閉塞という大局を捨象したところに焦点を結ぼうとするからなのかもしれない．とはいえ，近未来の破局を大げさに論じたり，擬人化した地球の気持ちで考えることは，この世界で本当に起きているできごとへの反応を避けているだけである．悲嘆や深い悲しみ，辛い気持ちを安易に忘却せず，抑圧せず，死んでゆく世界とともに生きること（篠原 2016; Morton 2016）．そこで描く希望こそ，実は RRI として最も真摯で責任ある姿勢と言えないだろうか．どう転んでも専門家の言動に対する社会的監視が強まる世相にあって，特に研究公正や ELSI/ELSA（ethical, legal, social implications/aspects）といった名称で語られる RRI の実践は，後ろ向きで実務的な締めつけのツールでしかなくなっていく．時代精神を緩やかに変化させていくという野望を秘めつつ，目の前の課題に対してはせめて前向きな関与や責任を考えたい．「責任ある研究」だけでは，どうしても前向きになりきれない．RRI の三語で，まだ虹色の輝きを失っていない「イノベーション」はひとつの鍵である．企業の社会的責任（CSR）を引くまでもなく，プロセスや製品のイノベーションに対する社会的責任の議論は多く，EU のプロジェクトもそこに終始する[14]．ただ，これはアリバイ的要素も強く，「責任ある」の看板がむしろイノベーションを阻害する重ささえ窺わせる．イノベーションには，製品やサービスの置かれている文脈（ポジション）を変えたり，製品やサービスそのものの社会的意味合い（パラダイム）を変える，という軸もある（Tidd and Bessant 2009）．さらにこれは組織や社会のイノベーションと接続する議論でもある．「共創的科学技術イノベーション」という邦訳はすぐれて国家資本主義的なレトリックながら，研究のポジションやパラダイム，それに関わる組織や社会を変えうる寛容さを持つ言葉であるという意味で，日本における RRI のポジティブな反転攻勢と捉え直すこともできる．

5. 民主主義の挑戦

5.1 省察なき再帰

　冒頭のパリに話は戻る．RRI-Practice プロジェクトの会合が行われた病院は，2015 年のパリ同時多発テロ事件の舞台となったカンボジア料理店やカフェのすぐ脇である．かつてはカフェに続く通用門が開放されていたが，テロの影響から現在は堅く閉ざされていた．RRI の実践についての議論がこの病院内で行われているというのは，何か悪い冗談のようである．テロを怖れて通用門が閉鎖された病院で，しかも会議室の階下の病院受付では，この会議が開催されていることすら知られていない．公開性や包摂，再帰性といった RRI のスローガンが研究者たちには空しく響かないのだろうか．事件後，パリ市民が当のカフェで，あえてテラスに集うことでテロに屈しない姿勢を見せたのと，強いコントラストをなしている．

　RRI の要素として意味や定義が定まらず，往々にして互換的に使用される概念に再帰性（reflexivity）と省察性（reflection/reflectiveness）がある[15]．省察性は,対象をあらゆる範囲にわたって深く真剣に考慮することであり，それが表象，理解，介入される様式を指す．たとえば技術の予期せぬ副次的影響まで視野に入れるような包括的な TA などは省察的である．再帰性は，表象がそれぞれの主観的見解によって条件づけられるとともに，表象のプロセスによって主観的見解自体も再構成されるという再帰的ループを持つ（Stirling 2006）．すなわち自らのフレーミングによって理解された対象が，自分自身にも介入してくる．ひどく単純な例を引けば，科学者はもっと社会を意識して活動すべきという STS 研究者の主張は，そのまま STS 研究者自身の営為にも当てはまるブーメランとなるわけである．ただ，自らのフレームに対象と主体を収めて認識や説明をすることが可

能であれば，どのようなフレームでもよいのかという問題が残る．これを推し進めれば「何でもあり」な戯画的相対主義に行き着く（Feyerabend 1978）．そして，これは現象としてフィルターバブルと同じ様相を呈する．

　社会的ネットワークの泡に閉じこめられた人々は省察なき再帰を行い，公共性の消失した社会権力に翻弄される．RRIの政治的出自を問わず，類縁概念の看板替えのためにRRIコミュニティにとりあえず腰を下ろす研究者は，誰のため，何のためのRRIかということを問わず，そこには再帰的な関心も，省察的な意欲も看て取れない[16]．ESDに限らず，ELSI/ELSAやTA，あるいは責任ある研究活動（RCR）と何が異なり，何が共通しているのか（Grundwald 2011; Zwart, Landeweerd and van Rooij 2014; Davis and Laas 2014; Lingner 2015; Ribeiro, Smith and Millar 2017）．特に「責任ある研究」と言えば，自ずと科学研究者，科学研究コミュニティ，そしてそれを支える政府のための活動となり，公開性や透明性，包摂や多様性，応答性と適応的変化は容易にその方便の道具となりうる．せっかく主語を外したRRIでありながら，責任主体とその対象の方向性に関して，どうしても多様性に欠く（Stirling 2016）．RRIを科学的助言やアドボカシーに位置づけようという提案[17]にも真摯に耳を傾けなければならない．日本では文科省のSciREX事業と相即して，政策形成におけるエビデンスとしての科学的助言の重要性が認識されている[18]．その意味で，RRI研究と政策形成との関係性は，EUと国家という階層的なガバナンス構造を抱える欧州ほどは懸隔がない．

5.2　研究と公共圏

　「アンケート公害」[19]や「調査公害」[20]という日本語がある．災害で避難を余儀なくされた人々が仮設住宅に暮らしている際，全国から多くの社会科学者が押し寄せ，避難者に質問紙調査やインタビューを実施し，ほどなく去っていくという現象を揶揄したものだ．調査結果や研究成果を対象者や社会に還元することがなければ，避難者にとっては情報の搾取でしかない．そもそも「還元」という言葉自体がおこがましい（宮本・安渓 2008）．日本では大災害のたび，「専門離人症」（野田 1995）や「東大話法」（安冨 2012）など，舌鋒鋭く専門家の無責任さが論われてきた．研究においては責任の回避不可能性＝受動性が重要なのかもしれない．自らが他者からの問いかけにさらされ，応答することを迫られ，それによって，そうあろうと欲するより前に，自分は責任がある（応答可能だ）と感じざるを得ない（ヴァン＝マーネン 2011）．野の学問（菅 2013）が示すように，研究フィールドに携わるうちに芽生える「しなければならない」という自発的・内生的な責任感と，それに対する研究者のライフコースとの整合性を保つこと．その「折り合い」のつけ方が，知識生産と社会実践をつなぐ専門家に求められている．

　しかし，課題は残る．研究とは別に地域との何らかの関わりがあって，それによって生じた責任と，その地域を対象とした研究をすることの平衡を図るということは，難しいかもしれないが，不可能ではない．そうではなく，研究者として地域に関わりあっていくときの責任の持ち方はどうあるべきか．責任は自分から感じていくものではなく，自ずと生じてしまっているものであるはずだとすれば，なおさらである．福島の教訓を得るならば，まずは，研究者各人が既存の調査研究の全体的なマッピングをした上で，自らの調査の位置づけを明らかにすることが大事．こと，社会科学であれば，地域に対してものごとの決め方を提案するなかで信頼構築していくことも重要であろう[21]．信頼構築を経るなかで，研究者に対する過度の期待を抑制するという期待のコントロールも必要だ．一方の地域の人々は，よそものに消費されない地域づくりを考え，逆にうまく協働，共創する方策を練らなければならない．俗に，震災後に人々の役に立たなかった専門家は政治家，ジャーナリスト，そして学者だと詰られる．政策，メディア，学問を通じて公共性と民主主義を体現すべき存在

が，我利我欲のモンスターかのように忌避される．震災後にいみじくも世界的に同期して出現したポスト・トゥルース，ポスト・トラスト社会は，専門家や知性への構造的不信と，しかしそれを背後で仕掛ける権力への盲従として観察できるかもしれない．ハッカーコミュニティは優れて草の根アクティビズムに見えながら，その果実がシリコンバレーに収穫されていくという構図もその類いであろう．そもそもライフコースが確立していなかったり，そうした因習的なライフコースそのものに疑問を持つ研究者にとって，研究者が所属すべき組織や制度をどう社会に位置づけ，可能性を開いていくか．民主主義とは何かという根源的な問いに対し，RRIはどのように答えていくのだろうか．いや，答えていくべきだろうか．

6. しまねアカデミア構想

一つの構想をもって，それを一人称として実現に向けた関わり合いを語ることが，おそらく責任あるRRI研究者として適切な論文の閉じ方だろう．いったい学術研究は社会にとって何の役割を果たしているのか．大学の最も重要な使命の一つであるが，最近では国の方針もあって，地方大学ではますます研究が重要視されなくなっている．その代わりに教育や社会貢献が掲げられるものの，地域の問題解決においてはもっぱら地元のNPOや社会起業家に道を譲っているのが現状である．海外ではサイエンスショップという，市民から提起された問題に対して大学が取り組む研究活動が知られているが，日本では安定的に維持することが難しい（額賀 2012）．これは大学を母体として制度化を目指すことの限界を物語っている[22]．学術研究を支えるためのもう一つの組織としての学協会は，残念ながら日本ではほとんどの学協会に十分な財源や人材が割り当てられず，組織としての意思決定ができない．学術団体（academic society）と職能団体（professional association）のどちらも大学の誕生とともに出現したという歴史的・文脈的近接性により（吉澤 2013b），学協会が自らの使命を明確化し，積極的に社会的責任を果たすことが困難にもなっている（標葉ら 2016; 吉澤 2014）．これまで地域の問題解決に焦点を当てたNPOや社会的企業は無数にあるが，大学や学協会という学術研究組織の存在を「社会的な問題」として捉え，その解決を目指すために外部で活動を行う動きは，まず見られない[23]．

今回の構想にあたり，島根という地域に着目したことにはいくつかの理由がある．まず，最も大学数の少ない都道府県であること．それにも関わらず島根大学には自由で柔軟な発想を持ち，問題解決に対する姿勢や能力が高い教員や学生が少なくないこと．さらに，島根には多くの市民活動が活発であり，自律的に動く個人と，それを支える環境がある[24]．また，高校魅力化プロジェクトが展開されており，高校生の多様な進路を応援したいという思いもある．

しまねアカデミアでは，具体的に島根県の特定の地域において，多分野の若手研究者やクリエイターを集めた学術研究集会を開催する．また，この集会にあわせ，地域の人々との交流会を実施し，お互いの知識や技能を引き出し，問題意識を共有する．研究者やクリエイターは新たなプロジェクトのためのアイデアや連携・ネットワークを構築することができ，一方の地域の人々は知的好奇心の喚起や地域課題の発見，将来のキャリアやビジョンの形成などに役立てることができるかもしれない．この活動は，単発的な研究集会で終わりでなく，様々な関係者や市民の学術研究（者）に対するニーズを掘り起こしながら，そのニーズに応えられるだけの体制をどのように構築できるかを検討していく[25]．

道のりは当然険しい．ただ，実現に向けて泥臭く足掻く姿だけが，いろいろな人の責任とか，関与を呼んでくるのではないか．責任なんて，たぶん，スマートに果たせっこない．スマートさが定

式化された言動と意訳され，相手との距離を持たせてしまうからだ．パリのカフェに集った市民は"Je suis en terrasse"と横断幕を掲げながら，ただ，テラスで珈琲を嗜んでいるだけである．今でも台地や段丘を指すように，テラスの語源は盛り土，そして地球(terra)に求めることができる．テラスにいるだけの市民は，それでも，この地球上のリスクや不条理，暴力や頽廃と向き合い，責任を持って対抗しているように見える．RRIの人々も，そろそろテラスに腰を掛ける時期である．私はテラスにいます．

謝辞

　本稿は日本学術振興会「責任ある研究・イノベーションのための組織と社会」研究プロジェクト(OSRRIs)の成果である．日本におけるRRIの実践については，OSRRIsメンバー，松浦正浩氏(明治大学)およびRRI-Practiceプロジェクトとの協働により，政策研究大学院大学(GRIPS)SciREXセンターからの支援を受けて取りまとめた．なお，研究倫理教育に関しては，科研費(基盤C)「科学コミュニケーションを活用した研究倫理教育の研究」(15K00983，研究代表者：小林俊哉)にも負う．しまねアカデミア構想は，岩瀬峰代氏(島根大学)および田原敬一郎氏(未来工学研究所)と共同で発案し，科学技術振興機構「共創的イノベーションのための方法論と人材基盤の構築に向けた検討」プロジェクト(実施代表者：安藤二香)とも連動した取り組みである．

■注

1）本稿の内容の一部もこのときの原稿に基づく(Yoshizawa 2017)．
2）特に市民に限らず，幅広い専門家や利害関係者が参加する研究はトランスディシプリナリー(TD，超学際，学融合，超域)研究と呼ばれ，系統的に知識を統合し，学問領域を越え，生活世界の問題解決に焦点を当てる(Alvargonzález 2011; Klein 2010)．国際プログラムのFuture Earthはトランスディシプリナリー研究を重視している(日本学術会議 2016)．
3）権利者が自らの著作権を保持しつつ，著作物の流通を促進させることを目的としたライセンスであり，一定の条件を守れば自らの著作物を自由に利用してよいということをマークとともに意思表示することができる．
4）なるほど，応答や変化の早さや柔軟性，質を活動や制度という観点から指標化することはできよう(Wickson and Carew 2014)．だが，MoRRIプロジェクトで既存の指標を統合的に整理したところ，市民関与やジェンダー，オープンアクセスを測るのに適切な指標は多く，一方で科学教育やガバナンス，倫理についての指標は少なく，関連性が弱いことが示されている(Ravn et al. 2015)．
5）2015年5–8月にかけて30サンプルを収集した質問紙調査(パイロット)による．回答者は，STiPSや東京大学公共政策大学院「事例研究(テクノロジーアセスメント)」の受講生，その他自然科学系の学生・社会人など．調査企画と結果分析は山内保典氏と協働し，調査実施には福島杏子氏の協力を得た．
6）一つの可能性としては，研究者が自身の研究だけでなく，その研究の社会的影響についての予測と，それに対する自らの行動の公言を通じて，全人的な側面を見せる「STSステートメント」が挙げられる(小林 2017)．これは研究者と市民との社会的信頼関係の構築とともに，研究者の今後のコミットメントに一貫性をもたせる効果があるとも考えられる(チャルディーニ 2014)．なお，異分野融合の対話のためには「今やっていること」よりもその「人格」のほうが大事とされる(京都大学学際融合教育研究推進センター 2016)．
7）これはSTS(science, technology and society)ないしSSI(socioscientific issues)教育の類縁でもあり(Blonder, Zemler and Rosenfeld 2016)，より幅広く捉えようとする動きもある．STS教育やSSI教育は国際的に中等教育の文脈で位置づけられ，日本でもRRIの観点から理科教育・科学教育の高大接続が問題となっている．内田隆氏，福井智紀氏との対話に基づく．

8）当日のセッションでの議論については，HEIRRIホームページに掲載されている．http://heirri.eu/
news/heirri-iau-15th-general-conference-higher-education-catalyst-innovative-sustainable-societies/

9）SciREXセンターでも，「科学技術イノベーションと社会に関する測定」の研究において，OECDな
どとの連携を図るなかで，SDGsの指標が参照されている．

10）京都大学学際融合教育研究推進センター（CPIER）は学内の学際融合を促進すべく，硬軟織り交ぜた
活動を矢継ぎ早に展開している（京都大学学際融合教育研究推進センター2015）．また，学内の中間機関・
人材として，大学リサーチアドミニストレーター（URA）やインスティテューショナル・リサーチ（IR）が，
俯瞰的な立場で責任ある研究と教育の接続をすることも期待される（吉澤2013a）．

11）助成されていなかったり，不完全であったり，ただ無視されているが，社会運動や市民社会組織が
研究の価値があるとされている研究分野は「手のつけられていない科学」（undone science）と呼ばれて
いる（Frickel et al. 2010）．

12）グラスルーツ・イノベーションとは，隣人やコミュニティグループ，活動家らのネットワークが人々
と協働し，持続的発展に向けた草の根的な解決策を生み出す活動を指す．社会正義や環境的レジリエ
ンスを支持するようなイノベーションを導く民主主義の新たな形態と捉えられる（Smith and Stirling
2016）．

13）「中文字の社会」は，国際シンポジウム「AI・ロボットのテクノロジーアセスメントと社会の対応」
（東京大学弥生講堂アネックス，2017年3月15日）のパネルディスカッションにおける城山英明氏の表
現である．

14）責任あるイノベーションに関しては，たとえば次のようなプロジェクトがある．PRISMAは合成生物
学やナノテクノロジー，自動運転車，IoTなどの技術分野において，製品を既存の技術的・社会的・規
制的枠組みとどのように接合するかという観点から，8つの企業とともにパイロット研究を進めている
（http://www.rri-prisma.eu/）．COMPASSはナノエレクトロニクス，バイオメディシン，サイバーセ
キュリティという3つの新しい産業セクターにおいて，中小企業が責任を持って包摂的に研究開発・イ
ノベーション活動を進められるよう支援するプロジェクトである（https://innovation-compass.eu/）．
Responsible-Industryは，高齢化社会において健康やウェルビーイングのために情報通信技術を活用し
た製品やサービスを提供する民間企業が，どのように責任を持って研究・イノベーションに取り組める
かを探っている（http://www.responsible-industry.eu/）．

15）たとえば再帰性はStilgoe, Owen and Macnaghten（2013），Burget, Bardone and Pedaste（2017），
省察性はOwen, Macnaghten and Stilgoe（2012），Klassen et al.（2014）など．両者を併用している例も
見られる（von Schomberg 2013）．

16）RRIは熟議プロセスにおける政治や権力の役割，代表民主制に対して直接民主制を優先することの意
義，権威主義的な価値配分のあり方についてほとんど語らない（van Oudheusden 2014）．一方で，「責
任あるイノベーション，誰がそれに反対しうるのか？」（Guston 2015）というように，大言の政治的引
力は強いものの，研究やイノベーションの日常を変えうるものではないかもしれないという危惧はある
（Stilgoe and Guston 2016）．

17）日本では，科学的助言に関して平川（2014），アドボカシーに関して朝山・江守・増田（2017）が挙げ
られる．また，アドボカシーについては，2017年4月22日に世界各地で行われた「科学のための行進」
もあり，RRIの流れにおいて取り上げられている（Mirambeau & Louët 2017）．

18）有本・佐藤・松尾（2016）を参照のこと．SciREX事業の一環であり，エビデンスに基づく政策形成に
向けた幅広い関与の実践として，政策デザインワークショップ（吉澤2013c）や，対話型パブリックコメ
ント（前波・吉澤・加納2016）が挙げられる．

19）「アンケート公害（経済気象台）」朝日新聞，東京夕刊，1986年12月9日．

20）「被災者へきえき 殺到する被害調査を一元化」読売新聞，東京朝刊，1995年2月9日．

21）第26回Policy Platform Seminar「ガバナンスにおける社会的空間―福島のこれから」（東京大学，
2014年10月1日）のパネルディスカッションにおける鈴木浩氏および松本行真氏の発言による（http://
stig.pp.u-tokyo.ac.jp/?p=678）．また，山本（2010）も参照されたい．

22）したがって，しまねアカデミア構想は，中間機関の制度化に代わるゆるやかな協働的ガバナンスの形

態である第三世代テクノロジーアセスメントや，インターメディアという発想と同源である（Yoshizawa 2016）．

23）ただし，ユーザー参加型の研究会を模索したニコニコ学会βの活動はバーチャルな学術研究組織であり，世界的にもユニークな市民関与の取り組みとして特筆されてよい（江渡 2012; 江渡・土井 2017）．

24）2017 年現在，島根県の人口あたりの NPO 法人認証数は全国 13 位である．NPO 認証数は内閣府 NPO 統計情報（2017 年 2 月 28 日）より，人口は総務省統計局の都道府県別人口推計表（2016 年 10 月 1 日）を基に算出．また，島根県のボランティア活動の行動者率は 2011 年時点で全国 4 位である．総務省統計局「平成 23 年社会生活基本調査」に基づく．また，雲南市では地域自主組織と呼ばれる，小学校区単位で編成されている住民組織があり，課題解決型の小規模多機能自治を実践している．

25）クリエイティブ都市論（フロリダ 2014）や認知資本主義（山本 2016）のローカルなアプローチとして里山資本主義（藻谷 2013）を措定すれば，しまねアカデミア構想はアカデミックキャピタリズム（スローター・ローズ 2012）に抗する里山資本主義的オルタナティブと見ることができるかもしれない．また，しまねアカデミアは「大学 1.5」という別称も持っているように，大学の各部局が比較的独立して内外との柔軟な連携を展開していくという大学のポストモダン的将来像にもつながる（Rip 2011）．

■文献

Alvargonzález, D. 2011: "Multidisciplinarity, interdisciplinarity, transdisciplinarity, and the sciences," *International Studies in the Philosophy of Science* 25(4), 387–403.

安藤二香 2013：「社会問題の解決を目指す研究開発プログラム——需要側の参加を重視したマネジメント事例」『社会技術研究論文集』10，1–10.

安藤二香 2016：「実質的なプログラム化に向けた RISTEX 評価の取り組み」『研究・イノベーション学会第 31 回年次学術大会講演要旨集』618-9.

有本建男，佐藤靖，松尾敬子 2016：『科学的助言——21 世紀の科学技術と政策形成』東京大学出版会.

朝山慎一郎，江守正多，増田耕一 2017：「気候論争における反省的アドボカシーに向けて——錯綜する科学と政策の境界」『社会技術研究論文集』14，21–37.

Blonder, R., Zemler, E. and Rosenfeld, S. 2016: "The story of lead: a context for learning about responsible research and innovation (RRI) in the chemistry classroom," *Chemistry Education Research and Practice* 17, 1145–55.

Brown, A., Franken, P., Bonner, S., Dolezal, N. and Moross, J. 2016: "Safecast: successful citizen-science for radiation measurement and communication after Fukushima," *Journal of Radiological Protection* 36(2), S82–S101.

Burget, M., Bardone, E. and Pedaste, M. 2017: "Definitions and conceptual dimensions of responsible research and innovation: a literature review," *Science and Engineering Ethics* 23(1), 1–19.

チャルディーニ，R.B. 2014：社会行動研究会訳『影響力の武器——なぜ，人は動かされるのか』第三版，誠信書房；Cialdini, R. B. *Influence: Science and Practice*, 5th ed., Allyn and Bacon, 2008.

Dacos, M. 2014: "Open access to bibliodiversity," https://bn.hypotheses.org/11551

Davis, M. and Laas, K. 2014: "'Broader impacts' or 'responsible research and innovation'? A comparison of two criteria for funding research in science and engineering," *Science and Engineering Ethics* 20(4), 963–83.

江渡浩一郎 2012：「ユーザー参加型の価値を追究する新しい学会——ニコニコ学会βの試み」『情報管理』55(7)，489–501.

江渡浩一郎・土井裕人 2017：「共創型イノベーションを創出する——ニコニコ学会βの活動を通じて」『情報管理』59(10)，666–75.

European Commission 2015: "Science education for responsible citizenship," report to the European Commission of the Expert Group on Science Education, EUR 26893 EN.

Feyerabend, P. 1978: *Science in a Free Society*, NLB, London.

フロリダ, R. 2014：井口典夫訳『新クリエイティブ資本論——才能が経済と都市の主役となる』ダイヤモンド社：Florida, R. *The Rise of Creative Class Revisited: Revisited and Expanded*, Basic Books, 2014.

Frickel, S., Gibbon, S., Howard, J., Kempner, J., Ottinger, G. and Hess, D. J. 2010: "Undone science: charting social movement and civil society challenges to research agenda setting," *Science, Technology, & Human Values* 35(4), 444-73.

藤本翔一，吉澤剛 2016：「責任ある研究・イノベーションのためのプロジェクトマネジメント～NEDO PJを事例に」『研究・イノベーション学会第31回年次学術大会講演要旨集』88-93.

福田名津子 2013：「人文・社会科学の国際化と言語の問題」『一橋大学附属図書館研究開発室年報』1，43-60.

福島杏子 2010：「科学技術と社会をつなぐ研究の支援的マネジメントの実践」『科学技術コミュニケーション』8，85-98.

福澤尚美 2016：「ジャーナルに注目した論文発表の特徴——オープンアクセス，出版国，使用言語の分析」『NISTEP RESEARCH MATERIAL』No. 254，文部科学省科学技術・学術政策研究所.

郷原信郎 2013：『組織の思考が止まるとき：「法令遵守」から「ルールの創造」へ』毎日新聞出版.

Grunwald, A. 2011: "Responsible innovation: bringing together technology assessment, applied ethics, and STS research," *Enterprise and Work Innovation Studies* 7, 9-31.

Guston, D.H. 2015: "Responsible innovation: Who could be against that?" *Journal of Responsible Innovation* 2(1), 1-4.

林和弘 2016：「オープンアクセスとオープンサイエンスの最近の動向：ビジョンと喫緊の課題」『表面科学』37(6)，258-62.

Hennen, L. 2015: "Increasing public engagement in R & I: outcomes of the Engage2020 project," presented at Engaging Society in Responsible Research and Innovation: What's Next?, Brussels, November 9, 2015.

平川秀幸 2014：「科学的助言のパラダイムシフト——責任あるイノベーション，ポストノーマルサイエンス，エコシステム」『科学』84(2)，195-201.

井上達彦 2012：「模倣戦略のタイポロジー」『早稲田商学』431，607-31.

Irwin, A. 1995: *Citizen Science: A Study of People, Expertise and Sustainable Development*. Routledge.

Jasanoff, S. 2003: "Technologies of humility: citizen participation in governing science," *Minerva* 41(3), 223-44.

Klaassen, P., Kupper, F., Rijnen, M., Vermeulen, S. and Broerse, J. 2014: "Policy brief on the state of the art on RRI and a working definition of RRI," D1.1, RRI Tools: Fostering Responsible Research and Innovation.

Klein, J.T. 2010: "A taxonomy of interdisciplinarity," Frodeman, R., Klein, J.T. and Mitcham, C. (eds.) *The Oxford Handbook of Interdisciplinarity*. Oxford University Press, 15-30.

小林俊哉 2017：「科学技術イノベーションに対する研究者のセルフ・テクノロジーアセスメント：九州大学におけるSTSステートメントの試み」『科学技術社会論研究』13，122-30.

Koizumi, A., Morita, Y. and Kawamoto, S. 2013: "Reward research outreach in Japan," *Nature* 500(1 August), 29.

京都大学学際融合教育研究推進センター 2015：『異分野融合，実践と思想のあいだ.』.

京都大学学際融合教育研究推進センター 2016：『はじめての異分野合同プロジェクトガイドブック ver. 1』.

Lentzos, F. 2008: "Countering misuse of life sciences through regulatory multiplicity," *Science and Public Policy* 35(1), 55-64.

Lingner,S. 2015: "Exploring 'responsibility' in research and innovation: the perspective from technology assessment," Bowman, D. M. et al. (eds.) *Practices of Innovation and Responsibility: Insights from Methods, Governance and Action*, IOS Press, 99-110.

前波晴彦，吉澤剛，加納圭 2016：「『対話型パブリックコメント』の地域政策への適用」『日本地域政策研究』16，38-47.

松尾真紀子 2013：「将来ビジョンの描き方──フォーサイト：レジリエンス概念からの示唆とガバナンスの検討」『研究 技術 計画』28 (2)，175-84.

Mirambeau, G. and Louët, S. 2017: "March for science: reaching out for bottom-up governance," EuroScientist, 17 February 2017.
http://www.euroscientist.com/march-science-reaching-bottom-governance/

宮本常一，安渓遊地　2008：『調査されるという迷惑──フィールドに出る前に読んでおく本』みずのわ出版.

Mohr, A., Raman, S. and Gibbs, B. 2013: "Which publics? When? Exploring the policy potential of involving different publics in dialogue around science and technology," Sciencewise-ERC.

文部科学省 2009：「人文学及び社会科学の振興について（報告）──「対話」と「実証」を通じた文明基盤形成への道」科学技術・学術審議会学術分科会，平成 21 年 1 月 20 日.

文部科学省 2015：「社会と科学技術イノベーションとの関係深化に関わる推進方策～共創的科学技術イノベーションに向けて～」安全・安心科学技術及び社会連携委員会，平成 27 年 6 月 16 日.

文部科学省 2016a：「学術情報のオープン化の推進について（審議まとめ）」科学技術・学術審議会学術分科会学術情報委員会，平成 28 年 2 月 26 日.

文部科学省 2016b：「平成 28 年版科学技術白書」平成 28 年 5 月 20 日.

森田瑞樹 2014：「患者中心の情報管理とそれを可能にする新しいインフォームドコンセント」『情報管理』57 (1)，3-11.

Morton, T. 2016: *Dark Ecology: For a Logic of Future Coexistence*, Columbia University Press.

藻谷浩介 2013：『里山資本主義──日本経済は「安心」の原理で動く』角川書店.

武藤香織 2014：「臨床試験への患者・市民参画（patient and public involvement: PPI）とは何か」『医薬ジャーナル』50 (8)，93-8.

中村征樹 2016：「研究不正問題をどう考えるか──研究公正と『責任』の問題」『哲学』67，61-79.

日本学術会議 2016：「持続可能な地球社会の実現をめざして──Future Earth（フューチャー・アース）の推進」フューチャー・アースの推進に関する委員会，2016 年 4 月 5 日.

野田正彰 1995：『災害救援』岩波書店.

額賀淑郎 2012：「大学の地域社会貢献としてのサイエンスショップの研究」調査資料 210，文部科学省科学技術政策研究所.

OECD 2015: *Making Open Science a Reality*, Organisation for Economic Co-operation and Development.

Owen, R., Macnaghten, P. and Stilgoe, J. 2012: "Responsible research and innovation: from science in society to science for society, with society," *Science and Public Policy* 39 (6), 751-60.

パリサー , E. 2012：井口耕二訳『閉じこもるインターネット──グーグル・パーソナライズ・民主主義』早川書房；Pariser, E. *The Filter Bubble: What the Internet Is Hiding from You*, Penguin Press, 2011.

Ravn, T., Nielsen, M. W., Mejlgaard N. and Lindner, R. 2015: "Synthesis report on existing indicators across RRI dimensions," Progress report D3.1, Monitoring the Evolution and Benefits of Responsible Research and Innovation (MoRRI).

Ribeiro,B.E. and Smith,R.D.J. and Millar,K. 2017: "A mobilising concept? Unpacking academic representations of responsible research and innovation," *Science and Engineering Ethics* 23 (1), 81-103.

Rip, A. 2011: "The future of research universities," *Prometheus* 29 (4), 443-53.

佐藤真久，阿部治(編) 2012：『持続可能な開発のための教育：ESD 入門』筑波書房.

佐藤翔 2013：「オープンアクセスの広がりと現在の争点」『情報管理』56 (7)，414-24.

標葉隆馬 2017：「『インパクト』を評価する──科学技術政策・研究評価」『冷戦後の科学技術政策の変容：科学技術に関する調査プロジェクト報告書』国立国会図書館，39-53.

標葉隆馬，上田昌文，中尾央，川本思心，吉澤剛 2016：「自然科学系学協会における RRI 活動に関する基礎調査」『研究・イノベーション学会第 31 回年次学術大会講演要旨集』94-7.

篠原雅武 2016：『複数性のエコロジー──人間ならざるものの環境哲学』以文社.

スローター , S., ローズ, G. 2012：成定薫監訳『アカデミック・キャピタリズムとニュー・エコノミー

——市場，国家，高等教育』法政大学出版局；Slaughter, S. and Rhoades, G. *Academic Capitalism and the New Economy*, Johns Hopkins University Press, 2004.

Smith, A. and Stirling, A. 2016: *Grassroots Innovation and Innovation Democracy*, STEPS Working Paper 89, Brighton: STEPS Centre.

総務省 2016：「平成 28 年科学技術研究調査結果」統計局．

Stilgoe, J. and Guston, D.H. 2013: "Responsible research and innovation," Felt, U., Fouché, R., Miller, C. A. and Smith-Doerr, L. (eds.) *The Handbook of Science and Technology Studies*, 4th ed., The MIT Press, 853–80.

Stilgoe, J., Owen, R. and Macnaghten, P. 2013: "Developing a framework for responsible innovation," *Research Policy* 42(9), 1568–80.

Stirling, A. 2006: "Precaution, foresight and sustainability: reflection and reflexivity in the governance of science and technology," Voß, J-P., Bauknecht, D. and Kemp, R. (eds.) *Reflexive Governance for Sustainable Development*, Edward Elgar, 225–72.

Stirling, A. 2016: "Addressing scarcities in responsible innovation," *Journal of Responsible Innovation* 3 (3), 274–81.

菅豊 2013：『「新しい野の学問」の時代へ——知識生産と社会実践をつなぐために』岩波書店．

鈴木敏正，佐藤真久，田中治彦（編）2014：『環境教育と開発教育——実践的統一への展望：ポスト 2015 の ESD へ』筑波書房．

田中浩也，門田和雄（編）2013：『FAB に何が可能か：「つくりながら生きる」21 世紀の野生の思考』フィルムアート社．

Tidd, J. and Bessant, J. 2009: *Managing Innovation: Integrating Technological, Market and Organizational Change*. John Wiley & Sons.

ヴァン＝マーネン，M. 2011：村井尚子訳『生きられた経験の探究——人間科学がひらく感受性豊かな〈教育〉の世界』ゆみる出版；van Manen, M. *Researching Lived Experience: Human Science for an Action Sensitive Pedagogy*, 2nd ed., Routledge, 1997.

van Oudheusden, M. 2014: "Where are the politics in responsible innovation? European governance, technology assessments, and beyond," *Journal of Responsible Innovation* 1(1), 67–86.

von Schomberg, R. 2013: "A vision of responsible research and innovation," Owen, R., Bessant, J. and Heintz, M. (eds.) *Responsible Innovation: Managing the Responsible Emergence of Science and Innovation in Society*. Wiley.

Wickson, F. and Carew, A.L. 2014: "Quality criteria and indicators for responsible research and innovation: learning from transdisciplinarity," *Journal of Responsible Innovation* 1(3), 254–73.

山本泰三（編）2016：『認知資本主義——21 世紀のポリティカルエコノミー』ナカニシヤ出版．

山本崇記 2010：「社会調査の方法と実践——『研究者』であること」山本崇記，高橋慎一（編）『「異なり」の力学——マイノリティをめぐる研究と方法の実践的課題』生存学研究センター報告 14，294-318.

安冨歩 2012：『原発危機と「東大話法」——傍観者の論理・欺瞞の言語』明石書店．

横山美和，大坪久子，小川眞理子，河野銀子，財部香枝 2016：「日本における科学技術分野の女性研究者支援政策——2006 年以降の動向を中心に」『ジェンダー研究：お茶の水女子大学ジェンダー研究センター年報』19，175-91.

吉澤剛 2013a：「責任ある研究・イノベーション——ELSI を越えて」『研究 技術 計画』28(1)，106-21.

吉澤剛 2013b：「学会とは何だったのか：日本の学協会の歴史と社会的役割」『研究・技術計画学会第 28 回年次学術大会講演要旨集』703-8.

吉澤剛 2013c：「政策デザインワークショップ：実務家と研究者の知識交流の場」『研究・技術計画学会第 28 回年次学術大会講演要旨集』917-20.

吉澤剛 2014：「大学・学協会の社会的責任論」『研究・技術計画学会第 29 回年次学術大会講演要旨集』634-7.

Yoshizawa, G. 2016: "From intermediary to intermedia: technology assessment (TA) and responsible research and innovation (RRI)," Moniz, A. and Okuwada, K. (eds.) *Technology Assessment in Japan and Europe*, KIT Scientific Publishing, 37–55.

Yoshizawa, G. 2017: "Overview of RRI practices in Japan", uploaded on 24 March 2017. https://sites.google.com/site/osrrijsps/overview

吉澤剛・山口健介 2013：「レジリアンス論をエネルギーガバナンスから問い直す」『日本公共政策学会2013 年度研究大会予稿集』.

ヤング, J. 2008：木下ちがや・中村好孝・丸山真央訳『後期近代の眩暈——排除から過剰包摂へ』青土社；Young, J. *The Vertigo of Late Modernity*, Sage, 2007.

Zwart, H., Landeweerd, L. and van Rooij, A. 2014: "Adapt or perish? Assessing the recent shift in the European research funding arena from 'ELSA' to 'RRI'," *Life Sciences, Society and Policy* 10: 11.

Research Note

■Journal of Science and Technology Studies, No. 14 (2017)■

Je suis en terrasse: Worries and Hopes in the Practice of Responsible Research and Innovation

YOSHIZAWA, Go *

Abstract

Among different practices of responsible research and innovation (RRI) in Japan, their key policy agendas including open access, gender equality and public engagement are relatively visible and measurable with reference to diversity, inclusiveness, openness and transparency. Such emphasis might in turn make less visible asymmetric relationship between experts and citizens and backlash of the bulimic society. In the area of ethics and science education, autonomous development of the norm and mimic strategy among expert communities is necessary to facilitate responsiveness and adaptive change at the person cognitive and behavioral level. Anticipatory and reflective governance to connect research, innovation, education and community service and to envision the development of human resources, institutions and communities should reposition the practice of RRI in the public sphere.

Keywords: reflexivity, reflectiveness, education for sustainable development (ESD), bulimic society, democracy

---

Received: April 28, 2017; Accepted in final form: August 18, 2017
＊Graduate School of Medicine, Osaka University. go@eth.med.osaka-u.ac.jp

短報

デュアルユース研究とRRI

現代日本における概念整理の試み

川本　思心*

要　旨

　2015年からデュアルユース研究のための「安全保障技術研究推進制度」が開始された．防衛装備庁によるこの制度は，日本の科学技術政策の一つの転換点であり，大学の研究環境に多大な影響を与えると懸念されている．そしてデュアルユース研究とは何か，大学はどう対応すべきかが議論されている．本稿では米国におけるデュアルユース概念の成立と変化を踏まえたうえで，2000年代以降の日本における「デュアルユース」概念の内容分析を行った．学術セクターは2011年頃から新しいデュアルユース概念である「用途両義性」に注目してきた．一方，2005年頃から「軍民両用性」が「安全・安心科学技術」の文脈の中で発展してきた．二つの概念は統合されず，別々に論じられている．以上のような日本における「デュアルユース」議論の問題点をRRI（Responsible Research and Innovation：責任ある研究・イノベーション）の枠組みを用いてさらに検討した．現在の議論は，軍民両用性・用途両義性のいずれについても不十分であり，今後起こりうる問題に応答的であるとは言い難い．

1.「デュアルユース」への注目

　2015年度から防衛装備庁による助成制度「安全保障技術研究推進制度」（以下「推進制度」と略）が開始された．推進制度の目的は「防衛技術にも応用可能な先進的な民生技術（デュアルユース技術）を積極的に活用する」とされており，「デュアルユース」がキーワードになっている（防衛装備庁2017, 2）.
　これに対し，日本学術会議は2016年6月から2017年3月までに11回の検討委員会と，1回のフォーラム，1回の幹事会をへて，2017年3月と4月に，『軍事的安全保障研究に関する声明』（以下『2017年声明』と略）と『軍事的安全保障研究について』（以下『2017年報告』と略）を発表した[1]．『2017年声明』と『2017年報告』は，学術研究の健全な発展に欠かせない自主性・自律性・公開性を担保するために軍事目的の研究は行わない，としている（日本学術会議2017a; 2017b）.
　これらの動きに対するメディアの反応も大きく，「デュアルユース」を含む新聞記事は2014年

2017年7月7日受付　2017年8月18日掲載決定
*北海道大学理学研究院, ssn@sci.hokudai.ac.jp

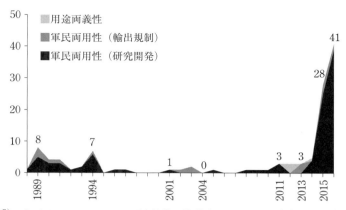

図1 国内主要4紙[3]におけるデュアルユース記事数の推移（1988〜2016年）．総記事数は120件．内訳は軍民両用性（研究開発）101件，軍民両用性（輸出規制）14件，用途両義性5件．主要な出来事が起きた年を横軸に記載した（1989年：冷戦終結，1994年：米デュアルユース政策，2001年：炭素菌テロ，2004年：フィンクレポート，2011年：鳥インフル論文，2013年：ImPACT，2015年：推進制度）．

の5件が，2015年には28件，2016年には41件と大幅に増加した（図1）．また，著名な研究者による一般書も多く出版された[2]．これらの中で繰り返し議論されてきたのは，「デュアルユース」とは何か，そして大学はデュアルユース研究にどう対応すべきか，である．

「デュアルユース」は近年新たに作られた言葉ではない．図1に示す通り，1980年代後半から1990年代前半にかけても社会的な話題になっている．しかし，近年の急激な「デュアルユース」の再登場，あるいは再発明については，軍事研究を「推進するための有用な概念としてデュアルユースが用いられて」いるのではないか（川本2015, 157），また「ある種の時代性，それも一定の「キャンペーン性」」があるのではないか，という指摘がなされている（塚原2017, 20）．本稿では，上記の問題意識を持ちつつ，現在の日本において，「デュアルユース」という言葉が，誰に，いつ，どのように使われてきたのかに注目することで，大学研究に対する要請と，科学技術を巡るアクターの関係性の変化の一端を捉えることを目指す[4]．

一方で，デュアルユース研究や軍事研究そのものに対する是非は直接的に論じない．概念を議論するだけで，現実問題を直視しない科学技術社会論に存在意義はないかもしれない．また，石崎（2014, 発表スライド）は，デュアルユースという概念について，「"両義性"概念自体が"負の側面を受け入れる"口実あるいはそうすべきリアリティとして機能してしまう性質」があると指摘している．同様に，デュアルユース概念を議論の中心とすること自体が，問題の本質を遠ざける危険性を孕んでいるかもしれない．しかし，まず俯瞰的な視点で，「デュアルユース」概念を整理することは，やはり学術が担うべき最低限の機能であり，そこから問題点は自ずから浮き上がってくると期待したい．

まず2章で，米国におけるデュアルユース概念の歴史と背景について整理する．デュアルユース概念の源流を理解することは，現在と将来の日本のそれを把握する上で必要不可欠である．次の3章で，公的資料等の内容分析を用いて，近年日本におけるデュアルユース概念の特徴を捉えていく．そして最後に4章で，RRIの枠組みを用いてデュアルユース問題にどう対応すべきかを整理する．

2. 米国におけるデュアルユース概念の発展

米国を起源とするデュアルユース概念は，「軍民両用性」と「用途両義性」に大別することができる．

2.1 章で軍民両用性について，2.2 章で用途両義性についてまとめる．

2.1 軍民両用性としてのデュアルユース

デュアルユース概念は，第二次世界大戦を経た米国の軍事政策・科学技術政策の中で登場した．この概念の最も広義な定義は「軍事用途と商業用途の両方を有する技術（technology that has both military and commercial applications）」（Alic et al. 1992, 4）であろう．これを本稿では「軍民両用性」と表記する．米国防総省はさらにデュアルユースを，技術，プロセス，製品の三つに分けて定義している（US DoD 1992, 30）．また，「デュアルユース関係（Dual-use relationship）」にも言及されている事に注目すべきであろう（Alic et al. 1992, 4）．デュアルユースは「モノ」としての技術に限定された概念ではない[5]（表 1）．

表 1　米国のデュアルユース概念の例　＊USDoD（1992），† Alic（1992）より筆者訳

デュアルユース 技術* Dual-use technology	防衛および商業生産の両方に適用可能な研究および開発の分野．国防総省と商業的顧客の双方にとって重要な技術．一般的なレベルでは，今日の重要な技術の大半はデュアルユース技術と見なすことができる 例）監視システム，ビデオカメラ，およびロボットビジョンシステムに幅広く応用されるイメージングセンサー技術
デュアルユース プロセス* Dual-use process	はんだ付け，プロセス制御，コンピュータ支援設計などの防衛および商用製品の製造に使用できるプロセス．防衛製品と商業製品の分離の結果，これらのプロセスは防衛製品固有の基準に結びついていることが多い
デュアルユース 製品* Dual-use product	軍用および商用の両方の顧客が使用する製品 　　例）全地球測位システム（GPS），航空機エンジン，国防総省が使用する医療・安全機器． 商用製品の改造による軍用製品 　　例）米空軍 KC-10A エクステンダー給油機：DC-10 旅客機の改設計 　　　　CUCV（Commercial Utility Cargo Vehicle）：GM シボレー ブレイザーの改設計 国防総省のデュアルユース製品の購入能力は，軍事仕様と基準の要件，および商用企業が購入数を遵守する程度によって制限される
デュアルユース 関係† Dual-use relationship	デュアルユース技術を介してつながる軍と商業セクターとの関係

軍民両用性概念の力点は時代や用いる状況によって異なる．その歴史的経緯の詳細については多くの文献（Alic et al. 1992; Richard et al. 1996; 松村 2001; 2006; 小林; 2017a; 2017b; 吉永 2017）で述べられているため，本稿では概要のみを以下に記す．

2.1.1 新冷戦期：「デュアルユース」の誕生

米国では第二次世界大戦を通じて連邦政府による科学技術の動員体制が整備され，民生技術とは異なる性質[6]をもつ軍事技術，および軍産複合体が成立した．そして戦後，スピンオフ（軍事から民生への転用），さらにスピンオン（民生から軍事への転用）をへて，1980 年代にデュアルユース概念が登場した．

1980 年代の新冷戦期におけるデュアルユース政策の背景には，1970 年代の米ソのデタントによって減少の一途をたどった国防研究開発費の効率的な運用や，硬直化した軍事技術の刷新があった．初期の大規模デュアルユース政策の典型として知られる VHSIC（Very-High-Speed Integrated Circuit）計画（1980 ～ 90 年）は，半導体開発競争で日本に対抗したい民間企業と，基盤技術の開発を行いたい軍の共同計画である．これらの政策[7]は，デュアルユース技術・製品の両用性を促進す

136

る政策と言える．

一方で，抑制的な政策もこれ以前から存在している．COCOM(Coordinating Committee for Multilateral Strategic Export Controls：対共産圏輸出統制委員会)は，西側諸国のデュアルユースプロセスおよび製品の，東側諸国への輸出規制のために1950年に設立された．この文脈でのデュアルユースの定義は既述の定義と異なり，革新的技術開発の意味合いは弱い．例えば「「いくぶん性能・機能を改善することによってか，もしくはすでに保有している兵器をより機敏で安価にすることによって漸進的な改善」を可能にする技術」（松村 1999, 21）と定義されている[8]．

2.1.2　ポスト冷戦期：上流過程と促進・抑制両面への拡張

冷戦の終結によって，再び国防予算が大幅に削減される中，ポスト冷戦期のデュアルユース政策が1993年に成立したクリントン政権によって積極的に推進された．軍民転換，ミルスペックの緩和，デュアルユース研究の促進などである（日本機械工業連合会 2006；小林 2017a）．ポスト冷戦期のデュアルユース概念の大きな特徴は，促進的側面では，経済安全保障の概念が加わったことであり，抑制的側面では，輸出規制の対象が変化したことである．クリントン政権は，国際的経済競争力を強める手段としてデュアルユース技術を位置付け，大学での応用研究等の，より上流過程に積極的に関与することを目指した（図2）．1994年に解散となったCOCOMにかわって1996年に設立されたワッセナーアレンジメントでは，輸出規制を緩和して経済的利益も確保しつつ，規制対象国を東側諸国に限らず，国家やテロリスト等の非国家組織も対象とした．これは米ソ二大国による構造からの安全保障環境の変化や，技術のデュアルユース化が進んだことが背景といわれている（小林 2017a）．

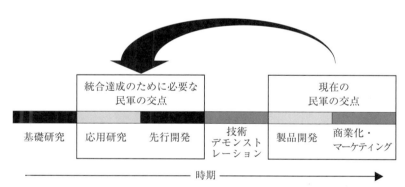

図2　「民軍統合を実現するための重点の転換」と題されたデュアルユース政策の模式図．Richard et al.(1996) より作成．「民軍」の順は原文「Commercial-Military」のままとしてある．

2.1.3　現在：遍在化するデュアルユース

2001年に起きた米同時多発テロ，いわゆる9.11は，冷戦後の安全保障技術の方向性をより明確化した．対テロ戦争やハイブリッド戦争のような，戦時と平時，軍と非正規組織，前線と後方の境界が曖昧化した状況では，先進的な情報技術が極めて重要となる．また，他国による技術的サプライズを予防し，先んじて新興／先進技術を研究・開発しなければならない（小山田 2016）．従って，萌芽的な技術をはやく見出し，より積極的に革新的なデュアルユース技術を開発する必要がある．そのための一つの組織が，1999年にCIAによって設立されたベンチャーキャピタル In-Q-Telである（小林 2017b）．また，規制的側面では，情報技術の発達とプロセス技術の一般化により，デュア

ルユースプロセス・製品だけではなく，デュアルユース技術（情報および人）の管理も重要になってきている．

以上，デュアルユース概念の変遷を概観してきた．その背景には，国防研究開発費の減少，政府資金に比べて増大した民間資金の活用，そして経済・イノベーションへの貢献という経済的原理が働いている．また，研究・開発への関与はより上流へ遡り，それに従いデュアルユース関係も，VHSIC計画，DARPA（Defense Advanced Research Projects Agency：国防高等研究計画局），In-Q-Telのように，大規模，直接的形態から，小規模で間接的形態まで幅広く存在してきている．

なお，米国のデュアルユース政策と日本は無関係ではなく，米国防総省と日本の民間企業との共同研究は，90年代半ばに新聞紙上でも話題となっている（例えば，日本経済新聞1994）（図1も参照）．一方，企業と異なり，日本の大学・研究機関はデュアルユース関係の中に表立って入ってはいなかった．ただし存在しなかったわけではない．米軍と日本の大学のデュアルユース関係は密かに遍在化していたというべきだろう．1967年には，米陸軍が57研究に資金提供していたと報道され社会問題となった（杉山2017, 61）．近年も同様であり，2010年度以降の6年間に，米空軍が延べ128人に総額8億円以上を提供していたと報道されている（毎日新聞2017）．

2.2　用途両義性としてのデュアルユース

9.11直後の炭素菌テロは米国の国家安全保障コミュニティだけではなく科学コミュニティに大きな衝撃を与え，従来の軍民両用性としてのデュアルユースは，新しい概念へと拡張された．本稿ではこの新しい概念を「用途両義性」と表記する．用途両義性は，デュアルユースジレンマ（Dual use dilemma）やDURC（Dual Use Research of Concern：デュアルユース性が懸念される研究）といった言葉が使われるように，軍民両用性と異なり，規制的な側面が中心である．以下にその成立背景と関連概念を概観する．

2.2.1　バイオテロリズムとフィンクレポート

2001年9月18日と10月9日に，マスメディアや上院議員に対して炭素菌が郵便で送られるテロが発生した．これを受けて，NRC（National Research Council of the National Academies）は*Biotechnology Research in an Age of Terrorism*，通称フィンクレポートを2004年に発表した．この中でデュアルユースジレンマは，「同じ技術が人類の進歩のための正統的使用と，バイオテロリズムのための誤用に使われうること（the same technologies can be used legitimately for human betterment and misused for bioterrorism）」と記された（NRC 2004）．

もちろん，炭素菌テロによって急にデュアルユースジレンマが注目されたわけではない．フィンクレポートが冒頭で言及しているように，さかのぼれば1975年のアシロマ会議の先例がある（NRC 2004）．遺伝子組換え技術が，意図しない有害な生物を作り出すことを防ぐために，アシロマ会議で科学者コミュニティは自主的にモラトリアムを実施し，ガイドラインを作成した．しかし，炭素菌テロにより，破壊的目的に意図的に用いられることが，現実的な脅威として懸念されるようになったのである．これに対してフィンクレポートは七つの勧告を記している．教育・実験計画の審査・出版段階の審査・独立諮問機関設立・悪用防止措置・安全保障機関との連携・国際的監視体制である（NRC 2004）．

ここで注意すべきは，用途両義性としてのデュアルユース概念は，従来の軍民両用性と断絶があるわけではない，という点である．フィンクレポートの中では，軍民両用性について言及しているだけでなく[9]，生物兵器の歴史に関する補足的記述まであり，両者の接続が意識されている．また，

科学諮問機関を設立する場合は，科学者コミュニティと安全保障機関の双方からメンバーを出すべきと勧告し，二つのコミュニティの適切な協力関係が必要なことが述べられている[10]．

2.2.2 デュアルユースリスクの管理

用途両義性の本質は，その両義性が使用者の意図に依存しており，不確実性が極めて高い点にある．このようなデュアルユース研究を管理するために，「デュアルユースの懸念がある研究(DURC: Dual Use Research of Concern)」も定義されている．DURCは「直接的にでも誤用されると，公衆衛生と安全，農作物や他の動植物，環境，資源，あるいは国家安全保障に広範な潜在的影響を及ぼす重大な脅威をもたらす可能性があると，現在の理解に基づいて合理的に予測される，知識，情報，製品，技術をうみだす生命科学研究」と定義されている(US Government 2014)．国家安全保障が含まれている点，そして現在の理解による合理的予測の範囲内で，先見可能な研究をDURCとしている点が興味深い．

また，リスクマネジメントの観点から，生命科学にはバイオセーフティ，バイオセキュリティおよびデュアルユースの側面が含まれており，それらに対処するべきとされている．バイオセーフティとは，実験室から外部へ危険な実験材料が事故的に拡散すること防ぎ，その害から人を守ることである．バイオセキュリティとは，実験材料や知識が，悪意ある者によって持ちだされることを防ぐこと，つまり人から研究を護ることである．このバイオセーフティとバイオセキュリティの上位に，民生応用と兵器化の可能性の両方がある軍民両用研究・知識への対応がある(NIPHE 2015)．

図3 バイオリスクマネージメントの諸相．オランダのNIPHE(National Institute for Public Health and the Environment：国立公衆衛生環境研究所)の資料(2015, 5)より作成．

このように，デュアルユースという抽象度の高い上位レベルの概念を，実際に対応可能なセキュリティ・セーフティという下位レベルに落とし込むことは，デュアルユース問題への対応において重要であろう．なお，炭素菌テロがデュアルユース議論の一つの契機だったことや，生命科学の設備依存性が他の分野より低いことなどから，用途両義性においては生命科学が中心的に論じられることが多いが，本質的にはどの分野でも同様である[11]．

2.3 有用な科学技術の帰結としての軍民両用性・用途両義性

以上のように，用途両義性としてのデュアルユース概念およびその対応には，科学コミュニティが自律的・抑制的に関与しており，科学技術のデュアルユース性を促進しようとする軍や産業界による軍民両用性概念とは大きく異なる．一方で既に述べたように両者は繋がり合い，誰がどう使う

ことが正当であり正統なのか，という議論に行きつく．そしてその議論は，安全保障上の要請だけではなく，強い経済的な要請に影響される．兵器を輸出して経済的利益を得たいが，同時に安全保障上のリスクがある国・組織には売却できない．医学的に有用な科学技術は，同時に人体に悪影響をも与えうるため，研究開発とその情報共有を制限しなければならない．科学技術が有用であり，社会から要請されればされるほど，このジレンマは強くなる．デュアルユースジレンマは，科学技術の有用性を追求してきた現代社会の帰結とも言えるだろう．

しかし，このジレンマに対して何らかのガバナンスが必要である．促進的側面にせよ（民生利用されるか，軍事利用されるか），抑制的側面にせよ（誤用されるか否か），デュアルユース問題はステークホルダーの関与の複雑性と不確実性が高いことを前提に，完全な禁止ではなく，技術，製品，研究の適切な管理や，国際的な取り決めという具体的対策と同時に論じられてきた．これらの点は，日本におけるデュアルユース概念・政策のこれまでと，これからの展開を予見する上でおさえておく必要があるだろう．

3. ポスト 9.11 の日本におけるデュアルユース概念の分析

次に，2000年代の日本におけるデュアルユース概念を，公的な資料を用いて，その言語的な特徴に注目して内容分析を行った．日本でも海外のデュアルユース概念が，同じように正確に用いられているかどうかを論じるためではない．どの概念であれ，各国の歴史的，政治的背景に大きく影響される．逆に，その概念の特徴は，それをとりまく複雑な歴史的・社会的状況の表現型として捉える事ができると考えられる．本稿ではどのようなデュアルユース概念を，誰が，誰に対して，いつ用いたのか，この10年の流れを記述することを目指す．

分析対象としては，内閣府，防衛省，文部科学省，日本学術会議，日本経済団体連合会などの，デュアルユース問題に関わる公的組織の公開資料を主に用いた[12]．ただし，国会議事録以外の議事録，ワークショップ報告書等は，その組織の確定された意見ではない記述も多く含まれるため，分析対象から除外した．資料の探索には，Google 検索を主に用い，補足的に「防衛白書の検索」と「国会会議録検索システム」を用いた．検索語は「デュアルユース」とした．

次に，収集した資料の中に記述されている「デュアルユース」について分析した．デュアルユース概念は曖昧な概念であるが，言語的な構造としてはむしろ単純であり，比較的分析しやすい．本稿では，その概念的な特徴である二つ側面が，どのように言語化されているのかを，三つの観点で整理した．第一に，デュアルユースの二つの側面を表す単語である．第二に，その言及順序である．言語学における典型理論（prototype theory）では，ある概念の範疇は典型を中心に構造化されているとされる．そして典型効果の一つとして，話者が範疇の成員を列挙した場合，典型的な成員ほどはじめの方に挙げられる強い傾向があるとされている（クルーズ 2012, 71）．つまり，軍・民と書かれているのか，民・軍と書かれているのかで，それを記述したセクターの二つの側面の優先順位を間接的に把握することができると考えられる．第三に，二つの側面をつなぐ品詞である．例えば並列の各助詞「と」（and）なのか，選択の接続詞「あるいは」（or）なのかで，デュアルユースはAとB両方なのか，AとBどちらか一方なのか，大きく意味は異なってくる．以上に加えて，軍民両用性と用途両義性の双方に同一資料内で言及しているか否かを確認した．

様々なセクターが用いるデュアルユース概念は，互いに引用・参照されることで変異していくことが考えられる．しかし引用情報が必ずしも記載されていない資料でそれを正確に把握することは困難であるため，本稿では基本的には発表順に注目するにとどめた．

3.1 デュアルユース概念の多型

3.1.1 言語的な特徴

「デュアルユース」について言及している資料を探索し，2005年から2017年までの40件の資料から57例を得た．なお資料群は，関連の強い組織でまとめて，セクターと表記した（表2）．40件のうち1件（第5期科学技術基本計画）では「デュアルユース」は用いられていなかったが，「多義性」がほぼ同様の言葉として用いられていたため，分析対象に含めた．

表2　分析対象としたデュアルユースに言及している資料

セクター	資料件数	分析対象記述例数[*]	組織名
政府	11	15	内閣府 　総合科学技術会議（2005；2006b）， 　国家安全保障会議（2013a；2013b）， 　最先端研究開発支援推進会議（2013）， 　宇宙開発戦略本部（2015）， 　総合科学技術・イノベーション会議（2016） 国会（2013a；2013b；2014），自由民主党（2013），
防衛	12	20	防衛省（2005；2009；2010；2011；2012；2014a；2014b；2015）， 防衛省技術研究本部（2014），防衛装備庁（2015；2016；2017），
企業	5	8	日本機械工業連合会（2007）， 日本経済団体連合会（2010；2011；2013；2015）
文科	5	6	文部科学省（2009；2012；2015），科学技術振興機構（2013）， 日本学術振興会（2015）
学術	7	8	日本学術会議（2011；2012；2013；2014；2016；2017b）， 東京大学（2015）

[*]同一資料において，異なる表現でデュアルユースに言及している場合，別の記述として数えた

　多くの資料が明確に「デュアルユース」を明確に定義せずに用いていたが，「軍民両用」や「用途の両義性」などの訳を併記している場合が多かった．また，両者で二側面を表す単語は明確に異なっていた．具体的には，「軍民両用」は「軍」「軍事」「防衛」「防衛，警察，消防関係」「装備品」「安全・安心」や「民生」「民間」「産業」「平和目的」を用いる例（43例，表3「広義の軍民両用性」に該当）と一致しており，「用途の両義性」では「生活」「健康」「福祉」「平和」「繁栄」や「悪用」「誤用」「破壊的」「損なう」を用いる例（5例，表3「用途両義性」に該当）と一致していた．つまり，軍民両用性と用途両義性の間では概念の混乱はなく，明確に分けられていた．

　次に，狭義の軍民両用性29例について，言及の順序を確認したところ，「軍」に類する言葉が先で「民」に類する言葉が後の例が18で（表3「軍民」に該当），その逆は11例であった（表3「民軍」に該当）．セクター別にみると，政府，防衛，企業，文科および学術の順で「軍民」の割合が高かった．

　次に，二側面をつなぐ品詞に注目した．原理的に言えば，デュアルユースの二側面の重みは等価である．あるいは不確実であるため事前に決める事はできない．したがって，二側面をつなぐのは副詞「かつ」や各助詞「と」に代表されるような，並列関係を表す言葉であると考えられる．例えば内閣府（2005, 2）では「軍において有用な用途を持ち，かつ，民間市場においても存続可能な潜在力を有する技術」と書かれている（表3「軍民」に該当）[13]．そのような，より厳密な意味での軍民両用性の例は43例中29例あった．

　しかし，「デュアルユース」「軍民両用」と記述しながらも，残りの14例は二側面のどちらか一方が主で，もう一方が従と表現されており，実際はスピンオンやスピンオフ等であることが言語的

な特徴から見出された．例えば「防衛，警察，消防関係の科学技術についても積極的に民生技術を活用」といった例（内閣府 2006a, 291）は，民生技術を安全保障関連技術に用いるスピンオンに他ならないだろう（表3「スピンオン（軍主体）」に該当）．この二側面への方向のぶれは，まさにその概念の使用者の意図を間接的に表していると考えられる（3.2.1章で後述）．

一方で，用途両義性については，「様々な面で我々の生活に恩恵をもたらし，その福祉の向上に寄与するものであるが，いったんそれが悪用されたり，誤用されたりした場合には，我々の生活を害し，社会の安全を損なう」（日本学術会議 2012, 1，傍点は筆者による）のように逆接で二側面が接続されている事が特徴であり，ぶれはなかった（表3「用途両義性」に該当）．また，必ず科学技術の肯定的側面が先に言及されていた．

表3　デュアルユース概念の類型とセクター別の使用頻度

| | 広義の軍民両用性 | | | | 軍事か民生の一方 | 軍民両用性 | | 用途両義性 | 不明 |
	スピンオフ（軍主体）	スピンオン（軍主体）	スピンオン（民主体）	スピンオフ（民主体）		軍民	民軍		
	の，を，が，にも，について，についても，の中には		への，として，に対して，		又は	と，及び，かつ，そして，に加え，にも（にも），「・」		と，が（逆接），であるが，に反して，一方	が
政府	1	2	3	0	1	6	0	0	2
文科	0	0	1	1	0	0	2	1	1
防衛	1	2	0	0	0	10	4	0	3
企業	1	0	1	0	0	2	2	0	2
学術	0	0	0	0	0	0	3	4	1

3.1.2　セクターによる語用の差と類似

表3ではセクター別のデュアルユース概念の語用傾向を把握しづらいため，その全体像をクラスター分析[14]によって可視化した（図4）．一定の傾向を見出すことができたが，サンプリングの恣意性を完全に排除できず，また例数に偏りがあるため，必ずしも正確な結果ではないことに留意する必要がある．

最も類似度が高いのは，政府・防衛・企業の三つのセクターだった．「軍」「防衛」「安全保障」およびそれに類する言葉が先に記述され，「民間」「民生」およびそれらに類する言葉が後ろに記述される「軍民」が占める割合が高かった．また，「スピンオン」も他のセクターよりも多かった．

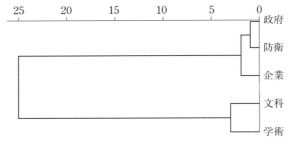

図4　各セクターが用いるデュアルユース概念の類似度を表す樹形図．
「政府・防衛・企業」，「文科」と「学術」の三つに大別される．

また，「用途両義性」に言及していない点も共通していた．

政府・防衛・企業セクターと大きく異なっていたのが，文科セクターと学術セクターだった．文科セクターは「用途両義性」だけではなく，「広義の軍民両用性」にも言及していた．これは3.2.1章で後述する「安心・安全科学技術」との関連である．学術セクターはこれまで述べたセクターと大きく異なっていた．用途両義性への言及が半分を占め，軍民両用性についても「民軍」として軍民両用性について言及していた．

3.1.3　軍民両用性と用途両義性の断絶

最後に軍民両用性と用途両義性が，同じ資料内で言及されているかどうかを確認した．2章で述べたように，本来両者は接続しうる概念であり，本稿の調査範囲とした2000年代後半以降であれば，両者に言及し，その重要性について述べることは可能である．確認の結果，両者に言及していた資料は40件のうち3件であった．

デュアルユース問題を検討するための検討委員会の立ち上げを提案する日本学術会議の『課題別委員会設置提案書』(2011, 1)では，「現在は，軍事のみならず，テロへの悪用も国際的な懸念の対象」とデュアルユース概念の広がりについて述べていた．同様に，日本学術振興会の『科学の健全な発展のために：誠実な科学者の心得』(2015, 28)では，ダイナマイトや核兵器を例にあげ軍民両用性について述べた後，鳥インフルエンザ論文問題をあげて，用途両義性について述べていた．しかし2例とも軍民両用性に補足的に言及しているだけであった．前者は，最終的に『報告　科学技術のデュアルユース問題に関する検討報告』（以下『2012年報告』と略）（日本学術会議2012）としてまとめられるが，そこでは「軍」「安全保障研究」といった言葉はなく，軍民両用性への観点は完全に失われていた．

もう一例の『戦略プロポーザル　ライフサイエンス研究の将来性ある発展のためのデュアルユース対策とそのガバナンス体制整備』（科学技術振興機構2013, 2）はさらに興味深い．「これら（筆者注：デュアルユース）の問題には国防・安全保障ならびに公安などからの対応も必要と考えられるが，JST-CRDSの科学技術政策上の役割，そして既存のプロポーザルの実効範囲の実績を鑑みて，これら国防・安全保障，公安などに関わる組織や事案に対する直接的な提言は行わない」としており，先の2例と異なり，意図的に軍民両用性について，議論の範囲外としていた．

これらの調査から，現代日本において「デュアルユース」という言葉には，旧来のデュアルユースである「軍民両用性」と，2000年代から用いられ始めた「用途両義性」の二つの概念が混在していること，セクターによって使い分けられており双方が分離していることが明らかになった．

3.2　デュアルユース概念および研究の展開

次に，デュアルユースと関連する概念にも注目して，デュアルユース概念の変化を時系列で捉えた．概要を図5に示す．

9.11は米国だけではなく，日本の安全保障，科学技術政策にも大きな影響を与えた．すでに2001年3月の第2期科学技術基本計画で「安心・安全で質の高い生活のできる国」を目指すべき国の姿として，「国の安全保障及び災害防止等」やサイバーセキュリティが研究開発の重点化とされていたが（内閣府2001），9.11を経て「安全・安心」に対テロ，警備といった安全保障の側面がより強化された[15]．2000年代には「安全に資する科学技術」といった用語が様々な資料に登場するが，内閣府（2006b, 8-11）はこれを，大規模自然災害，重大事故，新興・再興感染症，食品安全問題，テロリズム，情報セキュリティ，各種犯罪，科学技術信頼性の強化，の8事態に対応するための科

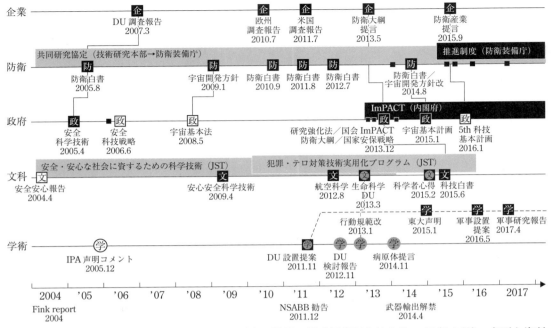

図5 デュアルユース概念とデュアルユース研究の展開の模式図(2004年4月〜17年4月). 主要な資料だけに略称と発表年月を記した. ■:軍民両用性に言及, ●:用途両義性に言及, 白抜きのシンボル:言及はないが, 関連概念等の記載があったもの. 四角と丸が重なったシンボルは軍民両用性と用途両義性両方に言及していた資料.

学技術として定義している.

そして，本稿がテーマとする「デュアルユース」はこの「安全・安心科学技術」の文脈で登場する．2005年4月の内閣府総合科学技術会議による『安全に資する科学技術のあり方（中間報告）』で米国の定義として「デュアルユーステクノロジー」を「軍民両用の技術」と紹介している．ここで重要なのは，このデュアルユース概念を，誰に向けて発しているのか，である．それは大学や独立行政法人である．この報告では，「基礎研究におけるアカデミアの関与が非常に薄い（中略）我が国においても，総合的な安全保障のための科学技術の推進という観点から，大学への委託研究や，中核的な研究機関となるべき大学・独立行政法人等との協力の推進など，アカデミアとの連携の可能性について検討することが望ましい」と述べて，デュアルユース研究への参画を求めた．

この安心・安全のためのデュアルユース技術は，文科セクターと軍事セクターにおいてそれぞれ研究が推進されていくことになる．

3.2.1 安全・安心科学技術からImPACTへ：文科セクターからのデュアルユース

文科省は2004年に『安全・安心な社会の構築に資する科学技術政策に関する懇談会報告書』を発表し，科学技術振興機構(JST)は研究助成として「安全・安心な社会に資するための科学技術」を2004年度から2013年度まで実施した[16]．この制度での支援額は年間500〜1,000万円程度で期間は3年間とされ，22大学，6研究機関が支援を受けた．テーマは「重要情報基盤保護」「高度センサー技術」「ロボティクス」であり，軍民両用技術とみなせるだろう．

さらにJSTは2010年度から2015年度まで，「科学技術イノベーション創出基盤構築事業」のひとつとして「安全・安心な社会のための犯罪・テロ対策技術等を実用化するプログラム」を実施し

た．5大学，3研究機関，3企業が支援をうけ，イメージセンサ，生物・化学剤検知センサ，レーザーセンサ，化学防護服の研究を行った．技術的には明らかな軍民両用性を持つといえる．支援額は年間数千万〜1億円で原則5年であり，前述の制度よりもテーマも支援額も実施体制も一歩進んでいる[17]．

　文科省やJSTは，当初これらのプログラムにおいて「デュアルユース」という言葉はもちろん，「防衛」「軍事」も用いていなかった．しかし，文科省の安全・安心科学技術企画室は2009年4月の『安全・安心科学技術について（整理）』で，内閣府（2006a, 291）のデュアルユースに関する記述を引用している（文部科学省2009b, 3）．また，安全・安心科学技術委員会（2009年3月の第17回と同年5月の第19回）では，軍民両用性と用途両義性の定義について議論がなされている（文科省2009a；2009c）．したがってデュアルユース研究としてこれらのプログラムは認識されていたと言うことができるだろう．

　これらの明示されない「デュアルユース研究」の時期を経て，2013年度から，明確にデュアルユースをうたい，DARPAモデルを採用したImPACT（Impulsing Paradigm Change through Disruptive Technologies Program：革新的研究開発推進プログラム）が始まった．ImPACTは「国民の安全・安心に資する技術と産業技術の相互に転用が可能なデュアルユース技術を視野に入れたテーマ設定も可能」（内閣府2013, 2）としている．「安全・安心」が入っていることから明らかなように，これまでの研究制度の延長線上にある．しかしその規模は2013年度補正予算案に550億円が計上されており，（本稿執筆時でも）最大である．

　一方で，「安全・安心」の不明瞭さは国会でも質問された．これに対し内閣府副大臣は「国民の安全，安心に資するということは，防衛，安全保障が含まれますが，（中略）防衛技術に特定した研究開発を目的とするものでも，特定の用途をあらかじめ排除するものでもございません」と答弁している（日本国国会2014, 10）．ここで注目すべきは，「防衛」についても言及している点であろう．

　以上のように，日本のデュアルユースは，米国の軍民両用性概念を導入しつつ，軍隊等の国家組織に対応する狭義の安全保障ではなく，対テロや総合安全保障に資することをうたう安全・安心科学技術の名のもとに，文科省やJSTもその研究を担って展開されてきた点に特徴があると言えるだろう．

3.2.2　共同研究協定から推進制度へ：防衛セクターからのデュアルユース

　9.11後，防衛セクターでもバイオテロに対応する研究が活発化する．防衛省技術研究本部は2003年度から生物剤検知に有用な先端バイオ技術等を有する大学，研究機関と接触を開始した（防衛省2011, 12）．そして，2004年度から共同研究協定を開始する．この制度は，大学・研究機関との技術交流を目的するが，防衛省からの資金提供はない．2016年2月までに38件が実施されている（望月2016a, 1042）．

　3.2章で既述した通り『安全に資する科学技術のあり方（中間報告）』（内閣府2005, 3）が「デュアルユーステクノロジー」について言及したが，これは同年の『平成17年防衛白書』に早速引用された（防衛省2005, 312）．そしてさらに2007年の日本機械工業連合会（2007, 1）による『デュアルユーステクノロジーと防衛機器産業への影響調査報告書』に引用された．以降も防衛セクターと企業セクターは軍民両用性概念を共有していく．

　しかし，文科セクターのデュアルユース研究と比べて，2013年度まで実質的な動きはあまり目立たない[18]．活発化したのはImPACTも始まった2013年度からである．5月14日に日本経済団体連合会は「防衛大綱に向けた提言」（2013）を，自由民主党は「わが国の研究開発力強化に関す

デュアルユース研究とRRI　145

る提言(中間報告)」(2013)を発表した．後者では「防衛・民生両面に活用できる技術(デュアルユーステクノロジー)」に言及するだけではなく，「デュアルユースの上記のような有用性や専守防衛の視点からの研究の重要性を踏まえ，軍事につながる可能性があることをもって一律に研究を禁止するような慣行は見直されるべきである」と大学におけるデュアルユース研究の制限を非難している．そして，同年12月13日には研究開発能力強化法が改正された．この法律ではデュアルユースの語は使われていないが，「我が国及び国民の安全又は経済社会の存立基盤をなす科学技術」というデュアルユース概念と共通する二側面をもつ表現が存在する．これは改正前は「我が国の経済社会の存立の基盤をなす科学技術」と表記されていた．また5日後には「国家安全保障戦略」と「平成26年度以降に係る防衛計画の大綱」が発表され「防衛にも応用可能な民生技術(デュアルユース技術)」の積極的な活用がうたわれた．そして翌年の『平成26年度科学技術白書』でのデュアルユースへの言及増加に繋がる．

　一方で，奇妙とも言える語用のぶれもみられる．内閣府は，第3期科学技術基本計画を策定するにあたって作成された資料で，デュアルユース技術について「軍民両用技術」と言及している(内閣府 2006a, 291)．しかし，第3期はもちろん第4期でも「デュアルユース」やそれに類する表現は登場しない．第5期では「科学技術には多義性があり，ある目的のために研究開発した成果が他の目的に活用できる」という曖昧な表現にデュアルユース概念の痕跡を見出すことができるだけである(内閣府 2016)．

　2015年度から始まった推進制度の資料でも同様である(防衛装備庁 2015; 2016; 2017)．初年度は「防衛省が行う研究開発フェーズで活用することに加え，デュアルユースとして委託先を通じて民生分野で活用」とあり，軍民が並列な狭義の軍民両用性として表現されている．しかし，2年目はデュアルユースは消え，「民生技術と防衛技術の境目の不透明化(ボーダーレス化)」という独特の表現のみになった．そして3年目には「防衛技術にも応用可能な先進的な民生技術(デュアルユース技術)」となった．主が民生技術で，従が防衛技術の構造になっており，初年度とは逆である．

　言語的にデュアルユース概念が曖昧化した政府セクター，民生化した防衛セクターに対し，経団連はより踏み込んだ言葉を用いるようになった．2013年の『防衛大綱に向けた提言』では「防衛と民生」「装備品の民間転用」だったのが，2015年の『防衛産業政策の実行に向けた提言』では「軍事・民生両用」となっている．

　以上のことから，3.1章で示したように，政府・防衛・企業セクターのデュアルユース概念の共通性は高いが，個別に時系の変化を見ると明確な定義はなく，単一組織であっても変化する特徴を持つと結論することができるだろう．

3.2.3　日本学術会議の対応〜用途両義性から軍民両用性への転換

　3.1章で述べた通り，学術セクターは政府・防衛・企業セクターと異なり，用途両義性について中心的に言及していた．次に，3.2.2章で述べた二つのデュアルユース研究の流れとどのように対応したのか，時系列に記述していく．

　日本学術会議が本格的にデュアルユース問題に取り組むのは，2011年からである．8月に外務省と防衛省の協力，文科省と厚労省の後援のもと，「生命科学の進展に伴う新たなリスクと科学者の役割」を開催した(日本学術会議 2012, ii)．そしてデュアルユース問題を検討する委員会の設置が11月に提案された．なお，これはNSABBによる鳥インフルエンザ論文差し止めより前のことである．この提案書では生物兵器禁止条約に言及し，「科学・技術に関するデュアルユース(民生・軍事の両方に利用可能なこと)問題」「現在は，軍事のみならず，テロへの悪用も国際的懸念の対象」

と記されている（日本学術会議 2011, 1）．かなり幅広く「デュアルユース問題」を捉えていると言えるだろう．そして翌 2012 年 11 月に検討の結果として『2012 年報告』が発表され，「デュアルユース」の訳として「用途の両義性」が初めて提案された（日本学術会議 2012, 5）．さらに上記の『検討報告』の内容を受け，2013 年 1 月には『科学者の行動規範（改訂版）』が発表され，研究不正や東日本大震災及び福島第一原子力発電所事故と共に，用途両義性が追記された．

　この二つの発表資料は，用途両義性については述べているが，軍民両用性，「軍」「防衛」について言及がなく，フィンクレポートと対照的である．また，『検討報告』では輸出管理について言及しているものの，いずれの資料も提言が，行動規範という形で研究者に向けられているのが特徴である．なお，この用途両義性に関する学術セクターの一連の動きは，2013 年 5 月の政府・企業セクターによるデュアルユースへの言及の増加よりやや先行している．

　用途両義性について提示した日本学術会議だが，2015 年以降，推進制度の開始などによって，その言及は，軍民両用性に一気に傾く．2016 年 5 月に，安全保障と学術に関する検討委員会の設置が提案され（日本学術会議 2016, 1），想定する審議事項として五つのうちの二番目に「軍事的利用と民生的利用，及びデュアル・ユース問題」を挙げた．そして本稿冒頭で紹介した経緯を経て，『2017 年声明』と『2017 年報告』が提出された．検討委員会では，デュアルユースについて極めて活発に議論がなされた．しかし最終的に『2017 年声明』に「デュアルユース」の文字は見当たらない．対象としたのは声明タイトルの通り，「軍事的安全保障研究」だからである．その軍事的安全保障研究の定義についてまとめた『2017 年報告』では，「いわゆるデュアル・ユースとは，民生的研究と軍事的安全保障研究とを区別した上で，両者の間の転用に注目する考え方」と記されている（日本学術会議 2017b, 3）．つまり『2017 年声明』は転用の問題，デュアルユース概念がもつ二側面の不確実性の問題ではなく，その一方の軍事的安全保障研究に議論を絞ったのである．

　以上のように，日本学術会議が注目したデュアルユース概念は，用途両義性から軍民両用性へ短い期間で転換し，そして軍事的安全保障研究へと狭い領域に限定化されていったことが特徴である．これは政府・防衛・企業セクターが用いるデュアルユース概念が曖昧なまま，ゆらぎ続けていたことと，非常に対照的である[19]．

4. デュアルユース問題の RRI からの検討

　以上，様々な組織が用いるデュアルユース概念の特徴を整理した．4 章ではこれを踏まえて，RRI の観点で，デュアルユース問題への対応の現状を概観する．

　生命倫理やバイオセキュリティなど，科学技術がもたらす倫理的・法的・社会的影響は ELSI（Ethical, Legal and Social Implications）と呼ばれ，テクノロジーアセスメント等の様々な取り組みがなされてきた．そして近年「RRI（責任ある研究・イノベーション）」が新たなフレームワークとして，欧州を中心として注目されている（吉澤 2013；標葉 2017）．ELSI が下流過程での抑制的関与に重きを置きがちだったのと異なり，RRI は正負両面から科学技術を捉え，初期段階から多様なステークホルダーと協働することにより，よりよい社会を実現しようとする点に特徴がある．経済産業省（2007, 33）も報告書で，「新しい技術の展開に当たって，社会に対し安心と安全を担保しながら還元を進めるということであり，いわば「レスポンシブルイノベーション」と言うべきものである」と紹介している[20]．

　では，RRI として実施することが困難であるが，それゆえに RRI の枠組みで捉えなければならない研究とは何か．そして今，日本でイノベーションを担うことを期待されている研究とは何か．

デュアルユース研究と RRI　147

まさに，デュアルユース研究がそれである（川本 2016）．RRIに関するEUのレポートでも，倫理上の懸念や社会的ニーズと合致しなかったため，アクター間で争いが起きたイノベーションの事例の中に，両用ロボット技術，核技術，軍事・セキュリティ技術等が挙げられている（EU Commotion 2013, 12-13）．

RRIを実現するための理論的要件や具体的方策，そして評価指標は多岐にわたり，またEUでも模索が続いてる現状であるが，本稿ではStilgoeら（2013）によるRRIの4次元（表4）から，日本におけるデュアルユース研究の課題と対応を検討する．ただし，実際の手法・アプローチについてはほぼ皆無なため，基本的にはその背景にある理念を中心に論じる．

表4　責任ある研究・イノベーションの4次元　Stilgoeら（2013）から筆者訳

次元	実際の手法・アプローチ	実装に影響を与える要因
先見 Anticipation	フォーサイト テクノロジーアセスメント ホライゾンスキャニング シナリオ ビジョンアセスメント 社会リテラシー技術	既存の想定の交差 予測ではなく参加 妥当性 シナリオ構築への投資 科学的自律性と予見忌避
再帰性 Reflectivity	多分野協働と教育 研究所所属の社会科学者・倫理学者 倫理的テクノロジーアセスメント 行動規範 モラトリアム	道徳分業の再考 役割責任の拡張または再定義 科学者間および組織内の内省力 研究実務とガバナンスとの連携
包摂 Inclusion	コンセンサス会議 市民陪審・パネル フォーカスグループ サイエンスショップ 討論型マッピング 討論型世論調査 専門家団体への一般参加 ユーザー中心設計 オープンイノベーション	正統性に対する熟考 対話の明確化，目的，動機づけの必要性 前提的枠組みに対する熟慮 権力の不均衡を考慮する力 新しい科学技術に関係する社会的，倫理的な 　ステークホルダーを問う力 学習としての対話の質
応答性 Responsiveness	挑戦的・テーマ的研究プログラムの組織 規制 基準 オープンアクセスと透明性のある制度 ニッチ管理 価値敏感型デザイン モラトリアム ステージゲート 代替知的財産制度	戦略的政策と技術ロードマップ 科学政策文化 制度的構造 優勢な政策論議 制度的文化 制度的リーダーシップ 公開性・透明性 知的財産制度 技術基準

4.1　先見 Anticipation

研究の初期からの関与を基本とするRRIでは，その意図的・非意図的な結果に対する先見が不可欠である．デュアルユース問題はまさにこの不確実性に対してシナリオを描き，どのように集合的応答性を担保するかを問われている．しかし，デュアルユース概念特有の曖昧な性質からか，先見性が放置されている（4.2章で後述）．『2017年声明』作成のために日本学術会議なされた議論（注1参照）では，日本や諸外国の事例を元にした議論がなされたが，現代の個別の技術に基づいた，将来に対するビジョンを十分に示すことは困難であった．

そして技術・製品・研究といったデュアルユースの複層的構造を踏まえれば，デュアルユース研

究(制度)に対する先見も求められる．しかし，日本学術会議は 2011 年から 2014 年にかけて用途両義性について活発な議論をする一方，すでに進行していた軍民両用研究について十分に対応できていたとは言い難い．また『2017 年声明』では推進制度に言及し，軍事的組織からの資金提供を問題にしたが，政策的にも予算的にも推進制度より大規模な ImPACT が日本の学術研究制度に与える影響は小さくはない．そして 2.1.3 章で述べた通り，米国におけるデュアルユース研究制度の発達と日本への導入の過去を踏まえると，将来のデュアルユース関係は，In-Q-Tel のような，より上流過程における複雑なものになる可能性もあるだろう．

4.2　再帰性 Reflectivity

デュアルユース研究では，その目的・影響・ジレンマに対して再帰的であり，従来の専門家のモラルと責任の線引きを常に再考する必要がある．しかし，3 章で既述した通り，再帰性とは逆に，デュアルユース概念の両頭的特徴に依拠した言語的な操作がなされてきた．軍民両用研究を推進するセクターは，Dual-use deception とも呼べるようなデュアルユース概念を曖昧化する言語方略をとり，その技術の用途と責任も曖昧化した．2015 年の日本防衛学会では「防衛技術，軍事技術というと大学は手が出しにくい．同じ技術でも基礎的なところなので，安心・安全・対テロ・サイバー（テロ）などというような看板をつけると対応がぜんぜん違います」という発言もあったという（望月 2016b, 174）．一方，日本学術会議はデュアルユース概念を限定化する方略を取った．『科学者の行動規範（改訂版）』では用途両義性だけに言及し，『2017 年声明』では軍民両用研究からさらに軍事的安全保障研究に限定した．しかし，そのような線引きは，現代の安全保障技術の研究開発の実態，デュアルユース性に対応できる方略なのだろうか．限定化は RRI の理念と異なり，デュアルユースジレンマからの逃避とも言える．

RRI の再帰性を実現するための手法として，倫理的テクノロジーアセスメントや，行動規範，教育がある．日本学術会議は用途両義性に関する行動規範を提出したが，学会や大学，そして個人のレベルでそれぞれ実質化する必要がある[21]．生命科学分野の 52 学会の学会指針等に RRI に関係する記述があるかを確認した調査では，「デュアルユース」に関する言及は見つからなかった（標葉 2017）．関連する概念に関しては，日本農芸化学会による「考案した方法，製造した物質や装置，及び育種した生物が悪用されないよう安全保障措置を講じる」や，日本微生物生態学会による「研究ならびに技術開発の中で，安全に関わる社会的に影響の大きな事柄が生じたときはこれを速やかに公開する」があった．これらはバイオセキュリティにあたる[22]．ただ，図 3 に示したように，多層からなるデュアルユースリスクマネジメントのうち一部でしかないことに留意する必要がある．

EU Commission（2014b）では倫理アセスメントには，研究者自身による資金応募時のチェック，倫理の専門家による所属組織での提出時のチェック，助成機関による審査時のチェック，そして実用化時のチェックがあるとしている．したがって，学会だけではなく大学にもその機能が求められる．しかし，軍民両用研究に関する大学での審査等の対応は遅れている（川本 2016, 136）．教育に関しては，2009 年の調査として 62 大学 197 課程において用途両義性 33 件，バイオセーフティ 17 件，バイオセキュリティ 3 件，軍備管理 10 件が少ないながらも報告されているが，軍民両用研究については言及がない（峰畑 2015, 292）．再帰性の実現にはほど遠い状況と言える．

4.3　包摂 Inclusion

RRI では多様なステークホルダーによる熟議が求められ，権力や情報の非対称性を熟慮した上で，誰が，将来を含めたステークホルダーになるか，を問わなければならない．この包摂の次元に

おいても，現状では課題が大きい．杉山(2017, 107)は『2017年声明』の問題は，軍事研究が社会にもたらす悪影響ではなく，大学研究者にもたらす影響に限定してしまった点にあるとしている．軍民両用研究・軍事研究は大学でのみ完結するものではなく，企業の研究者も加わるため，その集合的な責任について考えなければならないが，むしろ現状は逆に転回している．また，古川(2013, 224)は戦後，安全保障・防衛関係コミュニティと学術コミュニティの人的交流が希薄になったことで，軍民両用性に関する視点もまた希薄になったが，これが逆に管理体制のゆるさに繋がってしまっていると指摘している．

　3.1章で明らかにしたように，言語的にもデュアルユース問題のステークホルダーが適切にコミュニケーションできているとは言えない状況は明らかだが，重要なのは，国家の主権者たる市民の参画である．軍民両用研究の是非については，意見やその根拠が多岐にわたっている(川本2016, 140-3)．学術界がその議論の範囲を自らのコミュニティ内に後退させるのをみて，市民はどのように判断するのか，学術界は危機感を持つべきだろう．

4.4　応答性 Responsiveness

　先見，再帰性，包摂のプロセスを繰り返しながら，どのように応答的な制度を構築していくか．日本学術会議は，資金元が防衛機関か否か，つまり入口での管理に注目した．しかし，デュアルユース問題はその帰結が不確実である．科学技術が意図せざる結果を招かないためには，出口での管理が必要であると指摘されている(鈴木2017)．2014年には防衛装備移転三原則の制定により，デュアルユース技術の輸出が現実問題となっている．デュアルユース製品・情報には輸出管理体制があり(EU Commission 2014a, 36)，具体的製品・技術と，輸出対象を踏まえて判断していく既存の制度と，大学研究の自律性が両立しうる制度を協働構築することが必要であろう．

　デュアルユース問題は，その高度な技術的専門性と，機微な情報を含む国家安全保障に関する問題ゆえ，市民が直接的に関与する事は容易ではない．しかし，困難さは怠りの理由にはならない．少なくとも，フィンクレポートが勧告したような，異なるコミュニティが協働する態勢について検討することが，市民に対する責任の一つではないだろうか．

5.　結論

　「デュアルユース」と「イノベーション」はこの約十余年，日本の科学技術政策の中で重要なキーワードとして機能してきた．そして軍民両用性と用途両義性は混在しつつも，各セクターは隔離されたまま，軍民両用研究をめぐる状況が進展している．そして現在の議論は，軍民両用性に傾き過ぎているとも言えよう．むしろ，よりリスクが潜在的な用途両義性について再び議論を喚起することも，学術界には求められる．

　RRIのフレームワークは，デュアルユース自体の両義性である二つの概念を統合し，デュアルユース研究を大学が自律的に制御するための，一つのヒントになりうる．しかし逆に，トランスサイエンスの極致とも言えるデュアルユース問題に対して，RRIが有効かどうかも同時に問われるだろう．曖昧な概念と，歴史と不確実な将来全体を，異なる立場の人々と捉え続ける知性が，我々には求められている．

謝辞
　本稿1〜3，5章は，筆者が代表者をつとめる科研基盤C「デュアルユース概念の科学技術社会

論的検討」の成果である．1，4～5章については筆者が分担者である日本学術振興会「課題設定
による先導的人文・社会科学研究推進事業：責任ある研究・イノベーションのための組織と社会」
（代表：大阪大学・吉澤剛）の助成を受けた．両グループの方々とのディスカッションから，多くの
示唆を得る事ができた．ここで深く御礼申し上げたい．

■注

1）日本学術会議での議事録等は全てウェブサイトで公開されている．http://www.scj.go.jp/ja/
member/iinkai/anzenhosyo/anzenhosyo.html（2017年4月30日閲覧）また，小沼（2016a, 2016b, 2017a,
2017b）が，過去の学術会議の声明を踏まえながら経緯をまとめている．
2）例えば益川（2015），池内（2016）等．これらは，デュアルユース問題の難しさに言及しつつ，軍事機
関からの資金提供か否かで線引きをして，大学は推進制度を拒否すべきと主張している．
3）以下の新聞データベースで「デュアルユース」で検索した（異なる意味で用いられていた3件は除外）．
ヨミダス歴史館・聞蔵IIビジュアル for Libraries，毎索，日経テレコン21．毎索の結果は週刊エコノミ
ストを6件含む．
4）同様の観点の論考としては，「科学」「技術」および「科学技術」という言葉の発生から，明治期や戦
前における国家による科学・技術への要請の変化をまとめた平野（1999），鈴木（2010）等がある．本稿
はそれらに及ぶものではないが，同様の歴史的視野を持とうと目指すものである．
5）経営技術論の視点から，佐野（2017, 2）はデュアルユースには製品と技術と研究があるとしている．
さらに佐野は，シュンペーターのモデルを発展させたデュアルユース Mark I, II も提唱している．
また，INES（2012, 5）でも「民生あるいは軍用目的に使用される可能性がある技術，知識，研究（the
possibility of the use of technology, knowledge, and research for civilian or military purposes）」と定
義しており，デュアルユースを単なる研究成果物としての技術の範囲に留めてはいない．
6）民生技術と異なる性質とは，単に新規で高性能・高耐久であることを示さない．MIL Specs と総称さ
れる軍事仕様（DoD Specification, standard など）による制限や，経済性を優先しない技術，軍需調達法
（1947年）によって市場での独占的な地位を確保した政策も含む．これらの性質は，1970年代に「兵器
のバロック化」（カルドー 1986）を引き起こし，デュアルユース政策もその解決策として求められた．
7）VHSIC計画の他，MCC（Microelectronics and Computer Technology Corporation）（1982～2000
年），SEMATECH（Semiconductor Manufacturing Technology）（1987～98年），IHPTET（Integrated
High Performance Turbine Engine Technology）（1988～2005年）があるとされている（Richard et al.
1996）．
8）この実例の一つが，1987年に発覚した東芝機械COCOM違反事件である．東芝機械は，輸出規制対
象の高性能工作機械をソ連に輸出した．なお，この定義では「技術」と書かれているが，前述の米国防
総省の定義（US DoD 1992）に従えば，東芝機械のケースは「プロセス」に該当するだろう．
9）軍備管理と軍縮の用語において，デュアルユースは軍事目的にも使用できる民生技術（In the
language of arms control and disarmament, dual use refers to technologies intended for civilian
application that can also be used for military purposes.）と記述されている（NRC 2004）．
10）フィンクレポートの勧告によって2004年にNASBB（National Science Advisory Board for Biosecurity：
バイオセキュリティーに関する国家科学諮問委員会）が設立された．そしてNSABBは2011年12月20
日に，鳥インフルエンザに関する2本の論文の公開停止を勧告した（NIH 2011）．
11）例えばTucker（2012）では生命科学分野と同時に，化学分野に触れられている．
12）2000年のIT基本戦略によって，行政情報のインターネット公開，利用促進が策定されたため，以降
の年代については概ねウェブ上の資料を用いることができる．完全に網羅してるとはいえないが，一定
の傾向を見出すことはできると思われる．
13）引用元は示されていないが，米国の定義として記述されている．
14）セクターごとの類型のパターンよりも，セクターごとの例数が結果に影響してしまうため，例数は

実数ではなく，各セクターごとの合計に対する割合として標準化した上で，SPSS15.0 を用いてクラスタリングを行った(ward 法，平方ユークリッド距離).

15) ただし，地下鉄サリン事件などもあり，第 2 期科学技術基本計画以前からこの動きはある．日本のバイオセキュリティに関する取り組みについては吉澤(2016)が詳しい．

16) 海外との連携を目的とした「戦略的国際科学技術協力推進事業」の一つとして，米 NSF との共同研究が実施された．NSF は非軍事組織であるが，デュアルユース研究が海外(特に同盟国)と実施されうる事例と言えるだろう．詳細は JST のサイトを参照．http://www.jst.go.jp/inter/sicp/country/usa.html(2017 年 3 月 26 日閲覧).

17) プログラム名に「実用化」とある通り，科学警察研究所，警察庁，国土交通省，航空保安事業者等との連携体制がうたわれている．詳細は JST のサイトを参照．http://www.jst.go.jp/shincho/socialsystem/program/010200.html(2017 年 3 月 26 日閲覧).

18) 2008 年の宇宙基本法など，宇宙分野でのデュアルユース化が進められたが，本稿では紙面の都合から詳細は論じない．

19) なぜこのようなデュアルユース概念の転換と限定化および曖昧化が起きたのか，本稿はその原因に言及する根拠をもっていない．あえて述べるとすれば，学術界の転換・限定化ついては，明確な定義を求める学術の本質的性格，外部の状況と利害を把握し対応できない近年の学術界の内向きの傾向，そして現状で対応可能な範囲に限定して声明を出すことを優先した，といった要素が考えられるかもしれない．政府セクターらの曖昧化は，端的にいえば科学技術政策としてデュアルユースを厳密に位置付ける必要性を必ずしも認めていないことの表れであろう．

20) ここで述べられている「安心・安全」は 3.2 章で述べた「安心・安全」と同義ではない，と思われる．

21) EU における RRI を示した Horizon2020 では，Dual use(軍民両用性)と misuse(用途両義性)の双方について，倫理セルフアセスメントチェックリストが示されている(EU Commission 2014a, 36-7)．ただし版を重ねるごとに変化しており，EU においてもまだ検討が続いていると言えよう．

22) 科学技術振興機構(2013)のバイオセキュリティの定義，「ヒト(の健康)や社会，経済，環境に重篤な影響をもたらす生物由来物質や毒素，それらの関連情報等の不正な所持，紛失，盗難，誤用，流用，意図的な公開等の防止，管理，ならびにそれらの説明責任のこと」に照らすと，これもバイオセキュリティに該当する．

■文献

Alic, J.A., Lewis, M.B., Harvey, B., Ashton, B.C. and Gerald L.E. 1992: *Beyond Spinoff: Military and Commercial Technologies in a Changing World*, Harvard Business School Press.

防衛省 技術研究本部 2014:「防衛に必要な DU 技術の育成に貢献を」『防衛技術ジャーナル』防衛技術協会，394, 4-6.

防衛省 経理装備局 2011:『先進技術推進センターの産官学協力防衛プロジェクトの取組み』第 9 回防衛生産・技術基盤研究会資料 http://www.mod.go.jp/j/approach/agenda/meeting/seisan/sonota/pdf/09/003.pdf （2017 年 3 月 26 日閲覧).

防衛装備庁 2015:『安全保障技術研究推進制度』http://www.mod.go.jp/atla/funding/h27pamphlet.pdf （2017 年 3 月 26 日閲覧).

防衛装備庁 2016:『平成 28 年度安全保障技術研究推進制度公募説明会』http://www.mod.go.jp/atla/funding/h28koubo_setsumeikai_shiryo.pdf （2017 年 3 月 26 日閲覧).

防衛装備庁 2017:『平成 29 年度安全保障技術研究推進制度公募説明会』http://www.mod.go.jp/atla/funding/h29koubo_setsumeikai_shiryo.pdf （2017 年 3 月 26 日閲覧).

防衛省 2005:『平成 17 年度版防衛白書』http://www.clearing.mod.go.jp/hakusho_data/2005/w2005_00.html(2017 年 3 月 26 日閲覧).

防衛省 2009:『宇宙開発利用に関する基本方針について』http://www.space-library.com/090115mod_

kihonhoushin_BasicDirective.pdf(2017 年 3 月 26 日閲覧).

防衛省 2010：『平成 22 年度版防衛白書』http://www.clearing.mod.go.jp/hakusho_data/2010/w2010_00. html(2017 年 3 月 26 日閲覧).

防衛省 2011：『平成 23 年度版防衛白書』http://www.clearing.mod.go.jp/hakusho_data/2011/w2011_00. html(2017 年 3 月 26 日閲覧).

防衛省 2012：『平成 24 年度版防衛白書』http://www.mod.go.jp/j/publication/wp/wp2012/w2012_00. html(2017 年 3 月 26 日閲覧).

防衛省 2014a：『平成 26 年度版防衛白書』http://www.clearing.mod.go.jp/hakusho_data/2014/pdf/ index.html(2017 年 3 月 26 日閲覧).

防衛省 2014b：『宇宙開発利用に関する基本方針について(改訂版)』http://www.mod.go.jp/j/approach/ agenda/meeting/board/uchukaihatsu/pdf/kihonhoushin_201408.pdf(2017 年 3 月 26 日閲覧).

防衛省 2015：『平成 27 年度版防衛白書』http://www.mod.go.jp/j/publication/wp/wp2015/w2015_00. html(2017 年 3 月 26 日閲覧).

クルーズ, A. 2012：片岡宏仁訳『言語における意味　意味論と語用論』東京電機大学出版局；Cruse, A. *Meaning in Language: an introduction to semantics and pragmatics*, Oxford university press, 2011.

EU commission 2013: *Options for Strengthening Research and Innovation*, https://ec.europa.eu/ research/science-society/document_library/pdf_06/options-for-strengthening_en.pdf(2017 年 3 月 26 日閲覧).

EU Commission 2014a: *Horizon 2020 How to complete your ethics Self-Assessment* (*Version 1.0*), http:// ec.europa.eu/research/participants/portal/doc/call/h2020/h2020-msca-itn-2015/1620147-h2020_-_ guidance_ethics_self_assess_en.pdf(2017 年 3 月 26 日閲覧).

EU Commission 2014b: *Participant portal H2020 online manual > cross-cutting issues > ethics*, http:// ec.europa.eu/research/participants/docs/h2020-funding-guide/cross-cutting-issues/ethics_en.htm (2017 年 3 月 26 日閲覧).

古川勝久 2013：「第 7 章　安全保障政策とバイオセキュリティ」四ノ宮成祥, 河原直人編：『生命科学と バイオセキュリティ　デュアルユース・ジレンマとその対応』東信堂, 2013, 215–52.

平野千博 1999：「「科学技術」の語源と語感」『情報管理』42(5), 371–9.

池内了 2016：『科学者と戦争』岩波書店.

INES (International Network of Engineers and Scientists for Global Responsibility) 2012: *Commit universities to peace: yes to civil causes!*, http://www.inesglobal.com/download.php?f=c2a8afcf8066173 b1646ce5d928d6ce4(2017 年 3 月 26 日閲覧).

石崎恵子 2014：「科学技術をめぐる "両義性" 概念の検討——宇宙開発を中心に」『科学技術社会論学会 第 13 回年次研究大会予稿集』98–99.

自由民主党 2013：「わが国の研究開発力強化に関する提言(中間報告)」http://www8.cao.go.jp/cstp/ gaiyo/kenkyu/1kai/siryo2-2.pdf(2017 年 3 月 26 日閲覧).

科学技術振興機構 2013：『戦略プロポーザル　ライフサイエンス研究の将来性ある発展のためのデュア ルユース対策とそのガバナンス体制整備』https://www.jst.go.jp/crds/pdf/2012/SP/CRDS-FY2012- SP-02.pdf(2017 年 3 月 26 日閲覧).

カルドー, M. 1986：芝生瑞和, 柴田郁子訳『兵器と文明　そのバロック的現在の退廃』技術と人間； Kaldor, M. *The Baroque Arsenal*, Hill & Wang, 1981.

川本思心 2015：「デュアルユース概念は『有用性』へと過拡張されているのか」『第 14 回科学技術社会論 学会年次研究大会予稿集』156–157.

川本思心 2016：「RRI とデュアルユース研究」『第 15 回科学技術社会論学会年次研究大会予稿集』153.

川本思心 2016：「デュアルユース研究に対する市民の意識：シンポジウム参加者を対象とした質問紙調査 と先行調査から」『科学技術コミュニケーション』19, 135–46.

経済産業省 2007：『イノベーション創出の鍵とエコイノベーションの推進』http://www.meti.go.jp/ committee/materials/downloadfiles/g70830a11j.pdf(2017 年 3 月 26 日閲覧).

小林信一 2017a：「ポスト冷戦，ポスト911の科学技術イノベーション政策」『冷戦後の科学技術政策の変容：科学技術に関する調査プロジェクト報告書』国立国会図書館調査資料 2016-4，5-20.

小林信一 2017b：「CIA In-Q-Tel モデルとは何か——IT時代の両用技術開発とイノベーション政策」『国立国会図書館 リファレンス』793，25-42.

小沼通二 2016a：「軍事研究に対する科学者の態度——日本学術会議と物理学会(1)」『科学』86(10)，1023-29.

小沼通二 2016b：「軍事研究に対する科学者の態度——日本学術会議と物理学会(2)」『科学』86(11)，1186-97.

小沼通二 2017a：「軍事研究に対する科学者の態度——日本学術会議と物理学会(3)」『科学』87(2)，104-12.

小沼通二 2017b：「軍事研究に対する科学者の態度——日本学術会議と物理学会(4)」『科学』87(6)，580-95.

毎日新聞 2017：「米空軍　大学研究者に8億円超　日本の延べ128人，軍事応用の恐れ　10～15年度」千葉紀和，朝刊政治面，2017年2月8日.

益川敏英 2015：『科学者は戦争で何をしたか』集英社.

松村博行 2001：「アメリカにおける軍民両用技術概念の確立過程——スピン・オフの限界から軍民両用技術の台頭へ」『立命館国際関係論集』1，58-80.

松村博行 2006「米国における軍民両用技術開発プロジェクトの分析——ナショナル・イノベーション・システムの視点から」日本国際経済学会第65回全国大会報告論文

松村昌廣 1999：『日米同盟と軍事技術』勁草書房.

峰畑昌道 2015：「第9章　バイオセキュリティ教育の現状と将来」四ノ宮成祥，河原直人編：『生命科学とバイオセキュリティ　デュアルユース・ジレンマとその対応』東信堂，2013，289-316.

望月衣塑子 2016a：「安全保障技術研究推進制度と共同研究協定」『科学』86(10)，1037-43.

望月衣塑子 2016b：『武器輸出と日本企業』角川書店.

文部科学省 2009a：『安全・安心科学技術委員会(第17回)議事録』http://www.mext.go.jp/b_menu/shingi/gijyutu/gijyutu2/016/gijiroku/1260086.htm(2017年3月26日閲覧).

文部科学省 2009b：『安全・安心科学技術について(整理)』http://www.mext.go.jp/b_menu/shingi/gijyutu/gijyutu2/016/shiryo/__icsFiles/afieldfile/2009/05/13/1263199_1.pdf(2017年3月26日閲覧).

文部科学省 2009c：『安全・安心科学技術委員会(第19回)議事録』http://www.mext.go.jp/b_menu/shingi/gijyutu/gijyutu2/016/gijiroku/1268517.htm(2017年3月26日閲覧).

文部科学省 2012：『航空科学技術に関する研究開発の推進のためのロードマップ(2012)』http://www.mext.go.jp/b_menu/shingi/gijyutu/gijyutu2/004/houkoku/1325817.htm(2017年3月26日閲覧).

文部科学省 2015：『平成27年度版科学技術白書』http://www.mext.go.jp/b_menu/hakusho/html/hpaa201501/1352442.htm(2017年3月26日閲覧).

内閣府 国家安全保障会議 2013a：『国家安全保障戦略について』http://www.cas.go.jp/jp/siryou/131217anzenhoshou/nss-j.pdf(2017年3月26日閲覧).

内閣府 国家安全保障会議 2013b：『平成26年度以降に係る防衛計画の大綱について』http://www.cas.go.jp/jp/siryou/131217anzenhoshou/ndpg-j.pdf(2017年3月26日閲覧).

内閣府 最先端研究開発支援推進会議 2013：『革新的研究開発推進プログラムの骨子』http://www8.cao.go.jp/cstp/sentan/kakushintekikenkyu/kosshi.pdf(2017年3月26日閲覧)

内閣府 総合科学技術会議 2001：『第2期科学技術基本計画』http://www8.cao.go.jp/cstp/kihonkeikaku/honbun.html(2017年3月26日閲覧).

内閣府 総合科学技術会議 2005：『安全に資する科学技術のあり方(中間報告)—意義・目標・方針について—わが国の研究開発力強化に関する提言(中間報告)』http://www8.cao.go.jp/cstp//project/anzen/haihu06/sankou6-1.pdf(2017年3月26日閲覧).

内閣府 総合科学技術会議 2006a：『第3期における分野別推進戦略について　VII社会基盤分野』http://www8.cao.go.jp/cstp/kihon3/bunyabetu9.pdf(2017年3月26日閲覧).

内閣府 総合科学技術会議 2006b：『安全に資する科学技術推進戦略』http://www8.cao.go.jp/cstp/siryo/haihu56/siryo3-3.pdf(2017 年 3 月 26 日閲覧).

内閣府 総合科学技術・イノベーション会議 2016：『第 5 期科学技術基本計画』http://www8.cao.go.jp/cstp/kihonkeikaku/5honbun.pdf(2017 年 3 月 26 日閲覧).

内閣府 宇宙開発戦略本部 2015：『宇宙基本計画』http://www8.cao.go.jp/space/plan/plan3/plan3.pdf（2017 年 3 月 26 日閲覧).

NIH 2011: Press Statement on the NSABB Review of H5N1 Research, https://www.nih.gov/news-events/news-releases/press-statement-nsabb-review-h5n1-research(2017 年 3 月 26 日閲覧).

NIPHE 2015: *Annual Report 2013–2014 Biosecurity Office*, http://www.bureaubiosecurity.nl/dsresource?type=pdf & disposition=inline & objectid=rivmp:278255 & versionid= & subobjectname=（2017 年 3 月 26 日閲覧).

日本学術会議 2008：『バイオセキュリティーに関する IAP 声明について」（会長コメント)』http://www.scj.go.jp/ja/info/kohyo/comment/051219.html(2017 年 3 月 26 日閲覧).

日本学術会議 2011：『課題別委員会設置提案書』（科学・技術のデュアルユース問題に関する検討委員会）http://www.scj.go.jp/ja/member/iinkai/delyu/pdf/teian.pdf(2017 年 3 月 26 日閲覧).

日本学術会議 2012：『報告：科学・技術のデュアルユース問題に関する検討報告』http://www.scj.go.jp/ja/info/kohyo/pdf/kohyo-22-h166-1.pdf(2017 年 3 月 26 日閲覧).

日本学術会議 2013：『声明　科学技術の行動規範(改訂版)』http://www.scj.go.jp/ja/info/kohyo/pdf/kohyo-22-s168-1.pdf(2017 年 3 月 26 日閲覧).

日本学術会議 2014：『提言　病原体研究に関するデュアルユース問題』http://www.scj.go.jp/ja/info/kohyo/pdf/kohyo-22-t184-2.pdf(2017 年 3 月 26 日閲覧).

日本学術会議 2016：『課題別委員会設置提案書』（安全保障と学術に関する検討委員会）http://www.scj.go.jp/ja/member/iinkai/anzenhosyo/pdf23/anzenhosyo-siryo1-2.pdf(2017 年 3 月 26 日閲覧).

日本学術会議 2017a：『声明：軍事的安全保障研究に関する声明』http://www.scj.go.jp/ja/info/kohyo/pdf/kohyo-23-s243.pdf 　(2017 年 4 月 9 日閲覧).

日本学術会議 2017b：『報告：軍事的安全保障研究について』http://www.scj.go.jp/ja/member/iinkai/anzenhosyo/pdf23/170413-houkokukakutei.pdf 　(2017 年 4 月 30 日閲覧).

日本学術振興会 2015：『科学の健全な発展のために　誠実な科学者の心得』https://www.jsps.go.jp/j-kousei/data/rinri.pdf(2017 年 3 月 26 日閲覧).

日本経済団体連合会 2010：『欧州の防衛産業政策に関する調査ミッション報告書』https://www.keidanren.or.jp/policy/2010/067houkoku.pdf(2017 年 3 月 26 日閲覧).

日本経済団体連合会 2011：『米国の防衛産業政策に関する調査ミッション報告書』https://www.keidanren.or.jp/policy/2011/071.pdf(2017 年 3 月 26 日閲覧).

日本経済団体連合会 2013：『防衛大綱に向けた提言』http://www.keidanren.or.jp/policy/2013/047_honbun.pdf(2017 年 3 月 26 日閲覧).

日本経済団体連合会 2015：『防衛産業政策の実行に向けた提言』http://www.keidanren.or.jp/policy/2015/080_honbun.pdf(2017 年 3 月 26 日閲覧).

日本経済新聞 1994：「三菱重など 3 社検討，複合材の成型技術，米国防総省と開発─軍民両用新用途も」朝刊，1994 年 11 月 29 日.

日本機械工業連合会 2007：『デュアルユーステクノロジーと防衛機器産業への影響調査報告書』http://www.jmf.or.jp/japanese/houkokusho/kensaku/pdf/2007/18sentan_04.pdf(2017 年 3 月 26 日閲覧).

日本国 国会 2013a：『第 185 回国会 参議院 文教科学委員会 会議録 第 7 号』http://kokkai.ndl.go.jp/SENTAKU/sangiin/185/0061/18512050061007.pdf(2017 年 3 月 26 日閲覧).

日本国 国会 2013b：『研究開発システムの改革の推進等による研究開発能力の強化及び研究開発等の効率的推進等に関する法律』http://law.e-gov.go.jp/htmldata/H20/H20HO063.html(2017 年 3 月 26 日閲覧).

日本国 国会 2014：『第 186 回国会 衆議院 文部科学委員 会議録 第 1 号』http://kokkai.ndl.go.jp/SENTAKU/syugiin/186/0096/18602040096001.pdf(2017 年 3 月 26 日閲覧).

NRC 2004: *Biotechnology research in an age of terrorism: confronting the dual use dilemma*, The National Academies Press.

小山田和仁 2016：「デュアルユース技術の研究開発——海外と日本の現状」『科学技術コミュニケーション』19，87-103.

Richard, H. W., James, P. B., J. Scott, H., Michael, S. N., Merle, R., An-Jen Tai and Caroline, F. Z. 1996: *A survey of dual-use issues*, Institute for Defense Analyses. http://www.dtic.mil/dtic/tr/fulltext/u2/a309221.pdf(2017 年 3 月 26 日閲覧).

佐野正博 2017：「経営技術論視点から見たデュアルユース」『日本学術会議主催学術フォーラム：安全保障と学術の関係——日本学術会議の立場』投影資料 http://www.scj.go.jp/ja/member/iinkai/anzenhosyo/pdf23/170204-siryo6.pdf　（2017 年 4 月 9 日閲覧).

標葉隆馬 2017：「学会組織は RRI にどう関わりうるのか」『科学技術社会論研究』14，158-74.

Stilgoe, J., Owen, R. and Macnaghten, P. 2013: "Developing a framework for responsible innovation", *Research Policy*, 42(9), 1568-80.

杉山滋郎 2016：『「軍事研究」の戦後史：科学者はどう向き合ってきたか』ミネルヴァ書房.

杉山滋郎 2017：「日本学術会議の「2017 年声明」を考える——歴史的観点から」『日本平和学会 2017 年度春季大会報告レジュメ』106-107.

鈴木淳 2010：『科学技術政策』山川出版社.

鈴木一人 2017：「安全保障貿易管理から見るデュアルユース問題」『ニューズウィーク日本版』2017 年 2 月 16 日 http://m-org.newsweekjapan.jp/suzuki/2017/02/post-1.php(2017 年 3 月 26 日閲覧).

東京大学 2015：『東京大学における軍事研究の禁止について』http://www.u-tokyo.ac.jp/content/400031223.pdf(2017 年 3 月 26 日閲覧).

塚原東吾 2017：「デュアル・ユースのトリック」『大学出版』110，20-25.

Tucker, J. B. (ed.) 2012: *Innovation, Dual Use, and Security: Managing the Risks of Emerging Biological and Chemical Technologies*, MIT press.

US Department of Defense 1992: *Adjusting to the Drawdown*, Government Printing Office.

US Government: 2014, *United States Government Policy for Institutional Oversight of Life Sciences Dual Use Research of Concern*, https://osp.od.nih.gov/wp-content/uploads/2014/10/durc-policy_508.pdf (2017 年 3 月 26 日閲覧).

吉永大祐 2017：「デュアルユース政策の誕生と展開——米国の事例を中心に」『冷戦後の科学技術政策の変容：科学技術に関する調査プロジェクト報告書』国立国会図書館調査資料 2016-4，79-98.

吉澤剛 2013：「責任ある研究・イノベーション——ELSI を越えて」『研究・技術・計画』28(1)，106-22.

吉澤剛 2016：「開かれた時代におけるバイオセキュリティ」『ライフサイエンスをめぐる諸課題——科学技術に関する調査プロジェクト調査報告書』（調査資料 2015-3）国立国会図書館調査及び立法考査局，調査資料 215-3，33-48.

Research Note

An Attempt to Re-conceptualize Dual-use Research in Japan: Critical Review from Viewpoint of RRI

KAWAMOTO Shishin*

Abstract

In Japan, "National Security Technology Research Promotion Fund" for dual-use research was started from FY2015. The research funds are provided from Acquisition, Technology and Logistics Agency (ATLA). There are concerns about serious affect the research environment of the university. And what is a dual-use research is being discussed in the academic society. In this paper, based on the development of the dual-use concept in the United States, the overview of how to use "dual use" in Japan since the 2000s. As a result, the academic sector has been paying attention since 2011 to the "application ambiguity" which is the new concept. Meanwhile, the government, defense and corporate sector has been developing "military-commercial duality" in the context of "Science and Technology for a Safe and Secure Society" since 2005. The two concepts are not integrated and are discussed separately. I discussed the problem of controversy about "dual use" in Japan using the framework of RRI (Responsible Research and Innovation). The current discussion is inadequate and it is not responsive to future problems.

Keywords: Dual-use research, Military research, Responsible research and innovation (RRI), Science and technology for a safe and secure society, Content analysis

---

Received: July 7, 2017; Accepted in final form: August 18, 2017
*Graduate School of Science, Hokkaido University; ssn@sci.hokudai.ac.jp

短報

学会組織はRRIにどう関わりうるのか

標葉　隆馬*

要　旨

　本稿では，「責任ある研究・イノベーション（RRI）」とそのRRIを担う高度知識人材の育成（以降，RRI教育と呼ぶ）を巡る議論が国際的に進みつつある現状を踏まえ，とりわけ学会がRRIとRRI教育においてどのような役割を持つのか，また現状においてどのような議論がなされているのかを検討する．52の学会ホームページ掲載文章を対象に分析を行った結果，ELSIや科学コミュニケーションに関わる項目については各学会においてある程度の言及が行われていた．一方で，「ハンディキャップ／マイノリティへの配慮」や「差別禁止」などRRIにおいて重視される包摂的な視点への言及は非常に少なく，またデュアルユースに関する視点への言及もない現状が見出された．今回の分析結果は，対象の分野・範囲・学会数を絞った予備的なものであり，その解釈についても留保がつくものの，これまでにも指摘されてきた研究者側における研究活動がもつ様々なインパクトへの視座の狭さと同根の問題を示唆するものであると考えられる．

1．科学技術政策の中の人材育成

　知識基盤社会の進展に伴う高度知識人材の育成は，各国における大きな課題となっている．この高度知識人材育成を巡る日本の政策的議論は，主に知識経済とグローバル化の進行に対応するためという理由付けの下，時に様々な能力概念[1]の提起と議論を交えつつ進んできた．この点における高等教育分野での議論は非常に多岐にわたるため，本稿でその詳細に立ち入ることはしない．しかし，この政策的議論は，科学技術政策，学術政策，高等教育政策などの領域が関わる議論が必ずしも整合性をとられることなく，しかしながら陰に陽に影響しあいながら展開されてきた経緯がある（標葉，林 2013; 標葉ほか 2014）．そして科学技術基本計画を中心とした重点・推進領域の促進とファンディングシステムの変化や産学連携推進の動きなどを背景としつつ[2]，大学の多様化とその処方箋としての大学運営・ガバナンス改革という図式の下で，グローバル化対応のための人材育成とそのために必要とされる素養が語られてきた．

　ここで少なくとも，科学技術開発・人材開発・経済発展の関連が強く意識される形で「教育の質

2017年5月9日受付　2017年8月18日掲載決定
*成城大学文芸学部，専任講師，r_shineha@seijo.ac.jp

保障」を巡る議論が焦点となり高等教育に資本投下がなされ（田中 2013），その増大する外部からの期待に応ずる形で大学もまたそのインプットとアウトプットの形，そして役割自体をますます多様化させてきたことは意識される必要がある（林 2014）．大学—大学院レベルの高等教育における高度な専門性や汎用的能力の育成のあり方の議論と模索はこのような変化の中でなされてきた[3]．またより良い研究者育成を目指した「幅広い視野」の育成のための様々な試行錯誤がなされてきたことは無視できない．ここで言う「幅広い視野」では，異分野との協働・コミュニケーション能力，説明・応答責任に関する視点，自身の研究が持つ社会的意義への洞察力，（倫理的・法的・社会的課題を含む）将来生じうる領域の課題の理解，そして研究活動に必要となる社会基盤・制度についての視座が想定される[4]．

　この「高度な専門性」と「幅広い視野」の両立のための試行錯誤は，日本だけでなく世界的に行われている現状がある．欧州の 2020 年までの科学技術政策枠組みである Horizon 2020 では，「責任ある研究・イノベーション（Responsible Research and Innovation: RRI）」の考え方を基本とした「社会と共にある／社会のための科学」プログラムが設定されると共に，RRI を担う高度知識人材の育成カリキュラムのための議論が進行しつつある．

　このような状況において，RRI を担う高度知識人材の育成（以降，RRI 教育と呼ぶ）を巡る議論の現状について俯瞰しつつ，とりわけ学術コミュニティにおける今後の RRI 教育にあり方と課題についての多面的な検討を行う必要が生じている．

　以上の背景から，本稿では，「学会」における RRI 教育という視点からの分析を試みる．無論高度人材育成における高等教育機関の役割は非常に大きいことは疑いようもないが，「学会」というもう一つの重要な場に注目し，またその多様な機能の可能性を併せて考察することで，今後の RRI 教育への新たな視座を提供することが出来ると期待されるためである．そこで本稿第二節では，まず RRI を巡る議論を概観する．第三節では David Guston の「境界組織」を巡る議論を補助線として，「学会」という組織の機能について STS 的な検討を与える．そして第四節において，学会における RRI 関連機能の現状についての分析を行う．そして最後に得られた結果に対する考察を加えつつ，RRI 教育を巡る今後の課題を浮き彫りにする．

2. 責任ある研究・イノベーション（RRI）

2.1 RRI を巡る議論

　欧州委員会における科学技術政策の議論では，2011 年以降 RRI の観点が繰り返し議論されてきた（von Schomberg 2011; EU Commission 2011）．その中で，2014 年よりスタートした欧州委員会の科学技術政策枠組みである Horizon 2020 では，この RRI を基幹プログラムの一つである「社会と共にある／社会のための科学」プログラムにおける中心概念として位置づけている（Sutcliffe 2011）．欧州委員会では，この RRI の政策的な意味づけとして以下のものを構成要素に挙げている[5]．

- 科学技術研究やイノベーションへのより幅広いアクターの参加
- 科学技術の成果（知識）へのアクセシビリティ向上
- 様々な研究プロセスや活動におけるジェンダー平等の担保
- 倫理的課題の考慮
- 様々な場面での科学教育の推進

RRI については，「先見(Anticipation)」・「再帰性(Reflexivity)」・「包摂(Inclusion)」・「応答性(Responsiveness)」などの要素を軸として，その基本的な理論的枠組みの検討が進みつつある(Stilgoe et al. 2013)．そして「RRI は，現在における科学とイノベーションの集合的な管理を通じた未来に対するケアを意味する」(Stilgoe et al. 2013, 1570)とも表現されている．また，Wickson and Carew(2014, 255)は，①顕著な社会経済的な要請と挑戦に取り組むことへの注目，②実質的でより良い意思決定と相互学習のための幅広い利害関係者の積極的な引き込みへの関与，③可能性のある問題の予測，適切な代替手段の調査，潜在的な価値・前提・信念の反映についての熱心な試み，④全ての参加者がこれらの考え方に応じて活動し，また適応的に振舞うことへの意思の4つの論点を RRI の議論に共通する主題として見出している．このような RRI の基本的なアイディア・議論をおおまかにまとめるならば，RRI とは幅広いアクターの問題意識や価値観を包摂・相互応答しつつ，プロセス自体が省察を伴い，得られた課題や反省のフィードバックを踏まえてイノベーションを進めることを志向するものと概括することができるだろう．そのような相互作用的なプロセスの正統性・妥当性・透明性の向上により，応答責任の所在の明確化，倫理的な受容可能性，社会的要請への応答，潜在的危機への洞察の深化などが促されるのである(von Schomberg 2011; Owen 2012; Stilgoe et al. 2013)．

　無論，この RRI の取り組みの内実を担保するためには，科学研究を担う研究者側の視点形成と協働が不可欠であることは言うまでもない．そのような状況の実現に向けて，どのような教育取り組み像が望まれるか，またその教育をどのように実現していくのかが次の課題となる．しかし，欧州委員会の報告書 *HORIZON 2020 WORK PROGRAMME 2014-2015 16. Science with and for Society* では，高等教育カリキュラムの中にどのように RRI を位置づけるかについての論点が提示されているものの(EU Commission 2013)，RRI の枠組みに関わる高等教育レベルでの人材育成の取り組みについての現状把握事態がまだまだ不足している[6]．

2.2　RRI を巡る評価体系

　RRI の議論が進むにつれて，RRI のあり方を評価する考え方や指標についての議論も登場している．研究者コミュニティにおける RRI を巡る議論の現状を検討するための視座を得る上で，この RRI の評価を巡る議論がどのようなものであるのかを知ることは，分析枠組みの設定において有効な作業である．

　Wickson and Carew(2014)は，ノルウェーで RRI に関する評価に関するワークショップを行い，RRI に関する評価基準とルーブリックについて論じている[7]．その結果として，表1に示すような7つの基本的な評価項目と共に，その評価基準についての試論を提示している．

　また欧州委員会も RRI の評価に関する議論を進めている．欧州委員会は2014年に RRI の指標に関する専門家会議(Expert Group on Policy Indicators for Responsible Research and Innovation)を設置し，同専門家会議は2015年に報告書 *Indicators for promoting and monitoring Responsible Research and Innovation* を公開している．欧州委員会における議論を引き継ぎ，この報告書では，①包括的原理としての「ガバナンス」，②ガバナンスのための鍵となる領域として「市民参加(public engagement)」，「ジェンダー平等性(gender equality)」，「科学教育」，「オープンアクセス」，「倫理」，③より一般的な政策目標としての「持続可能性」と「社会正義・包摂」，これら計8つの領域の重要性を強調している．

　とりわけ，①ならびに②に関わる「ガバナンス」，「市民参加」，「ジェンダー平等性」，「科学教育」，「オープンアクセス」，「倫理」という6つの鍵となる領域は，兼ねてより欧州委員会において議論

表1　RRI評価における項目と基準（Wickson and Carew 2014 を元に筆者訳出・作成）

評価項目	評価基準
社会的意味と問題解決志向	(A)問題の協調，(B)解決方法の考察
持続可能性と将来のスキャニング	(A)潜在的な未来への期待，(B)潜在的リスク・ベネフィットの区分，(C)社会的・経済的・環境的持続性の考慮
多様性と熟議	(A)関与する分野横断のレベル，(B)ステークホルダーが関与する場，(C)ステークホルダーがどのように関与しているか
省察と応答可能性	(A)文脈とグループにおける前提条件認識，(B)底流にある価値・前提・選択の探索，(C)公開性と批判的精査，(D)内的省察と外的フィードバック後の変化能力
正確性と頑健性	(A)問題で考慮された側面，(B)アクターと設定を超えた再現性，(C)現実世界におけるアウトカムの信頼性
創造性とエレガントさ	(A)新規性と大胆さ，(B)効率性と美しさ
誠実さと説明可能であること	(A)不確実性と限界の区分，(B)委任と所有の線引き，(C)研究倫理・ガバナンス要請におけるコンプライアンス，(D)オープンアクセス・情報共有ポリシー，(E)ポジティブ・ネガティブ両方のアウトカムに対する当事者意識

が重ねられてきた経緯があり，「プロセス指標」，「アウトカム指標」，そして「研究とイノベーションがどのように社会に受け入れられるか（受容指標）」という3つのカテゴリにおける評価指標の試案が提示されている．それぞれの評価指標・項目としてどのようなものが考えられているのかについては表2を参照されたい．またこの中で，「市民参加」については，政策・規制のフレームワーク形成（市民参加への投資額などに注目），社会的関心の創出（メディア報道量や博物館・科学館来館者数などに注目），コンピテンシー構築（科学ジャーナリズムの状況などに注目）などの論点・評価基準も更に検討がなされている（EU Commission 2015）．

　総じて言うならば，これらのRRIの評価基準に関わる二つの文献では，ELSIへの対応・議論状況，市民参加や科学コミュニケーション，科学教育，オープンサイエンス，包摂的視点（ジェンダーやマイノリティへの視点の有無），正負を含めた潜在的なインパクトへの視点，政策形成とRRI政策への関与などが強調されているといえる．RRI的視点から見たときに研究を巡る環境や社会の中での活動の状況が改善されているか否かを判断する上で，最低限必要となる情報や指標の内容が検討されている[8]．勿論，RRIをどのように評価するのかということについて，表1や2にあげられているような指標だけで十全な評価が可能であるかといえば心もとない．またここで挙げた評価項目において，どのような視点が欠けているのかという議論もまだまだ必要である．更なる検討が現在進行形で重ねられていることは強調しておく必要がある．

3．境界組織としての「学会」

　前節までにRRIを巡る議論を概観してきた．今後はRRI教育に関する論点が益々重要性を増していくことが予想される（European Commission 2013）．しかしながら，研究者の育成に視線を向けた時，RRI教育を巡る課題は大学組織とそのカリキュラムだけを見ているだけでは検討は不十分である．なぜなら研究者の教育は，大学という所属組織だけではなく，その研究者が属するコミュニティ全体の活動状況に帰するものと考えられるからだ．

　研究者は，各々の研究内容に応じて投稿先候補となるジャーナルを持つ．そして，日々の研究と指導，あるいはジャーナルの査読制度に支えられる妥当性境界の把握と体得を通して専門家の再生

表2 RRI評価における項目と基準（European Commission 2015 を元に筆者訳出・作成）

	プロセス指標	アウトカム指標	社会受容指標
ガバナンス	・国および欧州レベル双方におけるRRIを促進する研究とイノベーションの公的・非公式のネットワークの同定 ・RRIを促進する資金提供者の活動	・RRI関連議論の数 ・RRIプロトコルの数 ・RRI政策の数 ・RRIに関連する協定の数 ・RRI関連活動を支援するファンディングメカニズムの数 ・RRIプロジェクトにおいて投資された額	・RRIの議論におけるより幅広い市民の参加（ソーシャルメディアなどを用いた評価尺度） ・RRI政策、政策形成過程、プロトコルにおけるより幅広い市民の参加 ・RRIの適用に市民を含める割合 ・共創的RRIプロジェクトの数
市民参加	・市民参加のための公的な手続き（コンセンサス会議、住民投票、その他）の数と発達程度 ・市民科学プロジェクトの数（在野における草の根的活動に限定したもの）	・（a）市民あるいは市民団体によって運営される、あるいは（b）市民あるいは市民団体によって実施される研究のプロジェクト・パートニシアティブのファンディングの数や予算の割合（市民科学） ・諮問委員会において特別な責任を持つ市民と市民団体の割合（座長、報告者、その他） ・市民科学プロジェクトに参加する市民の数	・科学技術の問題への一般の人々の関心レベル（関心がある・ないことを表明する総数の割合。科学技術への興味を間接的に提示する市民の割合。科学問題に対するデモへの参加割合（科学館来場者など） ・責任ある科学への期待：科学を問題解決のひとつであると考えると思う人の割合 ・市民科学のものだといえりより解決策のひとつであると考える割合。科学技術に高い期待を持つ人の割合
ジェンダー平等	・ジェンダー条件を明らかに含むファンディングプログラムの加盟国における保有有無 （a）ジェンダー平等計画を持つ研究機関の割合、（b）ジェンダー平等計画の実装に関する文書を持つ研究機関の割合 ・ジェンダーバイアスを最小化、縮小するための特別な計画を明文化している労働環境上の障害や不利になるような労働環境の流動性 ・ジェンダーバイアスを強化するような組織文化を変えるための特別な行動を明文化している研究機関の割合 ・トレーニング／支援を提供している研究機関の割合 ・（初等・中等教育における）キャリア選択におけるジェンダー平等問題の改善を目指すプログラムを持つ学校の割合	・諮問委員会における女性の割合 ・専門家グループに置ける女性割合 ・評価委員会における女性割合 ・（フルタイム換算における）ライフサイクルを通じた研究プロジェクトにおける女性割合 ・PIにおける女性割合 ・研究論文において第一著者が女性である割合 ・ジェンダー分析、研究内容がジェンダーに関わる研究プロジェクトの割合 ・研究の流動性プログラムにおいて女性が参画している割合	・（若者とその親における）科学における受容状況（例：科学のキャリアは男女問わず平等である）と信じている割合 ・若者が、手助かり子供が男性／女性に関係なくSTEMキャリアを目指す機会があるかと考える親の割合 ・ジェンダー平等に関連する研究する割合。イノベーション領域において働く人の割合（例：研究・イノベーションにおけるキャリアを続けている機会が男女で平等であると考える女性の割合）
科学教育	・研究戦略・職業・事業計画等におけるRRI関連トレーニングに関するイニシアチナあるいは要請の有無（ある・ない）の回答割合 ・RRI関連トレーニングのための能力構築のためのオープンサイエンス政策に投資されているファンドの割合・有無	・EUと国レベルの、初等・中等・高等教育におけるRRI教育／トレーニングの存在 ・教育機関あるいは研究分野におけるRRI教育／トレーニングを奨励しているかどうか ・提供可能な教育材を少なくとも一つ以上持つ研究プロジェクトの割合 ・STEM分野の教師あるいは学生を交えた研究プロジェクトの割合 ・Scientix（欧州科学教育コミュニティ）に登録されたプロジェクトの数	
オープンアクセス	・オープンサイエンスに関するポリシーの明文化 ・オープンサイエンスの促進のための制度的メカニズムの明文化 ・研究政策におけるオープンサイエンス対策の有無	・（明確な定義はまだであるが一定以上のアップデートと積極的な使用がされているヴァーチャル環境を持った研究プロジェクトの数） ・使用を促すようなコメントを含んだデータリポジトリの割合 ・日々の研究ラボノートがオンラインに公開される研究プロジェクトの割合 ・オープンサイエンスのメカニズムによって本当の付加価値を報告する研究者自身あるいはその他のアクターにとって	
倫理	・倫理的受容性の評価のプロセスを評価するためのメカニズム（ベスト・プラクティス） ・オープンサイエンスの経験から学ぶための倫理的メカニズムの明文化 ・倫理公正ポリシーと行動に関する規範的緊張関係に関する文書化 ・研究公正あるいは倫理のためのELSI／ELSA（ベストプラクティス） ・倫理審査と倫理審査委員会公認の公的かつ実質的な視点	・倫理的受容性の評価のための二次的な倫理アセスメントにアクセスを求める変化を求める研究・イノベーションの変化のための研究のための研究プロセスのための研究プロジェクトにとって ・資金申請あるいは倫理審査委員会公認の倫理審査あるいは倫理審査委員会認可のハザールの割合	・一般の人々がその環境にアクセスし、また有用であることを見出しているかどうか

産が行われている（藤垣 2003）．また研究における発表・交流（情報野交換・収集・議論）の場としての「学会」があり，そこでの議論経験もまた教育・研究上の大きな要素となっている．また分野によっては，ジャーナルの発行主体としても「学会」の役割が大きい[9]．

ここでDavid Guston（2000）の議論は，「学会」についてもう一つの視座を与える．Guston（2000）は，ファンディングエージェンシーや研究公正局（Office of Research Integrity）などの組織を，日々の研究実践と政策的・社会的要請の間の乖離と緊張関係を調整しつつ，その境界設定に資する機能を持つ「境界組織」として捉えている．この視点で見るとき，「学会」もまた，研究者の日々の実践・自治と社会的な期待や政策的動向の間を仲介・調整しうる集合的アクターであると解することができる．すなわち「境界組織」である学会は，研究者コミュニティに対する外部からの要請・期待等を受けて教育的・政策的含意をコミュニティ内部にフィードバックする役割を持つと同時に，学会の教育・政策的方針を外部に対して発信していく役割も担う．例えば，学会が発行する各種の指針，声明，あるいは会員アンケートによる意見の集約と公表，各種の教育セミナーなどは，研究を巡る環境問題，社会的期待，政策的・制度的要請といったものと研究活動の間をつなぐ機能を担う営為として捉えることができる．また学会で行われている各種の指針・報告の公開や，セミナーの開催は多少なりとも所属するメンバーへの教育的効果を伴うものと捉えることもできよう[10]．このように研究者コミュニティの内部と外部を接続する活動の主体となることで，学会は，研究者と研究者コミュニティ外部の間での議論の進歩に貢献することが期待される．

このような「境界組織」としての学会の機能を考えるならば，RRIに関わる要請が研究者コミュニティになされている現状において，学会がRRIに関連して，どのような活動や言論生産を行っているのかを把握し，今後のRRI教育の場としてのあり方を検討するという課題が生じてくる．しかしながら，学協会がRRIに関わる事柄について現在までにどのような活動や言論を行ってきたかについての検討はそもそもほとんどなされていない現状がある．そこで，この知見の不在を埋めることで，RRIを巡る今後の論点の提出をすると共に，RRI教育における今後の課題について検討することが必要となる．

4. 学協会におけるRRI取り組み——基礎生物学系52学会調査から

4.1 方法と対象

前節までに見た状況を踏まえつつ，ここではまず学会がそもそもRRIに関連する項目にどの程度言及しているのかに注目する．本研究では，学会名鑑に登録され，特に生命科学関連分野52学会を調査対象とした．より具体的には，生命科学学会連合に登録している25学会，学会名鑑で「生物学」・「農学」・「基礎生物学」・「統合生物学」・「農学」カテゴリにある学会から比較的正会員数が多い学会，「基礎医学」・「臨床医学」・「薬学」で比較的規模が大きくかつ基礎生物学分野との関連が強いと考えられる学会，「理学・工学」・「環境学」・「情報学」の中で生命科学分野との特に関連が深いと思われる学会であり，多くは1000名程度以上の会員規模を持つ合計52学会を対象としている[11]．

調査は，各学会ホームページ上に掲載されている公開情報をもとに，学会概要，学会の目的等について，学会指針関係，利益相反，デュアルユース，男女共同参画，科学教育，差別の禁止，社会とのコミュニケーション，オープンアクセス，学会内部での議論の場の設定といった評価項目ごとに記述の有無の確認を行い，該当箇所の文言の記入を行った[12]．

これらの項目は，第2節で言及したRRIに関する評価項目の議論から（EU Commission 2015;

学会組織はRRIにどう関わりうるのか　163

Wickson and Carew 2014），先行研究で検討されている項目を元に日本の状況に合わせて作り直した／言い換えたものを要素としたものである．

　なお，今日の分析ではホームページ上に公開されている情報に絞って検討を行っており，学会のメーリングリスト上や年次大会における個別のセッション，シンポジウムなどでの議論の詳細を精査するまでには至っていない．この点は本研究の現在における限界として留意する必要がある．

4.2　結果

　表3は，今回の分析対象とした52学会において，RRI関連項目（あるいはキーワード）について言及があったかどうかについて集計したものである．ここで言う言及とは，「学会独自の文書が作成されている」，「会長挨拶や学会指針などで論点として取り上げられている」，「学術会議や文科省の関連報告書へのリンクが張られている」までを含むものとする．

　集計分析の結果，52学会の指針・綱領などにおいて「剽窃・捏造・改ざん」に関する条項について28.8％の学会で言及がなされていた．また「動物実験に関わる倫理」への言及は25.0％[13]，「プライバシーの保護」への言及は23.1％という結果となった．これらは近年話題にあがることが多い項目であるが，それでも言及割合が3割程度にとどまる点には留意が必要であろう．また「法令順守」への言及は17.3％，「基本的人権の尊重」への言及は13.5％，「インフォームド・コンセント」への言及は15.4％と2割を下回る結果となった[14]．

　倫理面での項目では，「研究者倫理指針・ルール」への言及は26.9％となっている．しかしながら，「生命倫理」や「研究者倫理」に関わる記載において学会ごとに記述の濃淡がある状況が見いだされた．また学会長の「挨拶」において，研究の倫理面や社会との関わりに言及することが比較的多いことが伺えたものの，またどの程度実効性をもたせるべく具体的に活動しているかは，言及がみられない学会が多い．

　一方で，「科学教育」への言及は46.2％，「社会とのコミュニケーション」への言及は61.5％，「オープンアクセス」への言及は78.8％となっており，言及割合が他の項目に比べて高いことが見出された．今回の調査において，もっとも内容的に多様だと考えられたのは，「科学教育」ならびに「社会とのコミュニケーション」のうちのアウトリーチ的な取り組みであるといえる．各学会の学問的特徴を反映させて，最新の知識をわかりやすく提供しようとする工夫を凝らしているものが多く見られた．また例えば日本植物生理学会のように，質問を受け付けての双方向的なやり取りを志向する学会例もみられた．またオープンアクセスの取り組みについては，52学会中41学会がなんらかの試みを実施しているが，学会誌の過去のアーカイブスのすべてを公開しているところは少なく，ニューズレター（会報）を公開している例が多い結果となっている．

　また「剽窃・捏造・改ざん」・「プライバシーの保護」・「法令順守」・「基本的人権の尊重」・「インフォームド・コンセント」などについて言及される場合には，何らかの学会独自の指針や綱領があるケースが相対的に多かった．また「利益相反」については32.7％の学会で言及され，論文執筆の条件（投稿規定）として具体的に例示している学会もいくつか見出されたものの，「利益相反」について独自の指針や綱領を設定している学会の割合は少ないことが見出された．

　また「男女共同参画」も55.8％と比較的多くの学会が言及している項目であり，実際に特徴のある具体的な取り組みを詳細（取り組みの経緯や組織運営の実際なども含む）に紹介している学会がいくつかみられた（日本分子生物学会など）．一方で，特定の社会的事件・事象に対して，学会としての何らかの「声明」まで出しているところは，極めて少なく，例外的といえる[15]．加えてこの項目についても学会独自の倫理指針や綱領を持つ学会は少ない状況が見られた．

表3　RRI関連項目に対する言及割合

項目	項目に対してなんらかの言及がなされている学会の数(A)	(A)の内で学会独自の倫理指針・綱領を持つ学会の数	52学会中でなんらかの言及がある学会の割合
包括的な倫理指針あるいは行動綱領がある	8	–	15.4%
法令遵守	9	7	17.3%
基本的人権	7	7	13.5%
プライバシー	12	7	23.1%
データ管理	9	7	17.3%
剽窃・捏造	15	8	28.8%
インフォームドコンセント	8	7	15.4%
危害・不利益	9	5	17.3%
社会的信頼性	8	6	15.4%
社会的責任	7	6	13.5%
生命倫理	8	2	15.4%
動物実験	13	4	25.0%
研究者倫理指針・ルール	14	4	26.9%
利益相反	17	5	32.7%
デュアルユース	1	1	1.9%
男女共同参画	29	3	55.8%
科学教育	24	–	46.2%
ハンディキャップ／マイノリティへの配慮	1	0	1.9%
差別の禁止	5	4	9.6%
社会とのコミュニケーション	32	–	61.5%
オープンアクセス	41	–	78.8%
内部の議論	14	–	26.9%

　また，より言及例の少ない項目として，「差別禁止」への言及は9.6%[16]，「ハンディキャップ／マイノリティへの配慮」への言及は1.9%[17]，そして「デュアルユース」への言及は1.9%という結果となった．少なくとも，これらの項目やテーマについて直接的に言及している学会の例は非常に少ないことが分かる．例えば「デュアルユース」に関しては，日本農芸化学会の日本農芸化学会会員行動規範4条（安全の確保と健康，環境への配慮）・第2項（製造物，副産物について）における以下の文言がもっとも関連の深い記述と考えられるものであった[18]．

　　製造物，副産物について製造する製品，生物生産物，食品，それらの副産物，及び用いる方法
　　や工程などについて関連法規を遵守し，安全性の確保ならびに健康への影響について十分な対
　　策を講じる．二次的かつ非意図的な影響や災害を及ぼすこともあるので，出荷後の状況の監視
　　や情報提供などに十分な配慮と対応が重要である．また，考案した方法，製造した物質や装置，
　　及び育種した生物が悪用されないよう安全保障措置を講じる．

学会組織はRRIにどう関わりうるのか　165

この記述内容はデュアルユースという言葉自体は登場しないものの，バイオセキュリティに関わる内容になっておりデュアルユースの視点に関わる言及として解することができる．また，やや範囲を広げるならば，日本微生物生態学会の倫理規定第7条〈情報の公開〉において「研究ならびに技術開発の中で，安全に関わる社会的に影響の大きな事柄が生じたときはこれを速やかに公開する」[19]との記述が見受けられる．これらの文言は，本特集において川本が論じている用途両義性への言及に広い意味で関連するものといえ，その意味では今回の分析対象の中でデュアルユースに広い意味で関わる例外的な文言であるとの解釈もできる（川本 2016; 川本 2017）．しかしながら，このような形でのデュアルユースに関連する記述を広げて探索しても，今回の対象から他の言及事例を見出すことは出来なかった．

　また全体として，規定はあるものの，どのように活かされているのか判然としない例，社会性を意識した様々な取り組みを試みているものの「単なる会員への呼びかけ」に留まり会員からの反応が少ないと考えられるもの，一般の人々への情報提供などを行ってはいるが余り利用されていない可能性のある例も見られた．そのため学会が発行している声明や規範等の実際の効果や成果については更なる検証が必要である．

5. 考察

　本研究では，学会という研究者コミュニティを支える場であり組織がRRIに関連するテーマにどの程度言及しているのかについて探索的な分析を行った．今回の分析は対象分野と学会数を絞った予備的なものであり，その解釈についても留保がつくものであるが，今後のRRIと学会の関係，そしてRRI教育における学会の役割を巡る議論に対して幾分か示唆的な結果を得たものと考えられる．

　今回の分析から，ELSIや科学コミュニケーションに関わる項目については，各学会においてある程度の言及が行われていることが見出された．とりわけ2000年代以降の日本の科学技術政策では，科学技術人材の能力育成に関連する議論において，研究者の社会とのコミュニケーション活動や「説明責任（Accountability）」を巡る議論に重点がおかれてきたが，今回の結果は少なくともキーワードの表出の仕方としては軌を一としているといえる（塚原 2013; 標葉 2016, 2017a, 2017b）[20]．

　しかし，ここで研究活動が持つ価値や社会的な意義は知識生産にとどまらないものであり，研究活動が持つ様々な効果・影響（インパクト）を踏まえた説明が期待されるという点を急いで強調しなければならない．このような様々な「インパクト」について，例えば英国Research Excellence Framework（REF）[21]では，「学術を超えて，経済，社会，文化，公共政策・サービス，健康，生活の環境・質に関する変化あるいはベネフィットをもたらす効果」と定義されている（Research Excellence Framework. 2011, 26）．研究評価の文脈に目を向けるならば，アメリカNSFのメリットレビュープロセスにおいて研究活動がもたらす「知的メリット（Intellectual Merit）」に加えて「幅広いインパクト（Broader Impact）」についての説明が求められるようになったこと，あるいはイギリスにおいてUK Research Councilが，研究の持つ「学術的インパクト（Academic Impact）」のみならず将来における「（潜在的な）経済・社会的インパクト（Economic and Societal Impact）」に関する「潜在的な経路（pathway to impact）」を想定した説明を促していることなどは顕著な例であろう．ここで挙げたREFのもののような定義は，インパクトを巡る議論ではおおよそ共有されていると考えてよい（標葉，林 2013; 標葉 2017a）[22]．

　いずれにせよ，英国REFをはじめとする各国の議論において，研究活動が持つ幅広いインパクトの理解・把握が重要な問題となっていることは間違いなく，知識生産に加えて，社会的・経済的・

文化的インパクトの評価基準における存在感は無視できないものとなっている．その中で，学術活動が持つ幅広いインパクトについて，研究者がどのように理解し，また社会とそのインパクトのイメージの共有を行っていくのかが現在問われている．

RRIの議論に立ち返るならば，研究活動が持つ多様なインパクトについて，RRIの視点から考察しつつ，その学術の将来像の構築を行っていくことが求められる．このことは，研究活動がもたらす正負含めた様々なインパクトを（限界はあるとしても）想像し，社会の中で説明とコミュニケーションを行うことに他ならない．しかしながら，今回の結果を踏まえるならば，このような多様な影響を想起し，今後の研究活動のあり方のビジョンを社会の中で共有していくことが学会の中で会員に明示・共有されているとは言いがたい．

このインパクトを巡る想像力と理解に関連して，REF 2014を経て得られた注目すべき知見がある．Samuel and Derrick（2015）は，REF 2014のヘルス関連パネル評価者62名への半構造化インタビュー調査から，評価者は，多くの場合例えば「ワクチンの精製・製造」などのような健康や経済に関わる直接的なアウトカムをインパクトとして考えてしまうなど，かなり限定的な捉え方をしていたことを指摘している．但し，幾分かの評価者の中には，インパクトを単なる最終アウトカムではないこと，「政策の変化」や「薬剤開発の停止」などもインパクトの一種であること，「インパクトは偶発的かつ社会的なプロセス」と考えるようになったという事柄も同時に見出されている．

このSamuel and Derrick（2015）の知見は，むしろ研究者の側がインパクトの狭く捉えており，その可能性を狭めていることを指摘している．このような研究者側における研究活動の持つ意味に対する視野の狭さは，今後のRRI教育を考える上での大きな課題であると言える．それは換言するならば，研究活動が持つ様々なインパクトをどのように想像し，また社会の中で共有していくのかという問いである．この点について，国内外の大学における教育事例で，このような研究活動が持つ幅広い影響について積極的に想像・表現し，記述していく取り組みが試行錯誤の中で進められている．国内における一例として，総合研究大学院大学における「科学と社会」教育プログラムにおける一年生必修の講義では，研究活動が持つインパクトを想像するワークショップ型講義が行われており（総合研究大学院大学 2016）[23]，また海外に目を向けるならばアリゾナ州立大学におけるPh. D ＋プログラムなどの注目事例がある．

大学での取り組みを視野の端に捉えつつ，学会が境界組織として，今後の研究者・研究分野のあり方に対する外部からの期待と現場の研究実践の間を架橋する役割を担うのであれば，学会はこのような研究者におけるインパクトを巡る視野の狭さを自覚させる機能を持つ必要がある．しかしながら，今回の分析は予備的なものではあるものの，学会という場におけるRRI関連テーマへの言及状況に関して[24]少なくとも楽観視できる状況と理解することは難しいだろう．

また研究活動の持つインパクトを考える上で，欧州におけるRRIや米国の「幅広い影響」を巡る議論において，科学への参加者の多様性確保，包摂的視点が注目されていることはやはり重要である．しかしながら，今回の分析では，大部分の学会におけるハンディキャップ／マイノリティへの配慮，差別禁止の論点への言及の少なさが見出されており，今後のRRI教育を考える上でこれらの点は大きな問題であると言える．

加えて，デュアルユースへの言及例が少ない点は注目に値する状況と言える．各分野におけるデュアルユースへの関心の低さ（あるいは関連性についての認識の薄さ）を象徴するような結果であるが，この関心・認識の薄さは，上述の研究者におけるインパクト理解の狭さとも通低する問題として理解することはさほど無理な議論ではないだろう．

この点に関連して，小林（2017）が行ったIn-Q-Telの検討は興味深い示唆を与えるものである．ア

学会組織はRRIにどう関わりうるのか　167

メリカCIAが設立したIT分野を対象とする非営利ベンチャーキャピタルであるIn-Q-Telは，ITベンチャーへの投資を行うことでアメリカにおけるIT研究・開発力と関係者間のネットワークの強化を行っている[25]．このIn-Q-Telの投資は直接的に軍事技術の研究開発に投資するものではないものの，軍事も含めた様々な分野への活用が可能な知識への投資という点でIT時代におけるデュアルユース振興のモデルとなっている[26]．

　この事例は，デュアルユースの議論をする上で，軍事研究に直結する研究の回避や，防衛費拠出の研究費を受け取らなければよいというような素朴な視点を超えた議論が必要であることを含意する．すなわち，軍事産業と直接的な関係のない知識であっても，その知識の用途自体は両義的であり，その意味において知識生産者は誰もがデュアルユースの問題に関与する現代をどのように理解し，今後のあり方を考えるのかという問いを投げかける事例といえる．より一般的に言えば，そもそも生産した知識は将来の社会においてどのようなインパクトを持ちうるのかという想像力に対して一石を投じるものと捉えることができる．そしてこの想像力こそが，適切なRRIの実行・実現において不可欠なものであろう．しかしながら，デュアルユースについて，そのような視点からの議論をアカデミアはどれだけ行えてきただろうか．この議論の薄さは，研究活動が持つインパクト理解の狭量さと軌を一にしているように思えてならない．

　このような状況において，知識の持つ多様な効果，また研究活動とそれを取り巻く様々な外部環境との関係性の変化について視点と議論を深めるような教育はどのようにして可能なのであろうか．多くの研究者の多くは直接的には軍事研究に携わることは少ない．また大学や学会という場で学ぶ学生の多くは，軍事とは直接的には関係のない企業に就職する．しかし，そのような普通の研究者，職業人やエンジニアは，デュアルユースに対してどこまで考える必要があるのか，またその教育課程において何をどこまで考えることを要求できるのか，要求するとしたらそれはどのようなカリキュラムや内容において可能になるのか（あるいはならないのか），問いは尽きない[27]．

　今後のRRI教育を考えるならば，このような状況の変化も視野に捉えた上で，境界組織たる学会の役割を再考する必要がある．また本稿では取り扱えなかったが，人文・社会科学分野におけるRRI教育と学会の関係性についての検討も今後必要であることは言うまでもない。

6. 結論

　学術コミュニティにとって重要な学会という場は，今後の知識人材の育成を担う上で，様々な政策的・社会的要請と日々の研究実践を調整する中間・境界組織として益々多様な役割を期待されると考えられる．

　そのような認識の上で，本研究では，学会という研究者コミュニティを支える場であり組織がRRIに関連するテーマについてどの程度言及しているのかについて探索的な分析を行った．その結果，ELSIや科学コミュニケーションに関わる項目については各学会においてある程度の言及が行われている一方で，「ハンディキャップ／マイノリティへの配慮」や「差別禁止」などRRIにおいて重視される包摂的な視点への言及は非常に少なく，またデュアルユースに関する視点への言及もない現状が見出された．今回の分析は対象分野と学会数を絞った予備的なものであり，その解釈についても留保がつくものの，これはこれまでにも指摘されてきた研究者側における研究活動がもつ様々なインパクトへの視座の狭さと同根の問題であると考えられ，今後のRRI教育を考える上で解決されるべき大きな課題であるといえる．このような状況の中で，学会は，RRIをはじめとする様々な視点を仲介し，またコミュニティ内部に対して教育的な示唆を還元する場として積極的な役割を

担うことがますます期待される.

謝辞

　本研究は，日本学術振興会：課題設定による先導的人文・社会科学研究推進事業「責任ある研究・イノベーションのための組織と社会」（代表：大阪大学・吉澤剛）による助成を受けている．中でも，当該研究プロジェクト・教育研究サブグループの川本思心准教授（北海道大学）ならびに中尾央助教（山口大学）に感謝を申し上げたい．特に本研究を進めるにあたり，川本氏の研究内容と発表からは非常に多くの示唆を得ている．また実際の調査分析に際しては，NPO法人市民科学研究所・上田昌文氏，神戸大学国際文化学部・藤井祐輝氏から多くの協力を得た．この場を借りて，お礼申し上げたい．

■　注

1 ）広田（2013）は，1991年の大学設置基準の大綱化を契機として，セメスター制や「Faculty Development（FD）」，授業評価に代表されるように海外の大学制度や実践の輸入が，グローバル化の進行に伴い進められたことを指摘している．大学教育の文脈では，このような汎用的な能力の育成が，まずは1991年の大学設置基準大綱化以降に生じた教養教育の自由化・多様化の中で，コンピテンシー型教養教育として試みられてきた（杉原　2010）．

2 ）先端的知識の構築とそれに伴う様々な社会・経済的効果の創出のために，各国は様々な政策的展開を模索している．その中には，例えば研究機関へのファンディングにおける定常的資金から競争的資金へのシフトなどがあるが，このような変化は日本に限ったことでなく世界的な潮流である（Lepori et al. 2007; 小林　2012; 標葉，林　2013）．

3 ）日本の行政文書の中で提案された能力概念に絞って見るだけでも，厚生労働省「就職基礎能力」（厚生労働省　2004），経済産業省「社会人基礎力」（経済産業省　2006），文部科学省・中教審「学士力」（文部科学省　2008）などが提案されている．中教審が提示した「学士力」は，その理論的基礎が曖昧であるにも関わらず，各大学のディプロマ・ポリシー」と結びつくことによって強い規範性を発揮しているとも指摘されている（松下　2010, 27）．2011年に文部科学省が発表した「博士論文基礎力審査」も知識経済とグローバル化の進展を論の背景としている．教育学者の松下佳代が「新しい能力概念」と総称するこれらの能力概念には，「基本的な認知能力（読み書き計算，基本的な知識・スキルなど）」，「高次の認知能力（問題解決，創造性，意思決定，学習の仕方の学習など）」，「対人関係能力（コミュニケーション，チームワーク，リーダーシップなど）」，「人格特性・態度（自尊心，責任感，忍耐力など）」が含まれているが，「①認知的な能力から人格の深部までおよぶ人間の全体的な能力を含んでいること，②そうした能力を教育目標や評価対象として位置付けていること」が共通点として指摘されている（松下 2010）．

4 ）例えば塚原（2013）は，「理系におけるデザイン教育の充実や，理系の学生を対象とした科学技術コミュニケーションなどの文系の教育」（143頁）の効果や「イノベーションを推進する人材の一部として，文系と理系の双方に通じた人物が求められている」ことを指摘している（151頁）．

5 ）https://ec.europa.eu/programmes/horizon2020/en/h2020-section/science-and-society（最終アクセス日2017年3月30日）

6 ）RRIを巡る議論のより詳細な，あるいは多様な論点については，本特集号掲載の吉澤（2017）を併せて参照されたい．

7 ）ナノレメディエーションを事例として念頭に置きつつ開催されたワークショップであり，ナノ環境毒性学・環境化学・環境改善・環境政策などの分野に関連する17名の専門家が参加している．

8 ）日本国内におけるRRI評価に関連して，政策研究大学院大学SciREXセンター「科学技術イノベーションと社会に関する測定」プロジェクトなどの動きが出始めている．

9）ただし，国内学会が発行するジャーナルの中には，日本植物生理学会の *Plant Cell Physiology* のように国際誌として発行され，当該分野おける世界的な主要ジャーナルの一つになっているものもあれば，必ずしもそのような位置づけになっていないものも存在している．この点に関連して，松本（2013）は『社会学評論』（日本社会学会の学会誌）に注目した分析から，日本社会学会の会員において，任期付研究員などの若手研究者が国内学会誌は学術の最新状況を反映しているとは必ずしも評価していないながらも自らの研究成果を国内学会誌に投稿する層が相対的に高いことを指摘している．すなわち任期付きという身分によって，キャリアパス形成という学術的評価基準とは別の理由によって国内学会誌を発表媒体として優先せざるを得ない状況が生じていることを指摘している．

10）その内容の詳細には立ち入らないものの，日本分子生物学会が行っている調査，要望書の公開，シンポジウムなどの試みが例として挙げられる．

11）今回，対象とした学会は以下の通りである．日本神経科学学会，日本分子生物学会，日本遺伝学会，日本解剖学会，日本生化学会，日本生理学会，日本神経化学会，個体群生態学会，日本植物生理学会，日本発生生物学会，日本比較内分泌学会，日本味と匂学会，日本宇宙生物科学会，日本細胞生物学会，日本植物学会，日本進化学会，日本動物学会，日本比較生理生化学会，日本内科学会，日本蛋白質科学会，日本バイオイメージング学会，日本育種学会，種生物学会，日本魚類学会，日本鳥学会，日本組織細胞化学会，日本生態学会，日本生物物理学会，日本微生物生態学会，日本糖質学会，日本バイオインフォマティクス学会，日本森林学会，日本獣医学会，日本畜産学会，日本水産学会，日本木材学会，園芸学会，日本農芸化学会，日本魚病学会，植物化学調節学会，日本時間生物学会，日本薬学会，日本免疫学会，日本神経精神薬理学会，日本生物学的精神医学会，日本外科学会，「野生生物と社会」学会，日本神経回路学会，日本繁殖生物学会，日本生物教育学会，日本人類遺伝学会，日本環境変異原学会．

12）今回の予備的な分析では，各項目の集計を NPO 法人市民科学研究所・上田昌文氏，神戸大学国際文化学部・藤井祐輝氏の協力を得て行っている．前者の協力によるデータの入力情報を 2015 年 8 月〜2016 年 9 月 5 日にかけて行い，2016 年 12 月に後者が Web 情報を見ながら改めて情報を確認・追加するというダブルチェックの形でデータの検討を行った（そのため，一般的な内容分析のプロセスとは異なっている点に留意が必要である）．このデータの収集・入力作業は 2016 年 4 月〜12 月の間に行っている．また現在，対象とする学会を基礎生物学分野全体に広げて改めて集計作業を始めている．

13）これに関しては，今回の分析では，動物を用いた実験，あるいは動物を対象とした研究を行うことが多い生物学分野の学会が対象であることで他の項目に比べて言及が多かったためと言える．

14）今回の分析対象の中に臨床医学等に関わる学会が少なかったことも要因である．

15）例えば日本分子生物学会，日本魚類学会，日本生態学会，日本精神神経薬理学会など．

16）例えば日本農芸化学会では，その会員行動規範の中で「会員は，あらゆる場において，人種，宗教，国籍，性，年齢，所属等に基づく差別的な言動を厳に慎み，各種ハラスメントの防止に努め，自らがこの趣旨を厳守する」と述べている．また日本微生物生態学会の例では，「公平性の確保」という項目において「会員は，すべての個人に対し，その自由と人格を尊重し，人種・国籍・宗教・職業・性別・年齢・障害などに囚われることなく，公平に対応する」と述べられている．

17）「マイノリティ」に関しては，今回対象としたどの団体でも特段の言及はなされていない（但し日本魚類学会が「魚類名称」の問題でハンディキャップの方の蔑称とならないような名称の普及・使用に言及している例がある）．

18）『日本農芸化学会会員行動規範』http://www.jsbba.or.jp/wp-content/uploads/file/about/about_koudoukihan.pdf（最終アクセス日 2017 年 3 月 30 日）

19）『日本微生物生態学会倫理規定』http://www.microbial-ecology.jp/?page_id=5742（最終アクセス日 2017 年 3 月 30 日）

20）科学技術ガバナンスがより広いステークホルダーや複数の価値を含む複合的なプロセスに変化する中で，戦略的な予算を措置される研究機関や研究プログラムの形成論理は，学術的価値だけでなく，国の政策的必要性を踏まえた社会・経済的価値の視点が含まれることが多くなり，評価の観点もまた陰に陽に影響を受けることになる．この点についての経緯は，標葉，林（2013）や標葉（2017b）を参照されたい．

21）イングランド高等教育財政審議会（Higher Education Funding Council for England: HEFCE）が実施

する研究評価枠組み．

22）紙幅の関係もあり，各国における「インパクト評価」をめぐる議論の全体像を本稿で記述すること
は難しい．概要については標葉(2017a)を参照されたい．

23）科学の社会史，研究公正，そしてRRIやSTSに関連するワークショップを交えた講義が展開されて
いる．2016年までの内容については，総合研究大学院大学(2016)の報告書を参照されたい．

24）しかしながら，合成生物学分野の国際学生コンペであるiGEMなどでは参加者全員の参加が期待され
るELSIに関するセッションが開催されるなどの取組みがある．

25）In-Q-Telの活動は，海外の文献においてはイノベーション研究の文脈で言及され始めている(Matthew
2011)．その中で，とりわけ「ネットワークの失敗」(Fred and Matthew 2009)を防ぐ効果が論点とし
て注目されている(Matthew 2011; 小林2017)．またGoogle EarthやポケモンGOもIn-Q-Telの投資を
背景とした開発を背景として生まれてきたサービスである．

26）In-Q-Tel事例については，『平成21年版科学技術白書』(文部科学省2009)や小山田(2016)について
の言及がなされているものの，いずれも簡単に触れられている程度のものである．そのため，筆者の知
る限り，小林(2017)の文献が日本の公的セクターあるいは学術セクターの，少なくとも人文・社会科
学分野における最初のまとまった文章である．より早い時期においてIn-Q-Telの事例に言及しているも
のとしては，毎日新聞に所属していた瀬川至朗氏(現在・早稲田大学教授)による記事(1999年9月30
日の夕刊掲載)や，ウェブニュース掲載の記事などであった(むしろビジネスセクターにおいてより認知
されていた)．このことを考えるならば，公的あるいはアカデミアにおける認識の薄さがむしろ際立つ．

27）紙幅の問題に加えて，著者の専門性を超える事柄であるため，ここでは割愛するものの，ここで提
示された問いは，少なくとも部分的には技術者倫理の中に議論の蓄積があるものであろう．識者の今後
の議論と教えを請いたい．

■文献

EU Commission. 2011: *DG Research Workshop on Responsible Research & Innovation in Europe*, http://
ec.europa.eu/research/science-society/document_library/pdf_06/responsible-research-and-
innovation-workshop-newsletter_en.pdf(最終アクセス2017年3月30日)

EU Commission. 2013: *HORIZON 2020 WORK PROGRAMME 2014–2015 16. Science with and for
Society*, http://ec.europa.eu/research/participants/data/ref/h2020/wp/2014_2015/main/h2020-
wp1415-swfs_en.pdf(最終アクセス2017年3月30日)

EU Commission. 2015: *Indicators for promoting and Indicators for promoting and Indicators for promoting
and monitoring Responsible Research and Innovation*, http://ec.europa.eu/research/swafs/pdf/pub_
rri/rri_indicators_final_version.pdf(最終アクセス2017年3月30日)

藤垣裕子2003：『専門知と公共性——科学技術社会論の構築へ向けて』東京大学出版会．

Fred, B., Matthew, R. K. 2009: "Where do innovations come from? Transformations in the US economy,
1970–2006," *Socio-Economic Review*, 7, 459–483.

林隆之2014：「大学の機能別分化と評価指標の課題」『研究・技術・計画』29(1)，18–30．

広田照幸2013：「日本の大学とグローバリゼーション」広田照幸・吉田文・小林傳司・上山隆大・濱中淳
子・白川優治(編)『グローバリゼーション，社会運動と大学』(シリーズ大学1)，岩波書店，43–72．

川本思心2016：「RRIとデュアルユース」科学技術社会論学会第15回年次研究大会発表．

川本思心2017：「デュアルユース研究とRRI——現代日本における概念整理の試み」『科学技術社会論研究』
14，134–57．

経済産業省2006：『社会人基礎力に関する研究会——「中間取りまとめ」』http://www.meti.go.jp/
policy/kisoryoku/chukanhon.pdf(最終アクセス2017年3月30日)

厚生労働省2004：『若年者就職基礎能力修得のための目安策定委員会報告書』http://www.mhlw.go.jp/
houdou/2004/07/dl/h0723-4h.pdf(最終アクセス2017年3月30日)

小林信一 2012：「研究開発におけるファンディングと評価——総論」『国立国会図書館 科学技術に関する調査プロジェクト調査報告書——国による研究開発の推進——大学・公的研究機関を中心に』，149-173.

小林信一 2017：「CIA In-Q-Tel モデルとは何か——IT時代の両用技術開発とイノベーション政策」『国立国会図書館 リファレンス』793，25-42.

Lepori, B., Van den Besselaar, P., Dinges, M., Potì, B., Reale, E., Slipersæter S, Thèves, J., Van der Meulen, B. 2007: "Comparing the Evolution of National Research Policies: What Patterns of Change?" *Science and Public Policy*, 34(6), 372–388.

松下佳代 2010：「〈新しい能力〉概念と教育——その背景と系譜」松下佳代（編）『〈新しい能力〉は教育を変えるか——学力・リテラシー・コンピテンシー』ミネルヴァ書房，1-42.

Matthew, R.K. 2011: "The CIA's Pioneering Role in Public Venture Capital Initiatives," in Fred Block and Matthew R. Keller (eds) *State of innovation: the U.S. government's role in technology development*, Paradigm Publishers, 109–132.

文部科学省 2008：『学士課程教育の構築に向けて（答申）』http://www.mext.go.jp/component/b_menu/shingi/toushin/__icsFiles/afieldfile/2008/12/26/1217067_001.pdf（最終アクセス 2017 年 3 月 30 日）

文部科学省 2009：『平成 21 年版科学技術白書』http://www.mext.go.jp/b_menu/hakusho/html/hpaa200901/1268148.htm（最終アクセス 2017 年 3 月 30 日）

文部科学省 2011：『グローバル化社会の大学院教育（答申）』http://www.mext.go.jp/component/b_menu/shingi/toushin/__icsFiles/afieldfile/2011/03/04/1301932_01.pdf（最終アクセス 2017 年 3 月 30 日）

小山田和仁 2016：「デュアルユース技術の研究開発——海外と日本の現状」『科学技術コミュニケーション』19，87-103.

Owen, R., Macnaghten, P., Stilgoe, J. 2012: "Responsible research and innovation: From science in society to science for society, with society," *Science and Public Policy*, 39(6), 751–760.

Research Excellence Framework. 2011: *Assessment framework and guidance on submissions*, http://www.ref.ac.uk/media/ref/content/pub/assessmentframeworkandguidanceonsubmissions/GOS%20including%20addendum.pdf（最終アクセス 2017 年 3 月 30 日）

Samuel, G.N., Derrick G, E. 2015: "Societal Impact evaluation: Exploring evaluator perceptions of the characterization of impact under the REF2014," *Research Evaluation*, 24(3), 229–241.

標葉隆馬，林隆之 2013：「研究開発評価の現在——評価の制度化・多元化・階層構造化」『科学技術社会論研究』10，52-68.

標葉隆馬，飯田香穂里，中尾央，菊池好行，見上公一，伊藤憲二，平田光司，長谷川眞理子 2014：「研究者育成における「科学と社会」教育の取り組み——総合研究大学院大学の事例から」『研究 技術 計画』29(2/3)，90-105.

標葉隆馬 2016：「政策的議論の経緯から見る科学コミュニケーションのこれまでとその課題」『コミュニケーション紀要』27，13-29.

標葉隆馬 2017a：「『インパクト』を評価する——科学技術政策・研究評価」『国立国会図書館科学技術に関する調査プロジェクト調査報告書——冷戦後の科学技術政策の変容』，39-53.

標葉隆馬 2017b：「人文・社会科学を巡る研究評価の現在と課題」『年報 科学・技術・社会』，27，1-39.

総合研究大学院大学「科学知の総合化」特別委員会 2016：『「科学知の総合化」プロジェクト成果報告書』https://ir.soken.ac.jp/?action=repository_uri & item_id=5350 & file_id=24 & file_no=1（最終アクセス 2017 年 5 月 5 日）

Stilgoe, J., Owen, R., Macnaghten, P. 2013: "Developing a framework for responsible innovation," *Research Policy*, 42(9), 1568–80.

杉原真晃 2010：「〈新しい能力〉と教養——高等教育の質保障の中で」松下佳代（編）『〈新しい能力〉は教育を変えるか——学力・リテラシー・コンピテンシー』ミネルヴァ書房，108-140.

Sutcliffe, H. 2011: *A Report on Responsible Research & Innovation*, http://ec.europa.eu/research/

science-society/document_library/pdf_06/rri-report-hilary-sutcliffe_en.pdf（最終アクセス 2017 年 3 月 30 日）

田中毎実 2013：「なぜ『教育』が『問題』として浮上してきたのか」広田照幸・吉田文・小林傳司・上山隆大・濱中淳子・白川優治（編）『教育する大学——何が求められているのか』（シリーズ大学 5），岩波書店，21-47.

塚原修一 2013：「文系と理系の間——分離の壁の克服とその課題」広田照幸・吉田文・小林傳司・上山隆大・濱中淳子・白川優治（編）『研究する大学——何のための知識か』（シリーズ大学 4），岩波書店，135-164.

von Schomberg, R. 2011: "Prospects for Technology Assessment in a framework of responsible research and innovation", in M.Dusseldorp and R.Beecroft（eds）. *Technikfolgen abschätzen lehren: Bildungspotenziale transdisziplinärer Methoden, Wiesbaden*, Vs Verlag, 39–61.

Wickson, F., Carew, A. L. 2014: "Quality criteria and indicators for responsible research and innovation: Learning from transdisciplinarity", *Journal of Responsible Innovation*, 1(3), 254–273.

吉澤剛 2017：「私はテラスにいます——責任ある研究・イノベーションの実践における憂慮と希望」『科学技術社会論研究』14，116-33.

Research Note

■Journal of Science and Technology Studies, No. 14 (2017)■

How Can Academic Societies Contribute to RRI

Education?: An Analysis of Their Roles and Situations

SHINEHA Ryuma*

Abstract

This paper analyzed role and current situation of academic societies for education for Responsible Research and Innovation (RRI), considering the progress of discussions of RRI. Content analysis of guidelines, statements, and related documents of 52 academic societies in biological fields was conducted. As the result, there are mentions to Ethical, Legal, and Social Issues (ELSI) and science communication, on the other hand, there a few mentions to several important contents of RRI related to inclusion such as "sense for the minorities and the handicapped" and "antidiscrimination". At the same time, there are few discussions on dual use. It seems that this lack of viewpoints of RRI have same root of narrow understanding of broad impacts of research activities among scholars. We should consider these current situations into future discussions of RRI education.

Keywords: Responsible Research and Innovation (RRI), Boundary Organization, Higher Education, Impact

---

Received: May 9, 2017; Accepted in final form: August 18, 2017
*Faculty of Arts and Literature, Seijo University; r_shineha@seijo.ac.jp

資料　　　　　　　　　　　　　　　　　　　　　■科学技術社会論研究　第14号（2017）■

公正な研究のための欧州行動規範

欧州科学財団[1]，全欧州アカデミー連合[2]

翻訳：原　　塑[*]

解　説

　〈公正な研究のための欧州行動規範〉は，欧州諸国の研究機関が公正な研究を推進し，そこに所属する個々の研究者が研究不正を行なわないために研究機関と研究者が尊重しなければならない価値や原則，ならびにそれらの優先順位を詳述した文書であり，その最初の版は，2011年3月に発行された．それから6年を経た2017年3月に，その後生じた科学政策やアカデミズムにおける研究システムの変化に対応するために，新たに改訂版が発行されている．ここに訳出したのは，〈公正な研究のための欧州行動規範〉の2011年3月に発行された旧版の本文全文（ただし，研究公正に関するESFのフォーラムとALLEAの委員会のメンバー表は省略）である．旧版と改訂版とを比較すると，旧版には，研究とはどのような営みであるか，またその社会的背景，科学と倫理との関係について充実した記述があり，また，すぐれた研究実践をおこなうための方針について丁寧な説明がなされているのに対して，研究不正の扱いは軽かった．それとは対照的に，改訂版では，研究それ自身や，研究と社会・倫理との関係に関する一般的解説は省略されており，文書全体の分量も大幅に減っている．その代わりに，どのような行為が研究公正の侵害にあたるのかについての具体的例示が追加されている．旧版に含まれていた，研究公正の背景にある科学的営みの性質や，科学と社会との関連に関する記述は，公正な研究に関する他の規約文書に見られず，また科学技術社会論の観点から研究公正の検討を行なう際に，不可欠であると考えられるため，旧版を訳出することにした．

まえがき

　科学に期待されているのは，人類の知識基盤を広げ，世界的課題に対する解答をあたえ，私たちの社会を形作る意思決定を導くことである．しかし，科学が不正な活動によって損なわれれば，研究の営為が停滞するだけでなく，科学に対する社会の信頼も失われる．そのため，世界中の研究者と指導者は科学が可能な限り信頼できるものであることを保証するべきである．このことは，教育

2017年8月5日受付　2017年8月18日掲載決定
[*]東北大学大学院文学研究科，plastikfeld@gmail.com

によって，そして公正性に関する文化を推進し，共同の規則と規範を発展させ，それらを遵守することによって達成されうる．

そのために，欧州科学財団は発足時から公正な研究を推進してきた．しかし，より具体的に取り組みはじめたのは最善の研究実践について提案する画期的な科学政策関連報告書である「学術研究におけるすぐれた科学上の実践」("Good Scientific Practice in Research and Scholarship")を2000年に発表してからである．その提案の1つは，各国の学術会議の重要な任務として科学実践に関する規範を策定することだった．欧州全体としては，全欧州アカデミー連合(欧州諸国から53の科学・人文学アカデミーが加盟している)がオランダ王立アカデミーによる文書を改訂して「科学上の公正性に関する覚書」("Memorandum on Scientific Integrity")(2003)を作成した．この文書はいくつかの言語に翻訳され，現在多くの国で使われている．

欧州科学財団は2007年に公正な研究に関する第1回世界会議を米国公衆衛生局の研究公正局(Office for Research Integrity)と共催し，この主題に関する国際的議論の推進に継続的に取り組んできた．同会議にはこの分野を代表する関係者が世界中から集まり，国際的な共同作業と合意の必要性を明らかにした．2008年には研究の公正性に関連する組織の調査を行い，「公正性の世話係：欧州におけるすぐれた研究活動の促進・保護への機関の取り組み」("Stewards of Integrity——Institutional Approaches to Promote and Safeguard Good Research Practice in Europe")という報告書を発表した．その後，議論のための専門機関として「公正な研究に関する欧州科学財団加盟団体会議」が設立された．この会議には22ヶ国から31の研究資金提供団体と研究機関が集まり，全欧州アカデミー連合も参加した．この会議の取り組みにより，合意文書「公正な研究のための欧州行動規範」が作成され，2010年7月に開かれた「公正な研究に関する第2回世界会議」において発表された．欧州行動規範は医学・自然科学・社会科学・人文学の体系的な研究における適切な行動と，原則に基づく実践について述べている．欧州行動規範は，明確な提案を伴う自己統治のための規準であり，また，現在では制度を実装するための叩き台として全欧州で利用されつつある．この規範の狙いは，既存の各国の指針や学会の指針に取って代わることではなく，欧州全体で合意された1組の諸原則と優先順位を研究者コミュニティーに対して提起することにある．この小冊子では，欧州行動規範を，要旨と本文全体という2つの部分に分けて紹介する．

人間の好奇心と科学には境界がない．とすれば，それらに関する方針にも境界があってはならない．公正性に関する規則について共通の理解がなければ，世界的な共同研究は考えられない．そのため，次の課題は世界中の科学者，関係者のための国際的行動規範を策定することである．

マルヤ・マカロフ教授　欧州研究財団　事務局長

ユリ・エンゲルブレヒト教授　全欧州アカデミー連合　会長

1. 要旨

1.1 規範

研究者，公立・私立の研究機関，大学，資金提供団体は科学・学術研究における公正性の諸原則を遵守し推進しなければならない．

これらの諸原則には下記の事項が含まれる：

・コミュニケーションにおける誠実性

・研究の遂行における信頼性

・客観性

・中立性と独立性

・公開性とアクセス可能性

・配慮義務

・出典情報を提供し，クレジット(研究成果への貢献の認定)を与える上での公平性

・将来の科学者・研究者に対する責任

　大学，研究機関，研究者を雇用するその他の機関および科学的研究に資金を提供する機関・団体は公正な研究の文化を広く普及させる義務を負う．この義務には，厳しい基準を確実に認識・使用させ，あらゆる違反の早期発見と(可能であれば事前の)回避を確実にするために，明確な方針と手続きを確立し，研究者の訓練と指導を行い，確かな管理方法を用いることが含まれる．

　捏造，改ざん，そして都合の悪いデータの意図的な省略はすべて研究のエートスを大きく侵害するものである．盗用は他の研究者に対して責任ある行動を取るという規則を侵害し，科学自体にも間接的に害を及ぼす．このような不正行為に対して適切に対処しない研究機関も有罪である．信頼できる申立ては必ず調査されるべきである．軽度の不正も必ず懲戒対象とし，是正されるべきである．

　申立ての調査は国法および自然的正義に沿って行われるべきである．調査は公平かつ迅速であり，適切な結果と処罰をもたらすものであるべきだ．機密は可能な限り守られるべきであり，必要な場合には不正行為に応じた措置を取るべきである．訴えられた人が当該研究機関を離任した場合でも，調査は結論に至るまで継続されるべきである．

　国際共同研究のパートナー(個人および研究機関)は公正な研究からの逸脱の疑いがあれば協力して調査することに予め合意しておくべきである．その際，研究参加者の所在国の法律と主権が尊重されるべきである．ますます国際化し，複数の研究領域や学問分野にまたがっていく科学の世界では，OECD国際科学会議による「科学の公正性を保証し不正行為を防ぐ最善の実践」("Best Practices for Ensuring Scientific Integrity and Preventive Misconduct")がこの点に関する有用な手引となり得る．

1.2　公正な研究の諸原則

　研究目標と意図を提示し，方法と手順を報告し，解釈を伝える際には誠実性が求められる．研究は信頼に値するものでなければならず，研究に関するコミュニケーションは公平かつ完全なものでなければならない．客観性を確保するためには，実証されうる事実とデータの取り扱いにおける透明性が必要である．研究者は独立かつ中立でなければならず，他の研究者や公衆とのコミュニケーションは開かれていて，誠実であるべきだ．すべての研究者は研究対象となる人間・動物・環境などに対して配慮義務を負う．すべての研究者は，公平な仕方で，出典情報を提供し，他人の研究に対してクレジットを与えなければならず，若い科学者・研究者を指導する際には将来の世代に対する責任を示さねばならない．

1.3　不正行為

　研究における不正行為は知識にとって有害である．不正行為は他の研究者を誤った方向に導く可能性があり，個人や社会の脅威となるかもしれない．たとえば不正行為が基礎となって安全でない薬が作られ，賢明でない立法がなされることがある．さらに，公衆の信頼を破壊することによって研究が軽視されたり，研究に対して望ましくない制限や制約が課されたりする可能性がある．

　研究における不正行為には，多くの形態がある．

公正な研究のための欧州行動規範　177

・捏造とは研究結果を，それが本物であるかのようにでっち上げ，記録することである．
・改ざんとは研究過程をごまかしたり，データを変更，あるいは省略したりすることである．
・盗用とは，クレジットを適切に与えずに，他人の研究を我がものにすることである．
・これ以外の不正行為には明確な倫理的・法的要請の不履行が含まれる．それは，利害関係についての不正確な陳述，機密事項の漏洩，インフォームド・コンセントの取得ミス，研究参加者の虐待や材料の乱用である．不正行為にはまた，不正行為を隠蔽しようとしたり，内部告発者に報復したりするといった，違反行為への不適切な対処が含まれる．
・軽度の不正は公式の調査には至らない場合があるものの，頻繁に行われる可能性があることを考えると，不正行為と同程度に有害であり，教員やメンターによって正されるべきである．

　不正行為への対応や処罰は不正行為の重大さに比例すべきである．つまり，原則として，不正行為が行われたのが，意図的であるのか，自覚的であるのか，向う見ずなものであるのかが立証されなければならない．証明は証拠の優越に準拠すべきである．研究における不正行為からは誠実な研究における誤りや，意見の相違は除外されるべきである．学生への威嚇，研究資金の不適切使用など法的・社会的な一般的処罰を受けるべき行動も不正であり，容認できないが，これらは「研究における不正行為」ではない．なぜなら，研究記録の公正性そのものに影響を与えるわけではないからである．

1.4　すぐれた研究実践

　不正確な手続や誤ったデータ管理などのような，すぐれた実践に適合しない，その他の行為も存在するが，これらの行為は科学に対する公衆の信頼に影響を及ぼす可能性がある．研究者コミュニティーはこうした行為についても真摯に取り組むべきである．データに関する実践としては，オリジナル・データを保管して同業者がアクセスできるようにすべきである．研究手順からの逸脱には，人間の実験参加者・動物・文化財に対する配慮不足，プロトコルに対する違反，インフォームド・コンセントの取得ミス，機密の漏洩などが含まれる．著者に値しない人を著者として記載したり，記載するよう主張したりすることは容認できない．著者に値する人を著者として記載しないことも容認できない．出版に関するその他の不適切な行為には重複出版やサラミ出版，研究に寄与した人や資金提供者に対する不十分な謝意が含まれる．査読者と編集者も自らの独立性を維持し，すべての利益相反を明らかにし，個人的なバイアスや対立関係に配慮すべきである．正当性がないのに著者として記載されることを主張することや著者となるべき人を著者として記載しないこと（ghost authorship）は一種の改ざんである．アイディアを盗む編集者や査読者は盗用を行っているのである．実験参加者に苦痛やストレスを与えることやインフォームド・コンセントなしに実験参加者を危険にさらすことは倫理的に容認できない．

　公正な研究の諸原則とそれらに対する違反は普遍性を持つが，すぐれた実践のための規則の一部は文化の違い応じて変わる可能性があり，各国・各機関の指針に組み込まれるべきである．こうした規則を普遍的な行動規範に組み込むことは容易ではない．ただし，すぐれた研究実践のための各国の指針は下記の事項を考慮すべきである．

1.　データ

　すべての一次データと二次データは安全かつアクセス可能な形で保管されるべきであり，文書化され，長期間アーカイヴに保存されるべきである．これらのデータは同業者が自由に使えるようにされるべきである．他人と協力して協議するという研究者の自由は保障されるべきである．

2. 手続

すべての研究が過失・性急さ・注意不足・不注意を回避できるような仕方でデザインされ実施されるべきである．研究者は研究資金を申請した際の約束を履行するよう努めるべきである．研究者は環境に及ぼす影響の最小化に努めるべきであり，資源を効率的に使うべきである．研究の依頼者や資金提供者には研究者の法的・倫理的義務，出版の重要性について周知されるべきである．研究者は，正当に要求された場合，データの機密性を尊重しなければならない．研究者は受け取っている研究助成や資金を適切に説明する責任を負う．

3. 責任

すべての研究参加者・研究対象は，人間でも動物でも非生物でも，尊敬と配慮をもって取り扱われるべきである．コミュニティーや研究協力者の健康・安全・繁栄は損なわれるべきではない．研究者は自身の研究参加者に配慮すべきである．人間を対象とする研究を規定したプロトコルに反してはならない．動物を研究に使う行為は代替となる方法が不適切であることが実証された後でのみ許される．動物を使った研究から期待できる恩恵は動物に及ぼされる危害や苦痛を凌駕するものとなるべきである．

4. 出版

研究結果は開かれていて，透明で，正確な方法で，可能な限り早く出版されるべきである．ただし，知的財産に関する配慮により出版の遅れが正当化される場合にはこの限りではない．すべての著者は，特記がない限り，出版された内容について全責任を負うべきである．研究に十分な貢献をしていない人を著者として記載すること（guest authorship）や実際の著者である人を著者として記載しないこと（ghost authorship）は容認できない．著者たちの記載順を定める基準は著者全員によって合意されるべきであり，理想的には研究の開始時までに合意があるべきである．共同研究者と補助者による貢献は，当人の許可をえたうえで謝辞として表示されるべきである．すべての著者は一切の利益相反を明らかにすべきである．他人による知的貢献があればその旨を表すべきであり，出典を正確に示すべきである．一般メディアや公衆とのコミュニケーションにおいては誠実性と正確性を徹底すべきである．研究に対する経済的支援とその他の支援については明確に表すべきである．

5. 編集上の責任

利益相反の可能性がある編集者や査読者は該当の出版物には関わらないようにするか，利益相反について読者に開示するべきである．査読者は正確で，客観的で，実質的で，正当化可能な評価を行うべきであり，機密を保持すべきである．査読者は投稿された原稿内の情報を許可なく利用してはならない．研究資金の申請を審査員や，採用・昇進・その他の承認に対する個人からの申請の審査員も同じ指針に従うべきである．

研究における不正行為に対処する上での主要な責任はその研究者の雇用者に帰属する．こうした研究機関は不正行為の申立ての処理を目的とする常設または臨時委員会を設置すべきである．科学アカデミーやそれに相当するその他の機関は，不正行為の申立てがなされた事例を処理するための規則を含む行動規範を採択するべきであり，構成員がそれを順守することを期待するものである．国際共同研究に参加する研究者は本文書記載の公正な研究の諸基準に合意すべきであり，該当する場合には，公式の共同研究プロトコルを採用すべきである．このプロトコルであるが，OECD国

際科学会議によって策定されたものを利用してもよいし，自らで策定しても良い．

2. 公正な研究のための欧州行動規範

2.1 行動規範
2.1.1 前文
　欧州行動規範は法典ではなく，自己統治のための規準である．科学者コミュニティーの基本的責任は科学・学術研究の諸原則と望ましいあり方を明確に述べ，適切な研究活動のための基準を定めて，研究の公正性が脅かされる際には自ら状況を正すことである．

　知識の増大過程としての科学はより広い社会的・倫理的文脈に組み込まれており，科学者は社会と人類の繁栄に対する自身の特別な責任を認識しなければならない．科学者は研究テーマの選択とその結果に責任を負い，研究対象の適切な配慮と取り扱いに努め，自身の研究結果の実践的応用・利用に関して注目し，関与する責任を負う．ただし，欧州行動規範は研究を実施する際の公正性の基準に限定されており，上記のより広い社会的・倫理的責任を考察するものではない．

2.1.2 行動規範
　科学とは自然科学・社会科学・人文学を含み，観察と実験ならびに研究と思考を通して得られる，体系化された知識のことである．科学研究は研究対象の性質と原理を明らかにする目的で実施される．すべての科学は，内容と方法こそ異なるが，共通の特徴を持つ．すなわち，論証と証拠に基づくということであり，自然と人間ならびにその行為と産出物の観察に準拠するということである．

　研究者・研究所・大学・アカデミー・研究資金提供団体は公正な研究の諸原則を遵守し，それらを促進すべく努めている．こうした諸原則には次の事項が含まれる．すなわち，報告・コミュニケーションにおける誠実性，研究実施における信頼性，客観性，中立性と独立性，公開性とアクセス可能性，配慮義務，出典情報を提供し，クレジットを与える上での公平性，ならびに将来の科学を担う世代に対する責任である．研究機関，研究資金提供団体，アカデミー，そしてその他の科学研究関係者はデータ管理のための適切な基準と，記録・データの保存のための適切な基準を遵守する必要があり，研究参加者に対応する際には高い倫理基準を遵守する必要がある．

　研究者の雇用者(大学，研究所，その他の研究機関)も，公正な研究の文化を確実に普及させていく責任を負う．この責任には厳しい基準を遵守させ，あらゆる違反の早期発見を確実にするために，明確な方針と手続きを確立し，キャリアの全段階において訓練と指導を行い，十分な管理体制を敷くことが含まれる．

　捏造と改ざんは，実験を正確に伝えなかったり，不都合な事実・データを意図的に省略したりすることも含め，科学のエートスに対する最も重大な侵害である．さらに，盗用も容認できない不正な行為の1つであり，他の研究者に対する妨害である．

　このような不正行為に適切に対処しない研究機関や組織も義務を怠っており，有罪である．すべての申立ては適切に評価されるべきであり，信頼できる申立ては完全に調査されるべきである．また，申立てが正しいと確認できた場合には是正措置が取られるべきである．

　軽度の不正は重大な不正行為とは異なり，研究者の不出来な行為から生じるものである．たとえば，データの調整・選択や図表の「改作」である．軽度の不正については公的な告発が行なわれない場合がある．しかし，学生や若手研究者による軽度の不正については必ず教員や指導者が叱責し，正さなければならない．より経験を積んだ研究者が軽度の不正を犯し，実験を正確に伝えない場合

は，より厳しく処罰されうるし，繰り返される場合には不正行為だと考えられるべきである.

責任ある科学の根本原則の侵害に加えて，科学的研究における他の多くの不出来で，不適切な実践も注目に値する．これらの形態にはデータの不出来な取り扱いや不適切なデータ管理，適正でない研究手順（インフォームド・コンセントを取得する手続の疑わしさ，研究参加者への尊敬と配慮の不足，不適切な研究設計，観察と分析における注意不足など），著者の記載や出版に関する不当な行為，査読・編集における怠慢が含まれる．これらの中にはきわめて重大で信用を喪失させてしまうものがある．たとえば，倫理的要求の不当な扱いや公衆・研究参加者・その他の研究に関わった者との信頼関係の悪用である．しかし，公正な研究の根本原則とその侵害が普遍的性質を持つのに対し，これらの実践は各国の様々な伝統，法規制，各機関の規定によって異なる可能性がある．それゆえ，すぐれた研究実践のために必要な規定の体系は（倫理原則や法に対する重大な侵害を除いて）普遍的な行動規範の一部であるべきではなく，各国ごとのすぐれた実践に関する規則という形で展開されるべきである．そのような規則であれば，各国・各組織の制度間には正当な差異が存在することを認識しているだろう．本文書における一連の提案は各国のこのような「すぐれた実践に関する規則」を策定するための指針として使われるべきである.

研究不正行為の申立てを調査する際には，調査が実施される国の法律に沿って行われるべきである．求められるのは一律かつ充分迅速で適切な結果と処罰をもたらす，適正で公平な手続である．公正な手続，同じ規則が適用される領域内での一貫性，そして全関係者への公正性に関する最高の基準に準じて調査は行われるべきである．機密は可能な限り守られるべきであり，関係者に対する評価を不必要に損なうことは避けるべきである．また，研究における不正行為を犯したと判断された人に対して不正行為に応じた措置が取られるべきである．調査が結論に至るまで完遂されるよう，可能であればいつでも，予防措置がとられるべきである．容疑者が当該研究機関を離任したことのみを理由として，問題を解決しないまま調査が中止されることがあってはならない.

国際共同研究のパートナーは同一の公正な研究のための基準に従って自身の研究を行うことに合意すべきである．また，これらの基準からの逸脱が疑われる場合には常に，そして研究における不正行為の申立てがあった場合には特に，（雇用者である）大学・機関のプロジェクト・リーダー（およびの年長の責任者）に対して速やかに通知する旨を合意するべきである．こうした合意の目的は全研究参加者の所在国の法律と主権を尊重しつつ，主要な責任を有するパートナーの方針・手続に沿って逸脱行為を調査することにある．外部資金をえている大きな国際研究プロジェクトにおいては，OECD国際科学会議調整委員会が提案する，すぐれた実践の促進と，起こり得る不正行為の対処の手順に従うべきである．同委員会が提案する文案を共同研究について取り決める公的な文書に含めるべきである.

2.2　背景と説明

本節では，第1章で提示した行動規範の要旨をさらに詳しく展開する．科学・学問の性質，科学・学術研究において育まれるべき価値，そして信頼を損なわせる不正行為の様々な形態が議論され，不正行為の申立てに対処する手続きとすぐれた研究実践のための規則が提案される.

2.2.1　科学・学問の性質

広義における科学とは観察と実験ならびに研究と思考を通して得られる体系化された知識のことである（ラテン語の*scientia*は知識を意味する）．科学は人間の好奇心，つまり，物理的・生物的・社会的世界，人間の精神，そしてその生産物を理解したいという欲求に根づいている．科学は既知

のものを越えて私たちの理解を深め，私たちの知識を拡げることを目指している．「科学」という
用語は通常，自然科学と社会科学のみに適用されるが，本文書ではドイツ語の"Wissenschaft"
のような広い意味で使用し，人文学も「科学」に含めることにする．もちろん，様々な学問分野間
に差異が存在し，こうした差異は「文化的」[3]と呼ばれることすらあるが，本文書では，学問分野
間の違いではなく，共通性を強調する．

　科学研究は研究対象の性質と原理を明らかにするために行われる．このような研究は多様かつ多
面的であり，単一の事実的・規範的記述で捉えることはできない．しかし，すべての科学は内容と
方法こそ異なるが，1つの根本的特徴を共有している．つまり，論証と証拠に基づくということで
あり，自然と人間ならびにその行為と産出物の観察に基づくということである．

　科学は孤立して行われる活動ではない．研究は他の科学者・学者の研究を活用することなしには
行われえない．また，ほとんどの場合，他人との共同作業を必要とする（マートンの言う「公有性」
を参照[4]．こうした共同研究は，これまで以上に国際的な性格を帯びてきている．また，適切な研
究方法を定めて研究結果の妥当性を確認するのは科学者コミュニティーである．そのため，科学研
究が人間の知識の拡大に寄与できるのは，他人がその妥当性を判断できる方法で研究結果が提示さ
れた場合のみである（マートンの言う「組織化された懐疑」）．

　外界とのつながりはもう1つ存在する．社会的・政治的力が研究の方向に影響を及ぼすだけでな
く，科学自体も社会の発展に大きな影響を与える．科学の影響は今や知識のほとんど全分野，それ
が応用されるほとんど全領域に広がっており，社会に大きく寄与している．ただし，科学の成果は
時に悪用され得るし，実際に悪用されてきた．科学者・研究者には研究が人類の普遍的幸福と社会
の善に資するよう保証するためにできることを行う責任がある．

　権力を持つ人々や組織による強制，宗教的・政治的圧力，経済的・財政的利害が科学を腐敗させ
る場合がある．そのため科学は，できる限り「利害に左右されず」，独立していなければならず，
常に中立で，自らの法と基準を遵守する自由をもつべきである．同時に，科学者は価値に拘束され
た文脈の中で研究していることも認識する必要がある．科学者たちのパラダイム上の前提，研究さ
れるべき主題の選択，データの収集方法，発見が社会に与える影響のすべてが倫理的・社会的文脈
に関わっており，科学はこの文脈の中を進んでゆくのである．

2.2.2　科学と倫理

　前節で言及した倫理的・社会的価値と文脈は，科学者の倫理的・社会的責任を再び目立たせるも
のである．ここで，諸問題を2つのカテゴリーに分けるべきである．第1は科学と社会に関わる
諸問題であり，研究の社会的・倫理的文脈を強調する．第2は公正な研究に関わる諸問題であり，
研究を実際に実施する際の諸基準を強調する．もちろん，これら2つのカテゴリーの間に完全な分
水嶺が存在するわけではない．ある種の不正行為が市民の健康や生活に重大な結果を及ぼす場合が
あり，それゆえ，言葉のより広い意味で非倫理的だと考えられうる．しかし，行動規範について議
論する際にはこの区別が有用になることだろう．

　科学がより広い倫理的・社会的文脈において考察される場合には，あらゆる倫理的問題が生じる．
その主題は探求に値するのか？　その研究の帰結はどうなるのか？　その研究の結果は人々や自然
や社会にとって有害か，つまり人間の基本的価値に反するのではないか？　その研究は利害関係者
から十分に独立しているのか？　大学や研究室が出資者からの委託研究に過度に依存することには
ならないのか？　研究者は不当な利用や選択的な利用，あるいは誤った解釈から研究結果を守った
り，あるいは，好ましくない応用から研究結果を守ったりすることができるのか？

本文書は科学を取り巻くこうしたより広い倫理的文脈については扱わず，上述した第2のカテゴリー，つまり研究の責任ある遂行に焦点を当てる[5]．

2.2.3　科学・学問における公正性：諸原則

研究における不正行為の定義，適切な科学的実践の詳細な規定のいずれも公正な研究の諸原則に基づく．これらの諸原則は，すべての科学・学術の研究者と実践者が，個人として，相互に，外界に対して守るべきものである．

これらの諸原則には，以下の事項が含まれる：

・誠実性：誠実に，研究目標と趣旨を提示し，研究方法と手順について正確かつ微妙な差異を漏らさず報告し，研究結果の応用可能性について妥当な解釈と正当化できる主張を伝える．

・信頼性：信頼できる仕方で，研究を（慎重に，注意深く，細部まで気を配って）実施し，結果を伝える（公平に，十分な情報を，偏りなく報告する）．

・客観性：解釈と結論は，証明および事後の調査が可能な事実とデータに基づかなければない．データの収集・分析・解釈には透明性が必要であり，科学的な推論における検証可能性が必須である．

・中立性と独立性：研究の委託者，利害関係者，思想的・政治的圧力団体，経済的・財政的利害からの中立性と独立性．

・公開のコミュニケーション：開かれた仕方で，他の科学者と研究について議論し，研究結果の出版によって公共の知識に貢献し，一般の公衆に対して誠実にコミュニケーションをする．この公開性はデータの適切な保管と利用可能性，関心のある同業者のデータへのアクセス可能性を前提とする．

・配慮義務：研究参加者・研究対象者は，それが人間・動物・環境・文化的財のいずれであっても，配慮しなければならない．人間の実験参加者と動物に対する研究は，尊敬の原則と配慮義務に常に基づくべきである．

・公平性：公平な仕方で，他人の研究に対して適切に出典情報を提供し，他人の業績にしかるべきクレジットをあたえ，公正かつ誠実に同業者を扱う．

・将来の科学を担う世代に対する責任：若い科学者・研究者の教育には助言と指導に関する拘束力のある基準が必要である．

2.2.4　科学・学問における公正性：不正行為

これらの基本的な規範を侵害することは，科学における不適切行動の核心である研究における不正行為につながる．研究上の不正行為は科学に対して有害である．なぜなら，不正行為は他の科学者に対して誤った情報を与えるかもしれないし，不正行為からえられた研究結果は再現不可能かもしれず，その結果，虚偽が連鎖するかもしれないからである．不正行為はまた，個人と社会に対しても有害である．なぜなら，不正な研究の結果，安全でない薬が発売・使用される可能性があり，欠陥のある製品，不適切な装置，誤った手続が創出される可能性があるからだ．さらに，政策や立法が不正な研究の結果に依拠する場合，有害な帰結が生じることが考えられないわけではない．そして，公衆からの科学に対する信頼が破壊されることによっても損害が生じる．不正行為が起こると，科学の信頼性が減損するだろう．科学は，多くの意思決定にあたって，情報と助言の信頼できる源であり，社会と人類の繁栄（環境・健康・安全・エネルギー）にとってきわめて重要だが，その科学への信頼が破壊されてしまう．その結果，どのような研究が許容されるのかに関して望ましくない制約が課せられ，知識の探究をさらに損なうことになるかもしれない．

公正な研究のための欧州行動規範　183

研究における不正行為の発生件数が増加していることを示す経験的証拠が存在する[6]．出版への圧力，商業化，研究資金獲得競争の激化，インターネットを通じて事例に遭遇する機会が増えていること，評価の実践，科学者にとっての現在のキャリア制度などのすべてがこの不幸な現状に寄与している可能性がある．

科学のエートスに対する二つの最も重大な侵害が捏造と改ざんである．捏造は，実験結果をでっち上げ，それを記録するか，あるいは報告することである．改ざんとは研究過程を操作したり，データを変更・省略したりすることである．捏造と改ざんは，他の研究者による結果を報告する際にも，専門的見解を伝える際にも，公衆に科学を普及する際にも起こりうる．不正の第3のものは，研究を提示・遂行・検討する際や研究結果を報告する際の盗用である．盗用とは他人の考えや研究結果や記述を，適切なクレジットを与えずに，我がものにすることである．教科書や一般書において，あるアイディアを表現する厳密な言葉遣い，説明や図表（著者が作成した図・写真・長大な表）は著作権法によって保護されているが，それでも盗用される可能性がある．盗用は捏造や改ざんとは別種のものである．というのも，盗用は科学自体よりも同業の科学者に対して有害だと考えられるからである．すでに見たように，公開性は公正性の基本原則の1つであり，科学における進歩は同業の科学者の間でのコミュニケーションや議論，よく機能するピア・レビュー制度に依拠する．科学者が発案者や論文著者として認められなくなることを恐れて，こうした公開性やコミュニケーションを実践することをためらったり，拒否したりしてしまうとすれば，科学の質もまた犠牲になることになる．

公正性の諸原則違反に対し不適切な対応を行うこと（隠蔽を試みたり，内部告発者に対して報復したり，適正手続を侵害すること）も不正行為として分類されうる．研究機関・資金提供者・学会・大学，そして研究を実施して管理するその他の関係者は，公正な研究が文化として根をおろすように，きちんとした研究管理を推進する義務を負うことが，全体的に強調されるべきである．

不正行為事例に対処する主要な責任は，研究を行った科学者の雇用主にあることは広く受け入れられている．このことは，しばしば，訴えられた研究者が勤務する機関や大学にとって懸念材料となる．こうした機関は，不正行為に対処する常設委員会を設置するか，深刻な申立てが提起された場合には，臨時委員会を組織すべきである．

さらに，一律かつ十分に迅速であり，適切な結果と処罰をもたらす，適正で公平な手続の必要性については一般的な合意が存在する．国際的研究における不正行為の調査を促進するためのOECD調整委員会は，国際共同研究における不正行為を調査するための包括的な多くの諸原則を定式化しているが，これらの諸原則は一般的な適用のために使用することができる．付録IはOECDによる提案の主要な点に従った原則を提示している．

研究における不正行為への対応は不正行為の重大さに依拠している．この点については，不正行為の故意のレベル，不正行為の帰結，その他の重大化事由と軽減事由が考慮されるべきである．その不正行為が行われたのが意図的なのか，自覚的なのか，向う見ずなものであるのかが明示される必要がある．嫌疑を受けている研究者が有罪かどうかについての標準的な証明にあたっては「証拠の優越」が適用されるべきである．研究における不正行為には誠実な研究における誤りや，意見の差異が含まれない旨が規定されるべきである．

許容できない行動となお許容できる行動との間の境界線は，必ずしも明確なわけではなく，学問的議論を越えていることが認識されるべきである．少なすぎるサンプル数に検証が基づいているのか，「事例」データを使って論証を説明しているのか，この二つの間のどこに境界線を引くのだろうか？　盗用と不注意な引用との間の境界はどこにあるのか？　不正確だが「都合のよい」統計手

法は，本当に意図的に選ばれたものなのか？　データの選択に偏りがあるのは科学的議論を開始することを意図しているからなのか，それとも証拠の完全なレビューを提示しようと意図しているのか？

　これまでの文献では，不正行為における別の分類として「疑わしい研究実践」（questionable research practices, QRP）についても議論されている．不正な行動のうち，疑わしい研究実践に分類されるのは次の3つである．すなわち，第1に個人的不正行為がある．それは，学生への脅迫，ハラスメント，差別，研究を行う際の社会的・文化的規範の軽視，研究資金の不適切な使用などである．ここで扱っているのは望ましくない行為，もしくは容認できない行為であるが，この「個人的不正行為」は「科学における不正行為」ではない．なぜなら，これらの行為は研究記録の公正性に直接影響を与えないからである．この「個人的不正行為」の多くは，万人に適用される法的・社会的処罰によって裁かれることになる．

　疑わしい研究実践の第2のものは様々な形態の悪い研究実践である．それは，悪いデータ管理，不正確な研究手順，出版に関する不正行為などである．悪い研究実践は容認できるものではなく，科学に対する公衆からの信頼にとってしばしば有害である．悪い研究実践は確かに正される必要はあるものの，公正な研究の基本的侵害では必ずしもない．この種の実践については次節で取り扱うこととする．

　疑わしい研究実践の第3のものは軽度の不正である．これらは公的な申立てや調査には至らない場合があるものの，頻繁に行われる可能性を考えれば，同程度に有害である．データの「調整」，手間の省略，不都合な観察の排除などがその具体例である．ここで私たちが扱っているのは，公正な研究の諸原則に対する容認できない侵害であることは明らかである．つまり，これらは初期段階の改ざんである．学生や若手科学者がこうした行為を行った場合，適切な指導と助言によって正されるべきである．より経験を積んだ研究者が特に再三にわたって行っていると考えられる場合はより厳しく処罰されるべきである．

　前節で考察してきた諸原則と本節で定義されている違反は，責任ある研究活動のための基本的で普遍的な規範に関するものであることが強調されるべきである．これらの原則と違反に関する行動規範については，文化的・地域的要因を考慮した修正や妥協を行う必要はない．

2.2.5　すぐれた実践

　捏造・改ざん・盗用に加えて，科学的研究における他の多くの不適切な実践も注目に値する．これらの中には重大な道徳的・法的帰結をもたらすものもあれば，妨害・不満・手続上の不一致をもたらしうるものもある．不適切な実践の多くは，公正な研究の基本的侵害と同様に，科学に対する公衆からの信頼を減損する可能性がある．それゆえ，科学者コミュニティーは真剣に対応すべきである．不適切な実践は次のように分類することができる：

1. データに関する実践：データの管理と保管が含まれる．データは研究結果を再現したい同業者が自由に利用できるようにしておく．オリジナル・データを適切に保存する．
2. 研究手順：望まれる実践からの逸脱には次のものが含まれる．つまり，研究対象に対する配慮不足[7]，研究対象である人間・動物・環境・文化遺産に対する尊敬の不足，プロトコルに対する違反，インフォームド・コンセントの取得ミス，不十分な個人情報保護，実験動物の不適切な使用，信頼（たとえば機密保持）に背く行為である．適正ではない研究設計，重大な誤りをもたらすような実験・計算上の注意不足もここに分類されうる．しかしここでは，能力の欠如と

公正な研究のための欧州行動規範　185

不誠実との間の境界はかなり不透明である.

3. 出版に関わる行為：ここには著者の記載に関する実践が含まれる. 著者に値しない人を著者として記載したり, 記載するよう主張したり, あるいは, 著者に値する人を著者として記載しないこと, つまり, 不適切な仕方でクレジットを割り当てることは容認できない. 同内容のものを複数回出版する, 小出しにする, 出版しなかったり出版を大きく遅らせたりする, 研究に貢献した者や資金提供者に対する謝辞が不十分であるといった出版に関する規則に対する違反もここに分類される.

4. 査読・編集上の問題. ここには独立性, 利益相反, 個人的偏見・対立関係, アイディアの盗用が含まれる[8].

ここでも, 容認できる実践と容認できない実践との境界線には曖昧なところがあり, 国・地域・学問分野によって異なり得る. そして, 2.2.4 節で論じたように, すぐれた実践に対する違反と重大な不正行為との間にも明確な境界線がない. 正当性がないのに著者として記載されることを主張したり, 著者として記載されるべき人を記載しなかったりする(ghost authorship)のは一種の改ざんである. 編集者や査読者が投稿論文の発想を盗むことは盗用である. 研究参加者に苦痛や重圧を与えることやインフォームド・コンセントなしに研究参加者を危険にさらすことは確かに倫理的に容認できない行為である. しかし, これらの「すぐれた実践」は, 一般に, 研究を実施・管理・報告する際の実践的規則と取り決めに関するものである.

科学における公正性の根本原則や, 捏造・改ざん・盗用によるこれらの原則の侵害は普遍的な性質を持つが, それとは異なり, 上述の「すぐれた実践」は文化的差異に応じて変わる可能性がある. 定義・伝統・法規制・研究機関内の規定は国や地域によって異なる場合があり, 学問分野によっても異なる場合がある. そのため, すぐれた研究実践のために必要な規定の体系は普遍的な行動規範の一部であるべきではない. こうした規定の体系は, 各国・各学問分野・各組織の制度の間には正当な差異が存在することを認識しつつ, 各国ごと・研究機関ごとのすぐれた実践に関する規則という形で発展させられるべきである. とはいえ, このような規則で述べられるべき問題の一覧(次節 2.3 参照)はこうした問題の対処に関する提案とともに与えられるべきである. このような提案は, おおむね, 広範な同意に基づいている. しかし, 上に述べた通り, 手続きに関する規則は国ごとの差異を勘案しなければならず, 普遍性を主張することはできない.

2.3 すぐれた実践に関する規則のための指針

本指針では, 科学・学術研究におけるすぐれた実践のカテゴリーは次のように分類される. それは, データの適切な取り扱い, 適切な(技術的かつ責任ある)研究手順, 出版に関するよく考えられた行動, 責任ある査読・編集手続である.

各国は自国の法律要件や伝統に従って, こうした提案を採用・修正・補足すべきであり, 自らのすぐれた実践に関する規則を策定すべきである. それを受けて, 学会は全構成員に対してこうした規則の遵守を求め, さらに, 研究機関と学術団体に対して構成員に遵守を求めるよう要請することになる.

1. データのすぐれた取り扱い：利用可能性とアクセス
- すべての一次データと二次データは安全かつアクセス可能な形で保管されるべきである.
- 科学・学術研究におけるオリジナル・データは, 文書化され, アーカイヴで長期間(少なくとも

5年間，できれば10年間）保存されるべきである．

- 研究データは，研究を再現したい，研究結果をさらに練り上げたいと思う同業者が自由に利用できるようされるべきである．
- 科学者の移動の自由，他の科学者と平和的・自発的に結びつく権利，表現とコミュニケーションの自由が保障されるべきである．

2. 適切な研究手順

- すべての研究は注意深く，よく考えられた方法で設計され遂行されるべきである．ヒューマン・エラーを防止することができるよう，過失・性急さ・注意不足・不注意を回避すべきである．
- 研究者は研究助成や研究資金を申請した際に約束したことを履行するよう努めるべきである．
- 研究者は環境へのあらゆる有害な影響を最小にするよう努めなければならない．また，資源の持続可能な管理の必要性を認識すべきである．このことには財政上の資源やその他の資源の効率的な利用と，無駄・廃棄物の最小化が含まれる．
- 研究者の倫理的・法的義務や，これらの義務に伴う制約の可能性に目を向けるよう，研究の依頼者や資金提供者に対し，注意を喚起すべきである．
- 研究結果の出版がきわめて重要であることを研究の依頼者や資金提供者に認識させるべきである．
- 依頼者や雇用者がデータや研究結果を機密事項とするよう正当に依頼した場合，研究者はそれを尊重すべきである．
- 当該の研究に対して助成金を受けていたり，別の研究資金を同時に受け取ったりしている場合には，研究資金の提供者に対して適切に説明する．

3. 責任ある研究手順

- すべての研究参加者や研究対象は，それが人間でも，動物でも，文化的なものでも，生物でも，環境でも，物理的なものでも，尊敬と配慮をもって取り扱われるべきである．
- コミュニティー・協力者・その他の研究関係者の健康・安全・繁栄が損なわれるべきではない．
- 研究参加者の年齢・ジェンダー・文化・宗教・民族的出自・社会階級に対する配慮を示さねばならない．
- 人を対象とする研究のプロトコルに違反してはならない．これには妥当かつ適切な情報を与えた上でインフォームド・コンセントを取得するという要件を遵守すること，参加の合意は自発的であること，個人情報の機密性を最大限守ること，不必要なデセプションを避けること，得た情報は研究目的にのみ使用することが含まれる．
- 研究における動物の使用は，目的とする研究結果を成就する別の方法について調査したうえで，それが不適当であることが分かった後でのみ容認可能とする．動物に加えられるすべての危害や苦痛を現実的に期待される恩恵や利益が上回っていなければならず，また，動物への危害・苦痛は可能な限り最小化されねばならない．

4. 出版に関する行為

- 研究者は自らの研究の結果と解釈を，率直で，誠実で，正確で，透明である仕方で，出版すべきである．
- 研究者は自らの研究結果を可能な限り早く出版するよう努めるべきである．ただし，商業的配慮や知的財産に関わる配慮（たとえば特許申請）が出版の遅れの正当な理由になる場合はこの限

りでない.
- 著者として記載されるべき人はその研究に対して創造的で大きな寄与を行った人(つまり,研究デザイン・データ収集・データ分析・報告に貢献していることが必要であり,研究グループを常日頃から管理していたり,論文草稿に手を入れたりしていただけでは不可)のみである.著者として記載される資格のない著者を記載すること(guest authorship)や,著者として記載される基準を満たしている人を記載しないこと(ghost authorship)は容認できない.著者全員が出版された内容に対する全責任を負う.ただし,ある著者がその研究と出版物の特定の部分のみに責任を負うことが明記されている場合はこの限りでない.
- 著者たちの記載順は著者全員によって合意されるべきであり,理想的には研究の開始時か,論文の執筆を開始する際に合意が成立しているべきであるが,各国・各学問分野の基準に従うこともできる.著者の記載順を定める基準は研究あるいは執筆の開始時に合意しておくべきである.
- 適切である場合には,協力者と補助者による仕事・寄与について,当人の許可を得た上で,謝辞を述べるべきである.
- 著者全員が関連するすべての利益相反を明らかにすべきである.利益相反には経済的・商業的・個人的・学術的・政治的なものがある.
- 公表される研究に影響を与えた,他人による重要な仕事や知的貢献については適切に謝辞を述べるべきである.関連する著作物は正確に引用されなければならない.参考文献は出版済のもの(紙版・電子版)か「印刷中」の出版物に限定されるべきである.
- 公衆とのコミュニケーションや一般向けの媒体においても,誠実性と正確性について同じ基準を維持すべきである.研究結果の重要性や実践への応用可能性を誇張しようとする試みには異を唱えるべきである.
- 同じ内容(またはかなりの部分が同じ内容)の出版物を複数の学術誌で発表することは各学術誌の編集者の同意がある場合にのみ容認できる.その際には最初の出版物の書誌情報を適切に記載しなければならない.このような複数の関連論文については著者の履歴書・職務経歴書では1つの論文として言及しなければならない.
- 研究とその出版に対する経済的支援とその他の支援を適切に言及し,謝辞を述べるべきである.

5. 査読・編集上の問題
- 特定の原稿について利益相反の可能性を有する編集者・査読者は,その利益相反が個人的・学術的・政治的・商業的・経済的なもののいずれかを問わず,理想的には,その原稿の出版に関わる一切の決定に関与しないようにすべきである.もしその利益相反が微小あるいは不可避だと考えられる場合には,その旨が読者に対して明らかにされるべきである.
- 査読者は全体について正確であり,客観的で,正当化できる評価を遅滞なく行うべきである.
- 投稿原稿の査読については,秘密は保守されねばならない.
- 査読者と編集者は,著者の許可なく,投稿原稿で提示されたデータや解釈を一切使用しないものとする.
- 研究資金・懸賞・予備調査に応募した研究計画に対する審査過程にも同じ基準と規則が適用される.
- 採用・昇進・懸賞・その他の承認について個人や研究機関を審査する過程にも同じ基準と規則が適用される.

2.4　国際共同研究

　科学における国際共同研究は顕著に増加しつつあるが，それは国際的に提供される研究資金が増えており，現代の情報通信技術に刺激されているからだけではなく，科学自体が真に共同的・国際的活動へと発展してきたからでもある．公正な研究の諸基準に対する共通の合意，ならびに不正行為の事例に対処する規則と手続に対する共通の合意は国際的研究においても決定的に重要である．以上が国際的に受け入れられる行動規範を正当化する主たる根拠である．

　国際共同研究のパートナーは本文書が述べている公正な研究の諸基準に従って研究を行うことに合意すべきであり，さらに，こうした基準からの逸脱が疑われる場合には常に，そして研究における不正行為の申し立てがあった場合には特に，当該の大学や研究機関（雇用者）の研究代表者や責任者に対して速やかに通知する旨を合意するべきである．このような事例は当該の研究について主要な責任を負うパートナーの方針・手続に従って調査されるべきである．その際には全研究参加者の所在国の法律と主権が尊重されるべきである．

　公的かつ大規模で，しばしば外部から資金提供を受けている国際研究プロジェクトにおいては，不正行為の申立てが提起された場合，その調査をどの国がどのようにして行うべきかという問題が生じることがある．さらに重要なのは，関連する諸国の方針が互いに相容れない場合にはどうすべきかである．2.2.5節で述べたOECD国際科学会議調整委員会は，共同研究のための協定——これは責任ある研究活動の推進を提唱し，当該の研究における不正行為の申立てを調査する手続について述べるものである——を締結することを推奨している．同委員会は国際協定のための文例を作成している．このような文言が共同研究を取り決める公的文書に含まれるべきである．この文例を付録IIとして掲載している．

2.5　付録

付録I：研究における不正行為を調査するための諸原則の提案

過程の公正性

・研究における不正行為に関する申立ての調査は公平かつ包括的で，臨機応変に行われなければならないが，正確性・客観性・徹底性を犠牲にしてはならない．
・調査過程に関与する人は利益相反となる可能性のある自らの利害関係をすべて明らかにし，それらを確実に管理しなければならない．
・調査過程の全体を通して詳細な記録を残し，その記録を機密事項とする．

一貫性

・不正行為を取り扱う手続については，その詳細を十分に規定することによって手続の透明性を確保し，同じ規則が適用される領域内での諸事例に対する一貫性を確保すべきである．

公平性

・研究における不正行為に関する申立ての調査はすべての当事者に対して公平な方法で，関連法規に従って行われるべきである．
・研究における不正行為を働いたと訴えられた人にはその申立ての完全な内容が書面で周知されるべきである．さらに，申立てに回答し，質問し，証拠を提出し，証人を呼び，提示された情報に答えるための公平な手続を保証しなければならない．
・証人については，証人自身が選んだ人の付き添いを認め，証人自身が選んだ人に助言・援助を求

めることを認めなければならない.
・研究における不正行為を働いたと判断された人には不正行為に応じた処罰が課せられるべきである.
・あらゆる処罰について上訴が認められるべきである. もちろん, 最終決定を下す機関も存在すべきである.

機密性
・調査過程は, 調査に関与する人を保護するため, 可能な限り機密事項とされるべきである. このような機密性は申立ての調査, 健康と安全, または研究参加者の安全を損なわないという条件下で守られるべきである.
・可能な限り, 第三者へ情報開示を行なう際には, 開示される情報は機密あつかいとされるべきである.
・当該の組織やその職員が研究における不正行為の申立てについて第三者に通知する法的義務を負う場合, こうした義務は適切な時に正しい方法で遂行されねばならない.

無損害の保障
・研究における不正行為について訴えられたいかなる人も(その申立てが証明されるまでは)無罪だと推定される.
・研究における不正行為について訴えられた場合, その申立てが証明されるまでは, いかなる不必要な処罰も課せられるべきではない.
・研究における不正行為に関する申立てを善意で行ったことに対しては一切の処罰が課せられるべきではないが, 悪意で申立てを行ったと判断される人に対しては, 対抗処置が講じられるべきである.

付録Ⅱ:国際的な不正行為の調査を促進するための国際協定の文例(OECD国際科学会議調整委員会による提案)
本協定の当事者である我々は以下の通り合意する:
・「国際共同研究プロジェクトにおける研究不正行為申立ての調査手続を発展させるための手引」("Guidance Notes for Developing Procedures to Investigate Research Misconduct Allegations in International Collaborative Research Project")(www.oecd.org/sti/gsf)および下記の文書を含むその他の適切な文書にて規定される通り, 公正な研究の諸基準に従って研究を行うこととする.
(適用される各国の行動規範や, 学問分野ごともしくは各国の倫理指針を記す)
・これらの基準からの逸脱が疑われる場合には常に, そして研究における不正行為の申立てがある場合には特に, (連絡すべき対象すべてを記す)に対して速やかに通知し, (主要な責任を有する機関を記す)の方針と手続に従って調査が実施されることとする. その際には, 全研究参加者の所在国の法律と主権が尊重される.
・これらの調査すべてに協力し支援することとする.
・これらの調査すべての結論を受け入れ(ただし上訴は認められる), 適切な措置を講じることとする.

■注

1）欧州科学財団（ESF: European Science Foundation）は，その加盟諸団体が欧州における共同研究を進め，研究の新しい方向を探究するための共通基盤を提供することを目的として，1974年に設立された．欧州科学財団は独立組織であり，30ヶ国の78の加盟団体（研究資金提供機関・研究実施機関・アカデミー・学会からなる）によって維持されている．欧州科学財団は，欧州全体において，研究，研究への資金提供，科学政策活動における連携を推進している．以下のサイトを参照のこと．www.esf.org

2）全欧州アカデミー連合（ALLEA: All European Academies）は，欧州各国における科学・人文学アカデミーの連合体であり，そこに参加している40ヶ国の53のアカデミーは科学者，学者による自治的なコミュニティーである．全欧州アカデミー連合は1994年に設立され，アカデミー間の情報交換と経験の共有を推進し，所属アカデミーによる助言を欧州の科学界と社会に与え，科学・学術において卓越した研究と高い倫理基準を促進することを目標とする．以下のサイトを参照のこと．www.allea.org

3）C. P. SNOW (1959), *The Rede lecture.* Cambridge: Cambridge University Press. （C・P・スノー『二つの文化と科学革命』松井巻之助訳，みすず書房，2011年）．W. LEPPENIES (1985), *Die drei Kulturen; Sociologie zwischen Literatur und Wissenschaft.* München: Hanser. （ヴォルフ・レペニース『三つの文化：仏・英・独の比較文化学』松家次朗，森良文，吉村健一訳，法政大学出版局，2002年）

4）R. K. MERTON (1973), *The sociology of science: theoretical and empirical investigations.* Chicago: Chicago University Press. マートンは，科学に関する他の3つの規範として普遍性，無私性，組織化された懐疑を挙げている

5）このことは，「公正な研究に関する欧州科学財団加盟団体会議」を設立する際に求められ（マドリード，2008年），4つの作業部会の議長による最初の会議でも繰り返された（アムステルダム，2009年）．

6）公正な研究に関する第1回世界会議「責任ある研究を育てる」（欧州研究財団・米国研究公正局共催．ポルトガル・リスボンにて2007年9月16〜19日に開催）におけるN. ステネックの報告による．2007年に行われた調査では，欧州学術会議の会長たちも，一般傾向として，不正行為が同じように増加していると考えている．この調査結果の報告「現在の政策と実践の長所と短所」（"Strengths and weaknesses of current policies and practices"）は，同じリスボンでの会議で，P. J. D. ドレントが発表した．

7）人間の研究参加者の取り扱いは，多くの国で法律によって規制されている．

8）実践に関する規則の項目3と項目4における多くの提案は，出版倫理委員会（COPE）による優れた出版物である「出版におけるすぐれた実践に関する指針」（"Guidelines on good publication practice"）から採用された．本文書の草稿に対して同委員会からもらったコメントに感謝する．

学会の活動

〈理事会〉

第 72 回　理事会兼 2016 年度第 1 回評議員会(2016 年 11 月 5 日, 北海道大学にて)
出席者：会長・理事 10 名, 幹事 2 名. 事務局が準備した総会議題の確認し, 加えて学会誌の電子化などを柴田理事が報告することになった. 2016 年 3 月末の会員数, 2015 年決算案が事務局長から報告された. 学会誌将来計画委員会から報告と論点提示があり, 電子ジャーナル化および査読システムの改革についての議論と状況確認が行われた. 今後電子ジャーナル化に向け, J-STAGE 登録へ向けた正式な申請を行っていくことが理事会で承認された. また柿内賞について選考委員会より, 2016 年度受賞者と, 今後のスケジュールについての報告がされた. 評議委員より論文賞の実施, 論文の電子化, オープンアクセス化の重要性が指摘されると共に, 科学技術行政組織の研究の必要性が提案された.

第 73 回　理事会(2017 年 4 月 16 日, 成城大学にて)
出席者：会長・理事 15 名, 監事 1 名. 新会長として柴田清理事が選出された. 2017 年 3 月末の会員数の報告が行われた. 2017 年度のシンポジウム案が担当理事から説明された. 2017 年度シンポジウムはこれまでのシンポジウムとは異なり, 「人工知能社会のあるべき姿を求めて －人工知能・ロボットについて語る参加型対話イベント」と題したワークショップとなるアイディアが提案され, 協力先や方法についての議論がなされた. その後, 2017 年度年次大会準備状況がそれぞれ報告された. 学会誌将来計画委員会から報告と論点提示があり, 電子ジャーナル化について議論を実施した. また今年度の柿内賞の公募についての報告がされた.

第 74 回　理事会(2017 年 6 月 11 日, 成城大学にて)
出席者：会長・理事 12 名, 監事 0 名. 2017 年度年次大会準備状況が報告された. また 2017 年度のシンポジウム準備状況が担当理事から説明され, シンポジウムの共催に関する事項が審議された. 学会誌の電子媒体公表に向けた投稿規定の修正が編集委員会から報告された. 東アジア STS ネットワーク会議など海外動向の情報が共有された. また今後, 学会ホームページの改善を早急に進めていく方針が確認・共有された.

〈年次研究大会〉

第 15 回年次研究大会
　第 15 回年次研究大会は, 2016 年 11 月 5 日(土)と 11 月 6 日(日)の 2 日間, 北海道大学(北海道札幌市)で開催された. 参加者数は非会員を含め 182 名であった(一般公開セッションへの一般参加者は除く). セッションは最大 4 つが並行し, 合計 22 のセッションが実施された.
　初日は, 午前に 6 セッションを実施した. その後, 大会実行委員会企画によるワークショップ「STS におけるアクションリサーチ」を考えるが実施され, 4 つのグループに分かれての積極的な議論が行われた. そして, 総会, 柿内賢信記念賞研究助成金授与式が行われた. 2016 年度柿内賢信記念賞の受賞者は, 村上陽一郎(優秀賞), Vicencio Eliana(奨励賞), 内田麻理香(実践賞)の 3 氏であった.
　終了後は, 同キャンパス内で懇親会を行った. 懇親会の席上, 次年度大会が九州大学で開催されることが発表された.
　二日目は, 4 つの時間帯すべてが一般セッションおよびオーガナイズドセッションに当てられ, 合計 16 セッションが実施された.

〈編集委員会〉

第 68 回編集委員会(2016 年 7 月 3 日, 早稲田大学西早稲田キャンパスにて)

出席者：新旧編集委員10名．委員長より，新委員選出の報告があった．あわせて2名の会員がゲストエディターとして14号および15号の特集に携わることになったとの報告があった．13号特集「イノベーションとアカデミズム」の進捗状況について担当委員から報告があった．タイトルについては「イノベーション政策とアカデミズム」とすることになった．13号中山茂追悼小特集について担当委員より，入稿準備が整っている旨，報告があった．投稿論文等については，原著2編，短報1編，書評1編が掲載可能になる見込みであるとの報告があった．いずれにしろ，11月の年次研究大会までに発行できるよう最大限努力することになった．また，発行スケジュールを早急に正常化すべく，14〜16号の特集の編集作業を同時並行的に進め，完成したものから順次発行することになった．14号特集「研究公正（仮）」について担当委員から案が示され，9月までに執筆者を確定し，年末までに原稿を集めることになった．15号特集については，次年度の学会シンポジウムと連動させて「AIまたはスマート社会」をテーマとすることとなった．16号特集のテーマ案についても議論した．執筆要領，投稿区分の改訂については，引き続き議論することになった．書評についても充実させていくことになった．13号を速やかに刊行すべく，次回委員会は，8月27日に開催することとした．

第69回編集委員会(2016年8月27日，早稲田大学西早稲田キャンパスにて)
出席者：編集委員7名．13号特集について，担当委員より，ほぼ入稿段階にある旨，報告があった．委員長より，書評依頼が1本あった旨，報告があった．14号研究公正特集について担当委員より進捗状況の説明があった．協議の結果，原案を基本としつつも，少し対象範囲を広げて執筆依頼を行うこと

となった．また本年5月15日に日本哲学会と共催で行ったシンポジウム「科学と社会と「研究公正」」に登壇した本学会員3名が日本哲学会の機関誌『哲学』に寄稿した原稿については，本誌に再録する方向で著者および日本哲学会と協議することになった．15号AI特集については，シンポジウムの構成をみながら，詳細設計を行うことになった．16号特集についても，テーマ案について引き続き議論を行った．
このほか，学会誌の電子化にあわせて投稿規程の改訂を行うことになった．なお，特集の原稿については，短報を基準とすることになった．執筆要領について委員長から改定案が示され，審議の結果，諒承された．学会誌改革について，玉川大学出版部に対応可能か相談してみることになった．次回委員会は，年次研究大会開催時に開催することとなった．

第70回編集委員会(2016年11月5日，北海道大学札幌キャンパスにて)
出席者：編集委員6名．13号について委員長より，入稿が完了したとの報告があった．ただし，出版社の都合により，当初予定していたより大幅に遅れる見通しであるとの報告があった．14号特集について，担当委員より，順調に依頼が行われている旨，報告があった．なお，担当委員より，海外の倫理綱領を翻訳し掲載してはどうかとの提案があり，まずは担当委員から許諾について当該海外組織へ問い合わせることとなった．16号特集については，柿原委員を中心にとりまとめることになった．学会誌改革については，担当委員より，J-STAGEを利用することが理事会において認められた旨，報告があった．また学会誌に掲載する出版関連の情報についても議論した．次回委員会は年明け1月7日に開催することとなった．

『科学技術社会論研究』投稿規定

1. 投稿は原則として科学技術社会論学会会員に限る.
2. 原稿は未発表のものに限る.
3. 投稿原稿の種類は論文および研究ノートとする. 論文とは原著, 総説であり, 研究ノートとは短報, 提言, 資料, 編集者への手紙, 話題, 書評, その他である.

論文

総説：特定のテーマに関連する多くの研究の総括, 評価, 解説.

原著：研究成果において新知見または創意が含まれているもの, およびこれに準ずるもの.

研究ノート

短報：原著と同じ性格であるが研究完成前に試論的速報的に書かれたもの(事例報告等を含む). その内容の詳細は後日原著として投稿することができる.

提言：科学技術社会論に関連するテーマで, 会員および社会に提言をおこなうもの.

資料：本学会の委員会, 研究会などが集約した意見書, 報告書, およびこれに準ずるもの. 海外速報や海外動向調査なども含む.

編集者への手紙：掲載論文に対する意見など.

話題：科学技術社会論に関する最近の話題, 会員の自由な意見.

書評：科学技術社会論に関係する書物の評.

4. 投稿原稿の採否は編集委員会で決定する.
5. 本誌(電子化し公開するものを含む)に掲載された論文等の著作権は科学技術社会論学会に帰属する.
6. 原稿の様式は執筆要領による. なお, 編集委員会において表記等をあらためることがある.
7. 掲載料は刷り上り 10 ページまでは学会負担, 超過分(1 ページあたり約 1 万円)については著者負担とする.
8. 別刷りの実費は著者負担とする.
9. 著者校正は 1 回とする.
10. 原稿は,「投稿原稿在中」と封筒に朱書のうえ, 下記宛に書留便にて送付すること.

科学技術社会論学会事務局

〒 162-0801　東京都新宿区山吹町 358-5　（株）国際文献社内

電話　03-5937-0317

Fax　03-3368-2822

（2017 年 6 月 12 日改訂）

『科学技術社会論研究』執筆要領

1. 原稿は和文または英文とし，オリジナルのほかにコピー2部と，投稿票，チェックリスト各1部などを書留便にて提出する．投稿票とチェックリストは，学会ホームページから各自がダウンロードすること．なお，掲載決定時には，電子ファイルによる原稿を提出すること．
2. 投稿原稿（図表などを含む）などは返却しないので，投稿者はそれらの控えを必ず手元に保管すること．
3. 原稿は，原則としてワード・プロセッサを用いて作成すること．和文原稿は，A4用紙に横書きとし，40字×30行で印字する．英文原稿は，A4用紙にダブルスペースで印字する．
4. 原稿の分量は以下を原則とする．論文については，和文は16000字以内，英文は8000語以内．研究ノートについては，和文は8000字以内，英文は4000語以内．いずれも図表などを含む．
5. 総説，原著，短報には，和文・英文原稿ともに，400字程度の和文要旨，200語以内の英文抄録と，5個以内の英語キーワードをつける．
6. 原稿には表紙を付し，表紙には和文表題，英文表題，英語キーワード，英文抄録のみを記載する．表紙の次のページから，本文を記述する．原稿の表紙および本文には，著者名や著者の所属は記載しない．
7. 図表には表題を付し，1表1図ごとに別のA4用紙に描いて，挿入する箇所を本文の欄外に明確に指定する．図は製版できるように鮮明なものとする．カラーの図表は受け付けない．
8. 和文のなかの句読点は，いずれも全角の「．」と「，」とする．
9. 本文の様式は以下のようにする．
    A．章節の表示形式は次の例にしたがう．
       章の表示……1. 問題の所在，2. 分析結果，など
       節の表示……1.1 先行研究，1.2 研究の枠組み，など
    B．外国人名や外国地名はカタカナで記し，よく知られたもののほかは，初出の箇所にフルネームの原語つづりを（ ）内に添えること．
    C．原則として西暦を用いること．
    D．単行本，雑誌の題名の表記には，和文の場合は『 』の中に入れ，欧文の場合にはイタリック体を用いること．
    E．論文の題名は，和文の場合は「 」内に入れ，欧文の場合は" "を用いること．
    F．アルファベット，算用数字，記号はすべて半角にすること．
    G．注は通し番号1）2）…を本文該当箇所の右肩に付し，注の本体は本文の後に一括して記すこと．
10. 注と文献は，分けて記載すること．
11. 文献は原則，次の方式によって引用する．
    ① 本文中では，<u>著者名 出版年，引用ページ</u>のみ記載し，詳細な書誌情報は最終ページの文献リストに記載する．一か所の引用で複数の文献を引用する場合は，（著者名 出版年，引用ページ；著者名 出版年，引用ページ；……）と記載する（文献は；（セミコロン）で区切る）．ただし，インターネット資料等で，著者を特定することがどうしても難しい場合は，該当箇所に注を加え，URLと閲覧日のみを記載するだけでよい．
    ② 著者名（原著者名）を欧文で記すときは，last nameをフルネームで記載し，first nameはイニシャルのみとする．ただし，同名の著者が複数登場して混乱するときは，first nameをフルネームで記載する（それでも区別がつかないときは，middle nameも書く）．

③　文献リストでの表記は，以下の形式とする（"_"は半角のスペース）.
(1)　和文の論文
著者名_年：「論文名」『雑誌名』巻(号)，始頁-終頁.
(2)　和文の図書
著者名_年：『書名』出版社.
(3)　和文の図書(欧文の邦訳書)
著者名_年：邦訳者名『邦訳書名』出版社：原著者名_原書書名［イタリック］,_原書出版社,_原書出版年.
(4)　欧文の論文
著者名_年：_"論文タイトル,"_雑誌名［イタリック］,_巻(号),_始頁-終頁.
(5)　欧文の図書
著者名_年：_書名［イタリック］,_出版社.
(6)　欧文の図書(邦訳あり)
著者名_年：_書名［イタリック］,_出版社：邦訳者名『邦訳書名』出版社，出版年.
(7)　インターネットからの資料
報告書，論文等については，(1)～(6)の最後にURLと閲覧日を記載する.
それ以外の場合は，著者名_年：「記事タイトル」，URL(閲覧日)を基本とする.
④　文献は，原則としてアルファベット順に和文，欧文の区別なく並べる. 同一著者の同一年の文献については，Jasanoff 1990a, Jasanoff 1990bのようにa，b，c…を用いて区別する.
⑤　欧文雑誌などの文献を示すときは，他分野の研究者でも容易にその文献がわかるように，分野固有の略記は避ける.（たとえば，*H. S. P. B. S.*ではなく，*Historical Studies in the Physical and Biological Sciences*と表記する.）ただし，あまりにも煩雑になるようであれば，初出箇所ではフルに表記し，2回目以降は略記を用いてもよい.
⑥　本誌(『科学技術社会論研究』)に掲載された論文を挙げるときは，単に"本誌 第1号"などとせず，『科学技術社会論研究』第1号のように表記する.
⑦　著者が複数の時は，次のように書く.
和文の場合：丸山剛司，井村裕夫
欧文の場合：Beck,_U.,_Weinberg,_A._and_Wynne,_B.
⑧　執筆のときに邦訳書を用いた(本文中で邦訳書のページをあげている)ときは，上記(3)の形式で文献を挙げる. 執筆のときに原書を用いた(本文中で原書のページを挙げている)が邦訳もあるときは，上記(6)の形式で文献を挙げる.
⑨　終頁の数値のうち，始頁の数値と同じ上位の桁は，それを省略する.
例1：× 723-728　○ 723-8
例2：× 723-741　○ 723-41

〈例〉
［本文］
STS的研究[1]の意義は，次のような点にあると指摘されている(Beck 1986, 28; Juskevich and Guyer 1990, 876-7).
しかし，ペトロスキ(1988, 25)も強調しているように[2]，……

［注］
1) http://jssts.jp/content/view/14/27/(2016年6月23日閲覧)
2) ただし，……の点に限れば，佐藤(1995, 33)にも同様の指摘がある.

［文献］

Beck, U. 1986: *Risikogesellschaft, Auf dem Weg in eine andere Moderne*, Suhrkamp; 東廉，伊藤美登里訳『危険社会：新しい近代への道』法政大学出版局，1998.

Juskevich, J. C. and Guyer, C. G. 1990: "Bovine Growth Hormone: Human Food Safety Evaluation," *Science*, 249 (24 August 1990), 875–84.

丸山剛司，井村裕夫 2001：「科学技術基本計画はどのようにしてつくられたか」『科学』71(11)，1416–22.

文部科学省科学技術・学術政策研究所 2015：『大学等教員の職務活動の変化—「大学等におけるフルタイム換算データに関する調査」による 2002 年，2008 年，2013 年調査の 3 時点比較』（調査資料—236），http://www.nistep.go.jp/wp/wp-content/uploads/NISTEP-RM236-FullJ1.pdf.（2016 年 6 月 23 日閲覧）

ペトロスキ，H. 1988：北村美都穂訳『人はだれでもエンジニア：失敗はいかにして成功のもとになるか』鹿島出版会；Petroski, H. *To Engineer is Human: The Role of Failure in Successful Design*, St. Martin's Press, 1985.

佐藤文隆 1995：『科学と幸福』岩波書店.

Weinberg, A. 1972: "Science and Trans-Science," *Minerva*, 10, 209–22.

Wynne, B. 1996: "Misunderstood Misunderstanding: Social Identities and Public Uptake of Science," Irwin, A. and Wynne, B. (eds.) *Misunderstanding Science*, Cambridge University Press, 19–46.

（2016 年 8 月 27 日改訂）

編集後記

14号をお届けいたします．本号の特集では，研究公正とRRI(Responsible Research and Innovation)を取り上げました．研究公正とRRIの現状と課題を一望できる類をみない特集になったと考えております．これもひとえに無理なスケジュールにもかかわらず，力作をご提供いただきました執筆者の皆様のご尽力の賜物です．とりわけ，本特集のとりまとめをいただいた東北大学の原塑会員と山内保典会員には，並々ならぬご尽力をいただきました．本特集は，2016年5月15日に日本哲学会と合同で開催したシンポジウム「科学と社会と「研究公正」」をもとに構成したものです．東北大学の直江清隆会員には，日本哲学会との仲介の労をおとりいただきました．末筆ながらあらためて御礼申し上げます．会員の皆様におかれましても，ご自身の現場でぜひ本特集を積極的にご活用いただければ幸いに存じます．引き続き，15号，16号と鋭意編集作業を続けておりますので，ご理解とご協力のほど何卒よろしくお願い申し上げます．

(綾部広則)

編集委員会委員

綾部広則(委員長)　　伊勢田哲治　　江間有沙　　柿原泰　　黒田光太郎
柴田清　　杉原佳太　　中島貴子　　夏目賢一　　林真理　　原塑
山内保典(14号特集担当ゲストエディター)

---

http://jssts.jp に当学会のウェブサイトがあります．
当学会に入会を御希望の方は，ウェブサイトをご参照いただくか，下記の事務局までお問い合わせください．

研究公正とRRI　　科学技術社会論研究　第14号

2017年11月15日発行

編　者　科学技術社会論学会編集委員会
発行者　科学技術社会論学会　会長柴田　清
　　　　事務局：〒162-0801　東京都新宿区山吹町 358-5　(株)国際文献社内

発行所　玉川大学出版部
　　　　194-8610　東京都町田市玉川学園 6-1-1
　　　　TEL　042-739-8935
　　　　FAX　042-739-8940
　　　　http://www.tamagawa.jp/up/
　　　　振替　00180-7-26665
ISSN 1347-5843

ISBN 978-4-472-18314-0 C3040　　Printed in Japan　　印刷・製本　クイックス